G. NICK GEORGANO
DIE SCHÖNSTEN AUTOS
1886–1930

G. NICK GEORGANO

DIE SCHÖNSTEN AUTOS

1886–1930

Motor buch Verlag

Die Originalausgabe ist erschienen unter dem Titel
Cars 1886–1930. The Early Years

Die Übertragung ins Deutsche besorgte Thora Hornung

ISBN 3-613-01327-4

1. Auflage 1990

Printed and bound in Italy

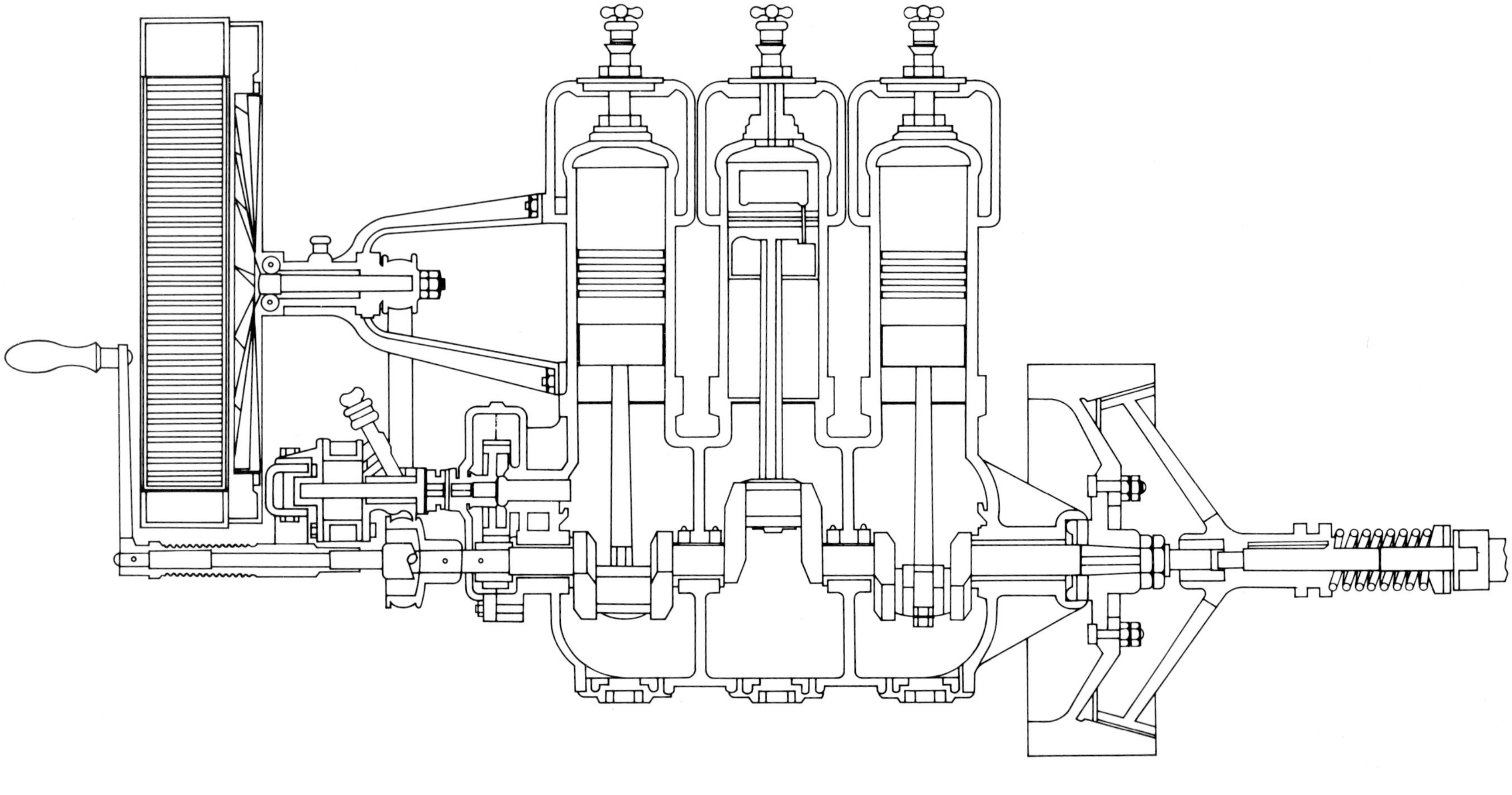

Fotonachweis

Neill Bruce: Seiten 15 unten, 52, 53, 74, 77 oben und unten rechts, 83, 93 oben, 98, 102–103, 106, 112–117, 119, 137, 139, 144, 145, 147, 154, 158–160.
Wieslaw Fusaro: Seite 168.
G. N. Georgano: Seiten 18 unten, 32 oben, 34 oben, 36, 41 unten, 58 oben und Mitte, 59 unten, 60 oben, 63, 70, 71 unten, 75, 76 unten, 90, 93 unten, 97, 107 oben, 111, 129, 140, 150–153, 176, 188–189, 198.
Peter Haventon: Seiten 47, 81 oben, 105, 121, 131, 155 unten, 167, 169, 170, 174, 200 oben.
Reinhard Lintelmann: Seiten 148, 149.
Museum do Automovel Do Caramulo (Portugal): Seite 18 oben.
National Motor Museum (Beaulieu): Seiten 15 oben, 19, 24 unten, 208, 209, 221–223.
Hans-Otto Neubauer Collection: Seiten 85, 172 unten.
Peter Roberts Collection: Seiten 224, 225.
Science Museum (London): Seiten 71 oben.
B. H. Vanderveen: Seite 172 oben.
Nicky Wright: Seiten 14, 31, 37, 41 oben, 44–45, 50, 54, 62, 64, 65 rechts, 66, 67 unten, 69, 72 oben, 73, 77 unten links, 80 unten, 81 unten, 82, 99, 100–101, 107 unten, 109, 118, 120, 122–124, 128, 130, 132–135, 138, 141, 143, 151, 155 oben, 166, 175, 177–180, 183, 184, 192–193, 200 unten, 201–205.

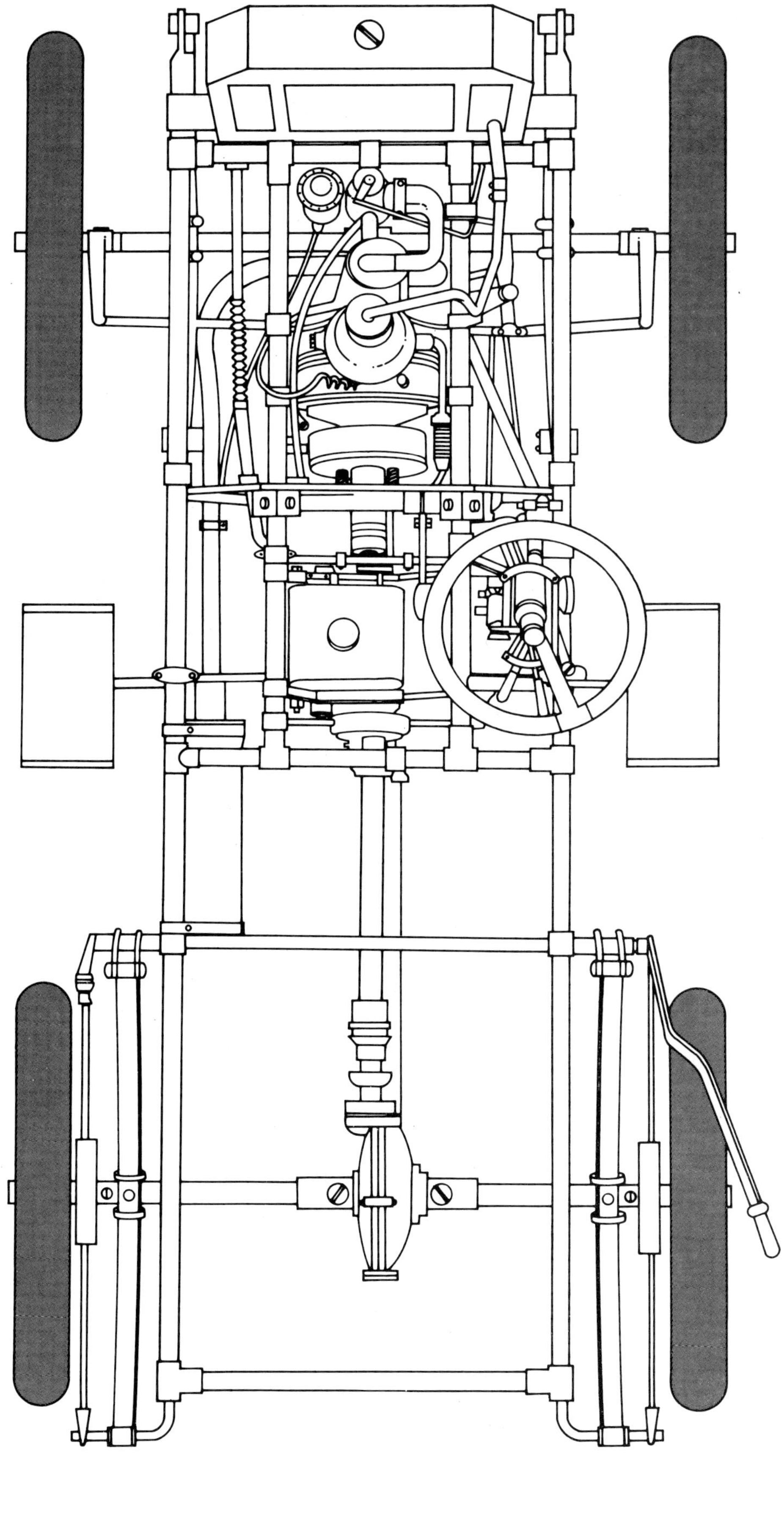

Der Verlag bedankt sich bei allen Besitzern, die ihre Autos für dieses Buch fotografieren ließen, namentlich bei: Philip Armour, Norman Ball, R. M. L. Biles, Peter Boyland, Sir John Briscoe, Mike Bullett, Roger Collings, Nigel Dawes, Terry Dickie, Michael Draper, Bernard Ducker, Brian Garner, Bryan Goodman, C. Hamilton-Gould, Oliver Gray, C. W. P. Hamptin, B. Harding, A. R. Hartwell, George Hartwell, George Hazell, J. H. Henke, M. Jeddere-Fisher, John Lawson, Reginald Long, Tony Mitchell, John Moore, National Motor Museum, Olds Garage Ltd, J. .M. A. Patterson, R. Pilkinton, Peter Redman, Ron Sant, A. Simmons, R. C. Skerman, Tony Symons, Tom Threlfall, Totnes Motor Museum, Stephen Weld, Nick Whittaker.

INHALT

VORWORT

Im Gegensatz zu anderen Büchern dieser Reihe, behandelt dieser Band die Entstehung eines wesentlichen Charakteristikums modernen Lebens und dessen Entwicklung von ersten einzelnen Experimenten zu weltweiter Aktivität, die sich vom Sport als Befriedigung persönlichen Vergnügens bis zur ernsthaft technisch/kommerziellen Seite rankt. Im Jahr 1930 lebten beispielsweise in den Vereinigten Staaten drei von zehn Menschen von der Automobilindustrie und ihren Zubehörarmen aus der Stahl-, Gummi- und Glasindustrie, während sich der Gesamtwert der verkauften Automobile auf über zwei Milliarden Dollar belief. Nicht einmal fünfzig Jahre zuvor hatte noch nicht ein einziges Auto seinen Käufer gefunden und die meisten Bewohner dieser Erde hatten keine Ahnung, daß es so etwas wie ein Automobil überhaupt gab oder je geben würde. Der Zeitabschnitt, den dieses Buch behandelt, ist deshalb ganz besonders faszinierend, einmalig und findet keine Parallelen bei irgend einem anderen Transportmittel. Eisenbahnen, Schiffe und Flugzeuge haben auch ihre Bewunderer und Anhänger, aber sie gehören nicht zum Besitz des Normalbürgers wie das Auto und wenn man sich für ältere Modelle interessiert, dann geschieht das über Bücher und Museen und nicht durch – möglichen – Eigenbesitz.

Der Kauf eines Wagens war schon immer eine sehr persönliche Angelegenheit. Das trifft auf die frühen Pionierjahre ganz besonders zu, als der Kraftfahrer nicht nur am Steuer saß und seinen Wagen selbst wartete, sondern diesen möglicherweise selbst entwarf und sogar selbst baute. Männer wie Karl Benz, Gottlieb Daimler, Henry Ford, Alexander Winton und die Brüder Duryae gingen so in ihren Konstruktionen auf wie die Edison, Marconi oder Pasteur in ihren Experimenten. Die Ära dieser echten, unabhängigen Pfadfinder endete um 1896, als in Betrieben wie Benz & Co. in Mannheim oder Panhard et Levassor in Paris in größeren Stückzahlen produziert wurde. Offensichtlich gab es jedoch damals noch Überschneidungen in den Grundideen der Herstellung von Automobilen und so bauten Erfinder der zweiten Generation wie Louis Renault ihre ersten Prototypen noch von Hand im gleichen Jahr – 1898 – als die Firma Benz schon 572 Automobile auf den Markt brachte.

Die einzelnen Epochen der frühen Automobilgeschichte lassen sich nicht zu jedermanns Zufriedenheit definieren. Trotzdem gingen die renommierten Clubs für Oldtimer nach einer bestimmten Logik vor. 1927 durften Autos, die 21 Jahre oder älter waren, am ersten Gedächtnislauf für den Emancipation Run von 18906 »London – Brighton« teilnehmen. 1929 lag diese Altersgrenze bei 25 Jahre, sodaß das jüngste Auto aus dem Jahr 1904 stammte. Diese Regelung ist seitdem beibehalten worden, zu Recht, denn Ende 1904 wurden die Autos mehr oder weniger nach einem Schema entworfen: die kleineren Modelle hatten einen stehenden Frontmotor, der über ein Getriebe mit Gleitritzel die Hinterachse antrieb, während die schweren Fahrzeuge ihren Kettenantrieb beibehielten. Bei Holzrahmen und automatischem Einlaßventil handelte es sich größtenteils um Bestandteile aus längst vergangenen Tagen. Ein Blick auf die Wagenparade nach einem Brighton-Lauf zeigt die große Vielfältigkeit von Motoranordnungen, Zündungen, Hinterachsantrieben etc. im sogenannten Veteranenzeitalter. Deshalb ist das Grenzjahr 1904 nicht schlecht gewählt, um den Übergang in die nächste Automobilära zu markieren, in Großbritannien die Edwardian time, die Zeit König Eduards VII. Diese Ära umfaßte die Jahre von 1905 bis 1918, obwohl die exakte Regierungszeit König Edwards VII von 1901 bis 1910 dauerte.

Die in diesem Buch beschriebenen Automobile waren die ersten, die die Aufmerksamkeit von Sammlern erregten. Die Sammelbewegung setzte in Großbritannien ein und der britische im Jahre 1930 gegründete »Veteran Car Club« nahm anfangs nur die Besitzer von Wagen aus der Zeit vor 1905 unter seinen Mitgliedern auf. 1943 wurde dann aber beschlossen, die Mitgliedschaft auf Wagen bis zunächst Baujahr 1916 und später bis 1918 zu erweitern, um auf diese Weise viele erhaltenswerte Automobile vor dem Verschrotten zu bewahren, die zwischen diesen beiden Eckdaten gebaut worden sind. Diese Fahrzeuge gingen dann im übrigen als »Edwardians« in die Automobilgeschichte ein. Nach neuester Klassifikation durch die Fédération Internationale des Véhicules Anciens (Internationaler Verband von Veteranenfahrzeugen) werden Automobile, die vor 1905 gebaut worden sind, »Antiques« genannt, während Wagen aus der Zeit zwischen 1905 und 1918 als »Veterans« oder Veteranenfahrzeuge bezeichnet werden.

Mittlerweile war ein weiterer Club entstanden, der es sich zur Aufgabe gemacht hat, Wettbewerbsfahrten für die hochwertigen Wagen aus den Zwanzigern auszurichten. Der »Vintage Sports Car Club« wurde 1934 ins Leben gerufen zu einem Zeitpunkt also, als das jüngste für die Mitgliedschaft qualifizierte Automobil gerade vier Jahre alt war. Dennoch hatten die engagierten Mitglieder dieser Vereinigung registriert, daß tiefgreifende Änderungen stattgefunden hatten und man deshalb einen Appell richten sollte an »die zahlreichen urteilsfähigen Autofahrer, die der Ansicht waren, daß das Automobil der zwanziger Jahre dem Standardprodukt aus den frühen Dreißigern weit überlegen war.«

Solche Gefühle und Ansichten wurden von einer verschwindend kleinen Gruppe von Automobilen geweckt, die die britischen Enthusiasten nun einmal ins Herz geschlossen hatten und die zweifelsohne vom Image »der männlichen behaarten Brust« der zwanziger Jahre längst ein gehöriges Stück weggerückt oder ganz abgekommen waren. Zu diesen kleinen Gruppen gehörten die Bentleys, der Vauxhall 30/98, der Sunbeam mit Doppelnockenwellenmotor und der 12/50 Alvis, alle dazu ausersehen, zu tragenden Säulen des V. S. C. C. zu werden. Ein weiterer anziehender Aspekt für die meist jüngeren und weniger betuchten Mitglieder lag im Preis begründet. Ein 3-Liter-Bentley aus dem Jahr 1925 war 1935 für um die 100 £ zu haben, während ein neuer 3,5-Liter-Bentley – von Rolls-Royce gebaut – den Automobilneuling schon für das Chassis allein 1100 £ gekostet haben würde, und wenn er gar auf das vollständige Fahrzeug reflektiert hätte, dann wäre die Rechnung auf gute 1400 £ gekommen.

Außer einer Reihe von interessanten Sportwagen hatte das Jahr 1930 nicht viel Bedeutendes zu bieten. Es lag allerdings zwischen 1926 und 1934 in der Mitte der Periode des großen Umschwungs in der Automobilkonstruktion und Automobilherstellung. Die geschlossene Karosserie eroberte zu dieser Zeit die Welt. Noch 1919 handelte es sich bei 90 % der in Amerika verkauften Automobile um offene Versionen, während 1929 90 % eine geschlossene Karosserie besaßen. Vorderradbremsen und Niederdruckreifen waren selbstverständlich, das Schalten der Gänge hatte seinen Schrecken verloren dank Synchrongetriebe oder mit Hilfe des Wilson-Vorwähl-Getriebes. Die Motoren wanderten innerhalb des Rahmens weiter nach vorn, wodurch die Fahrzeuginsassen zwar über mehr Platz verfügten, aber das generelle Erscheinungsbild des Wagens in den meisten Fällen litt. Die Weltwirtschaftskrise, die ebenfalls in die Mitte dieses Zeitabschnittes fiel, beschleunigte das Verschwinden kleinerer Automobilfirmen, obwohl man sagen muß, daß diese in den dreißiger Jahren wohl ohnehin verschwunden wären. Selbst überschwappender Reichtum dürfte für das Überleben von Marken wie den Star oder Swift in Großbritannien, den De Dion Bouton oder Hurtu in

Frankreich, den Gardner oder Locomobile in den USA kaum ausgereicht haben.

Die Automobil-Sammelbewegung dehnte sich bald schon auf andere Länder aus, insbesondere auf die englischsprachigen. So wurde der Veteranenclub von Südaustralien im Februar 1934 gegründet. Der Antique Automobile Club of America, der erste Club in den USA, entstand im November 1935. Der »amerikanische Wagenclub ohne Pferde« wurde zwei Jahre später an der Westküste ins Leben gerufen. In Frankreich trafen sich die Mitglieder der Association des Propriétaires des Vieilles Voitures ab Dezember 1935. Schon bald danach aber kannte man diesen Club unter der Bezeichnung »Les Teuf-Teufs« – nach dem Motorgeräusch eines frühen Einzylinders.

Alle diese frühen Clubs entstanden aus purer Begeisterung darüber, ein altes Auto zu finden, zu restaurieren und zu fahren – beileibe keine feierlich-ernste Angelegenheit, bei der die Bestimmung des Entstehungsjahrs des jeweiligen Wagens oft dem Zufall überlassen blieb. Eine Ausnahme bildete allerdings der Automobilhistoriska Klubben – der Club historischer Automobile – von Schweden. Die beiden Schiffsingenieure Curt Borgenstam und Bertil Lindblad gründeten diesen Club 1950 mit dem Ziel, neben dem Erhalten und Fahren alter Fahrzeuge den Club-Schwerpunkt auf historische Nachforschungen und Studien zu legen. Der Veteranenclub Großbritannien setzte 1946 ein sogenanntes Dating-Komitee, ein Komitee zur Bestimmung des exakten Baujahrs und zur genauen Identifikation alter Automobile ein und wurde so richtungsweisend für andere Clubs überall auf der Welt.

Aus dieser bescheidenen Saat wuchs mit der Zeit das enorme Interesse an alten Autos, das mittlerweile in fast jedem industrialisierten Land dieser Welt besteht. Aus diesem Interesse heraus hat sich inzwischen ein wichtiger Wirtschaftszweig aus Händlern, Auktionatoren, Restauratoren, Schriftstellern und Fotografen entwickelt und die Zahl der »historischen« Fahrzeuge dürfte sich der 100000er Marke nähern. Die Definition »historisch« ist notwendigerweise ein Gummibegriff, der eine Zeitlang sogar Autos mit einschloß, die deutlich nach 1930 gebaut worden sind. Nichtsdestoweniger entbrannte die Sammelleidenschaft unter den Pionieren. Natürlich sterben die Leute rapide aus, die in ihrer Jugend Autos von vor 1914 – als diese neu waren wohlgemerkt – gefahren haben und auch die Gruppe derer, die in den zwanziger Jahren Auto fuhr, lichtet sich bedenklich. Aber dank der Bemühungen von Oldtimer-Enthusiasten kann man sich immer noch an einer großen Vielzahl von Automobilen aus der Zeit von 1890 bis 1930 erfreuen und diese auch noch mit Vergnügen fahren.

Diese Ära wirkte aus gutem Grund auch wie ein Magnet auf Sozialhistoriker und Geschichtsforscher der Technik allgemein, sah sie doch die Entstehung und Entwicklung des Prinzips der Massenproduktion in der Automobilindustrie.

Diese Epoche legte auch den Grundstein für ein neues Lebensgefühl, zunehmend wurde das Auto zum Konsumartikel, der den Lebensstil nachfolgender Generationen nachhaltig beeinflußte. Mehr noch, viele Gebäudetypen, die mit dem Automobilismus verbunden sind, wie das Motel oder das vielgeschossige Parkhaus existierten im Prinzip schon vor 1930, auch wenn sie erst nach dem zweiten Weltkrieg allmählich zu ihrer heutigen Verbreitung gelangten. Ja selbst die Verfahren des Miet-Kaufs oder des Ratenkaufs, die heute für Gegenstände des täglichen Gebrauchs gang und gäbe sind, existierten in Amerika für Automobilkäufer schon 1914 und wurden von Fiat von 1928 an angeboten – in Verbindung mit einem preiswerten Versicherungspaket für Käufer des Modells 509. Vieles hat sich an der Oberfläche seither verändert, die Automobilwelt insgesamt ist kräftig gewachsen, aber ihre grundsätzliche Natur mit all ihren Verzweigungen und Verästelungen war bereits 1930 vollständig ausgebildet.

ZUM LAUFEN GEBRACHT

Der Geburt des Motorwagens ging eine lange Brutzeit voraus. Zwischen den ersten Experimenten von Nicholas Cugnot im Jahre 1770 bis zu dem Tag, an dem Karl Benz seinen erfolgreichen, von einem Benzinmotor getriebenen dreirädrigen Wagen patentieren ließ, vergingen 116 Jahre – eine größere Zeitspanne als das Jahrhundert, das zwischen Karl Benz und der Gegenwart liegt, in der nun über 400 Millionen Motorfahrzeuge die Straßen und Autobahnen der Welt bevölkern. Viele Gründe zeichnen für diese lange Brutzeit verantwortlich, darunter die schlechten Straßen und das Zögern potenter Investoren, ihr Vertrauen in technische Neuheiten zu setzen. Der wichtigste Grund lag jedoch im Fehlen notwendiger technologischer Kenntnisse. Der Motorwagen wie er von den 1880ern an konstruiert wurde, basierte auf drei grundsätzlich verschiedenen Industrieprodukten: der klassischen Kutsche, dem Fahrrad und dem stationären Motor. Diese letzten beiden hatten sich erst bis ungefähr 1870 in geeigneter Form entwickelt.

Der Einfluß des stationären Motors

Dampfgetriebene stationäre Motoren existierten schon seit dem Ende des 18. Jahrhunderts und waren seither regelmäßig gebaut worden. Der erste Motor jedoch, der seine Energie aus einer explosiven Gasmischung bezog, wurde von Jean-Joseph Etienne Lenoir (1822–1900) konstruiert. Lenoir, ein Franzose, patentierte 1860 eine Maschine, die in ihrem Layout einer Einkolben-Dampfmaschine ähnelte. Dieser Kolben wurde nicht von Dampf, sondern von Stadtgas getrieben, das durch einen Funken aus einer Ruhmkorff-Induktionsspule gezündet wurde. Im Unterschied zu den späteren Verbrennungsmotoren wurde hier das Gas nicht komprimiert: während sich der Kolben vorwärtsbewegte, wurde die Gasmischung in den Zylinder gesaugt, wo sie in der Mitte zwischen den beiden Totpunkten gezündet wurde.

Die anschließende Explosion trieb den Kolben bis zum Totpunkt, von wo die Kurbel, mit der er verbunden war, ihn wieder zurückholte. Dieser Rückholtakt diente gleichzeitig dazu, die Verbrennungsgase auszuspülen. Ein Industrieller namens Gautier übernahm sehr schnell die Konstruktionsidee von Lenoir und gründete eine Firma zur Herstellung von Motoren unterschiedlicher Größe zum Antrieb anderer Maschinen oder zur Erzeugung von elektrischer Energie.

Der Ruhm von Lenoirs Motoren verbreitete sich in Windeseile. Noch vor Ende des Jahres 1860 kommentierte der »Scientific American«: »Das Zeitalter des Dampfs ist vorüber – man wird Watt und Fulton bald vergessen haben. Die Zukunft gehört der Methode aus Frankreich.« Mit diesem Kommentar schob man den Dampf ein wenig voreilig aufs Altenteil, auch 125 Jahre später dienen Dampfturbinen zur Erzeugung von elektrischem Strom. Trotzdem, Lenoir-Maschinen erlebten damals eine Blütezeit. Zwischen 1860 und 1865 wurden allein im Bereich von Paris mindestens 143 Stück verkauft. Auch in England stellte die Reading Iron Works for Lenoir Gas Engines of London einige Exemplare her.

1863 baute Lenoir seinen kleinsten Motor in eine dreirädrige Kutsche ein, die Kraftübertragung erfolgte über Zwillingsketten auf die Hinterachse. Der Einzylinder verfügte über einen Hubraum von 2543 Kubikzentimetern (2,5 Liter) mit Bohrung-/Hub-Dimensionen von 180 x 100 Millimetern, ein Verhältnis, das man viel später als »überquadratisch« bezeichnen sollte. Die Leistungsspitze lag bei 1,5 PS bei 100 Umdrehungen pro Minute.

Im September dieses Jahres fuhr Lenoir diese Motorkutsche von der rue de la Roquette in Paris nach Joinville-le-Pont, eine Entfernung von rund 11 Kilometern. Die Fahrt dauerte in jeder Richtung 90 Minuten, langsamer als ein Mensch gehen konnte. Ohne Zweifel lag jedoch die tatsächlich erreichte Geschwindigkeit höher, einige unfreiwillige Stops unterwegs bremsten das Unternehmen. Der Erfinder zeigte sich nicht besonders begeistert von seiner Kutsche und wandte seine Aufmerksamkeit im folgenden Jahr mit großem Erfolg der Konstruktion von Motorbooten zu.

Trotzdem war damit noch nicht das Ende der Lenoir-Motorkutsche gekommen. auf irgendeine Weise erreichte die Kunde von diesem Vehikel auch den russischen Zarenhof, wo sich Zar Alexander der Zweite für die Freuden »innerer Explosionen« und entsprechender Motoren zu interessieren begann. Die Original-Motorkutsche, möglicherweise auch eine Nachbildung, wurde zum Bahnhof von Vincennes gefahren und in einen Zug nach St. Petersburg verladen. Unglücklicherweise ist über den weiteren Weg dieser Kutsche in Rußland nichts bekannt. Vielleicht hat es am kaiserlichen Hof einfach niemanden mit genügend Sachkenntnis gegeben, der die Kutsche hätte fahren können.

Nach 1865 begannen die Verkaufszahlen für Lenoir-Maschinen stark zu fallen, da diese sich als rauh und lärmstark erwiesen, wenn sie eine gewisse Zeit gelaufen waren. Motorkonstruktionen der Firma Otto und Langen aus Deutz in Deutschland verdrängten sie in der Gunst der Käufer. 1873 gewann die Firma einen neuen technischen Direktor in der Person des Schwaben Gottlieb Daimler (1834 bis 1900). Daimler hatte seine Lehre bei einem Büchsenmacher absolviert und danach bei verschiedenen Maschinenbaufirmen bis hin zur Firma Armstrong-Whitworth in England gearbeitet. Sobald er seine Funktion in Deutz übernommen hatte, nahm er unverzüglich seinen alten Freund Wilhelm Maybach (1846 bis 1929) als Chefkonstrukteur bei Otto und Langen unter Vertrag. Die beiden Männer kannten sich schon jahrelang und ihre Frauen waren sogar Schulfreundinnen.

Drei Jahre nach Daimlers Eintritt in die Firma in Deutz ließ Nikolaus-August Otto (1832 bis 1891) seinen Viertakt-Motor patentieren, der exakt die gleichen Arbeitszyklen aufwies wie jeder Motor, der seither nach diesem Prinzip bis heute gebaut worden ist. Weder Otto noch sein Partner, der Jurist Eugen Langen (1833 bis 1895) interessierten sich für Fahrzeuge mit eigenem Antrieb, ihr Ehrgeiz galt der Produktion von mehr und besseren stationären Motoren. Daimler trug erheblich zur Erfüllung des ersten Teils dieser Zielvorstellung bei, indem er die Tagesproduktion während seiner Zeit in Deutz von einer auf drei Maschinen pro Tag erhöhte.

Allerdings mag er schon damals, also bereits Mitte der siebziger Jahre, über Motorfahrzeuge nachgedacht haben, da er sich zunehmend mit der Frage von Benzin als Treibstoff anstelle von Grubengas befaßte. Um den Einfluß ihres zunehmend als schwierig empfundenen technischen Direktors zu verringern, wollten die Partner Daimler nach St. Petersburg schicken, wo er ihre russische Niederlassung leiten sollte. Mit diesem Schachzug verloren sie ihn jedoch vollständig. Daimler verließ 1882 die Firma Otto und Langen, aber nicht genug damit, er nahm auch noch Maybach mit.

Der erste Daimler-Wagen

Gemeinsam gründeten die beiden Freunde in Cannstatt einen kleinen Maschi-

Die Pioniere im Automobilbau konstruierten ihre Fahrzeuge nach ganz verschiedenen Ideen und Vorstellungen darüber, wie ein Auto konzipiert sein und wie es aussehen sollte. Dies ist kein Wunder angesichts der Tatsache, daß es keinerlei richtungsweisende Vorläufer oder Vorbilder gab. Dies läßt sich hervorragend zeigen anhand der Unterschiede zwischen dem vierrädrigen Daimler-Motorenwagen von 1886 (*oben*) und dem Benz Dreiradfahrzeug aus dem Jahr 1885 (*gegenüberliegende Seite*).
Beide besaßen – natürlich – keine Ballonreifen, auch der Oberflächenvergaser für den Motor und das nockengesteuerte Auslaßventil gehörten zu den praktisch unvermeidlichen oder selbstverständlichen Gemeinsamkeiten. Andere technische Charakteristika wiesen dagegen wesentliche Unterschiede auf:

	Daimler	**Benz**
Motor	stehend/vertikal	liegend/horizontal
Zylinderabmessungen	70 x 120 mm	90 x 150 mm
Hubraum	462 cm^3	954 cm^3
Leistung	1,1 PS bei 600/min	0,75 PS bei 400/min
Einlaßventil	automatisches Schnüffelventil	Gleitschieberventil (Ansaugschieber), das von einem gekröpften Dorn an der nockenseitigen Stirnfläche der Nockenwelle bewegt wurde
Zündung	Glührohr	Batterie mit Schwingspule (Ruhmkorff'sche Summerspule)
Kraftübertragung		
Motorabtrieb	Kraftübertragung von Riemenscheibe am Motor auf verschiedene Riemenscheiben auf einer Vorlegewelle	Kraftübertragung vom Schwungrad über Flachriemen auf das Differential der Vorgelegewelle
Antrieb	Kraftübertragung durch 2 Ritzel an den Enden der Vorgelegewelle trieben die an den Hinterrädern angebrachten Zahnkränze	Kraftübertragung von der Vorgelegewelle über je eine Kette zu den beiden Hinterrädern
Chassis		
Rahmen	Holz mit Stahlflanschen	Stahlrohrrahmen
Aufhängung/ Federung	vorne und hinten jeweils mit vollelliptischen Blattfedern	mit vollelliptischen Blattfedern hinten sowie mit einer einzelnen Stange für das Vorderrad
Lenkung	gekrümmte Zahnstange an der Vorderachse und Zahnrad an der senkrechten Lenksäule	Zahnrad an der Lenksäule und zwei Zahnstangen, die jeweils über eine Schubstange mit den beiden senkrechten Vorderradträgern verbunden waren
Bremsen	handbetätigte Bremsen mit Klötzen, die auf die hinteren (Stahl-)Reifen wirkten	Bremswirkung auf die Vorgelegewelle durch Riemen, die über einen Handbremshebel gespannt wurden
Räder	Holzräder mit Nabenverschluß	Drahtspeichenräder mit Nabenverschluß

Panhard et Levassor

»Der Urahn aller modernen Automobile« – einer der ersten Wagen von Panhard-Levassor aus den Jahren 1892/93. Mit einer Leistung von 4 PS erlaubte der von Daimler konstruierte V-2-Motor eine Spitzengeschwindigkeit von 29 km/h. Der »queue de vache«-Steuerhebel (Kuhschwanz-Steuer) gehört zu den typischen Merkmalen der frühen Panhards, bis er 1895 durch ein Lenkrad ersetzt wurde. Mit dem vorderen Hebel betätigte man die Gangschaltung des dreistufigen Gleitzapfengetriebes. Der rückwärtige Hebel bediente die Bremse, die auf die Hinterreifen wirkte.

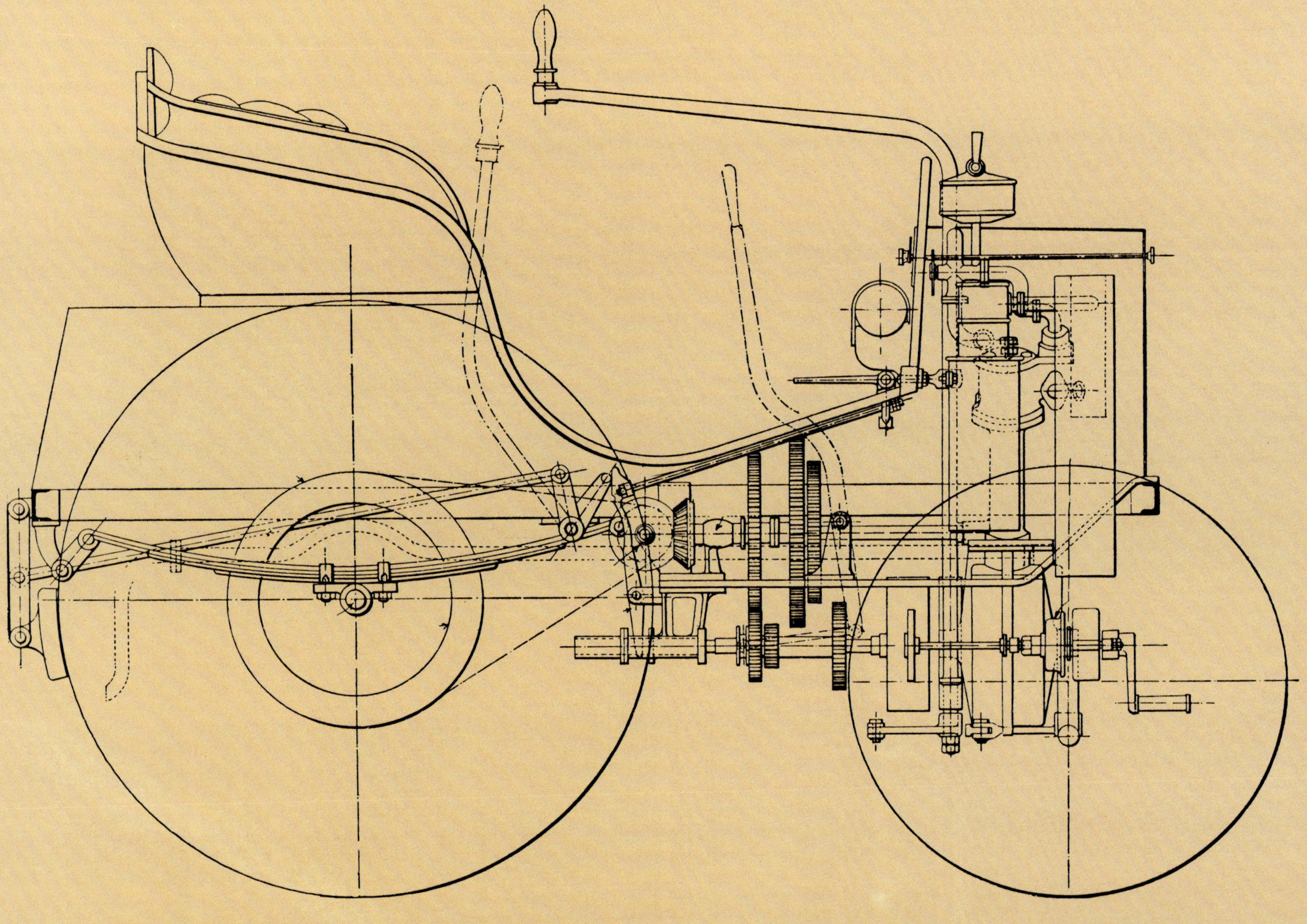

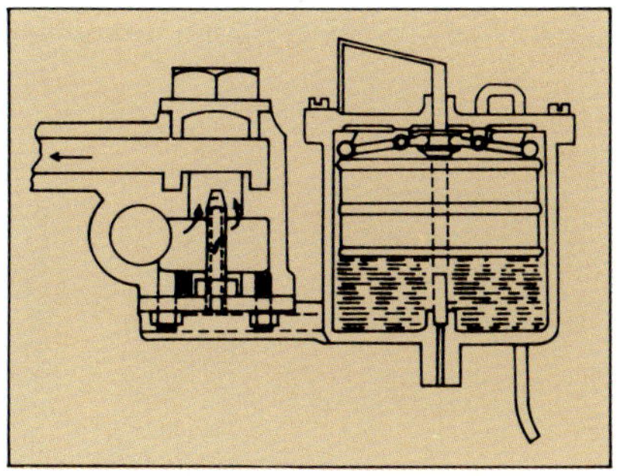

oben: Diese Zeichnung zeigt Maybachs Schwimmdüsenvergaser, den er 1893 entwickelte, also in der Zeit, als er zusammen mit Daimler im Hotel Hermann in Cannstatt arbeitete. Es gab nur eine Düse und Maybach behauptete, daß damit die Gemischzusammensetzung auch bei unterschiedlichen Drehzahlen konstant bleiben würde, da der Treibstoffpegel durch den Schwimmer und das Nadelventil konstant gehalten wurde. Dies erwies sich in der Praxis als falsch; da der Drehzahlbereich der frühen Motoren jedoch begrenzt war, wirkte sich dieser Irrtum kaum aus.

unten: Diese Zeichnung zeigt den Phoenix-Motor von Daimler, wie er von 1895 bis 1902 hergestellt und in Lizenz auch von Panhard und Peugeot produziert wurde. Auf der linken Seite erkennt man Maybachs Düsenvergaser, von dem aus das Treibstoffgemisch durch ein vertikales Schnüffelventil in den Brennraum gelangte. Das Schnüffelventil wurde über eine lange Stange von der tiefsitzenden Nockenwelle betätigt. Unterhalb des Vergasers erkennt man das Platinrohr für die Zündung.

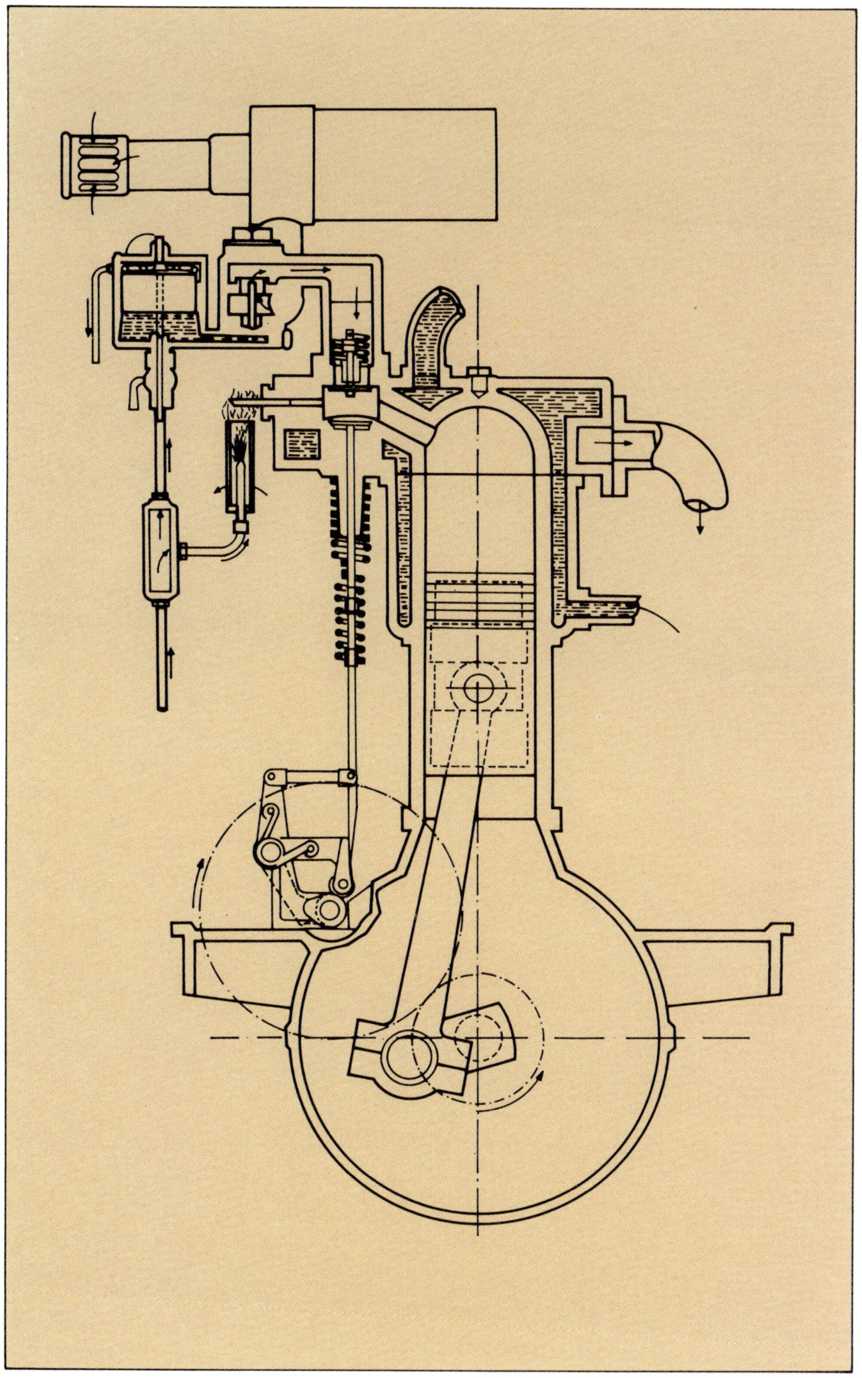

nenbaubetrieb, die Daimler Motorengesellschaft. Dort stellten sie stationäre Motoren her, die zwar in ihren Dimensionen kleiner waren als jene bei Otto und Langen, dafür aber mit einer höheren Umdrehungszahl liefen. Die Otto-Motoren arbeiteten bei ungefähr 120 Upm, was durchaus den Anforderungen einer Werkstatt oder eines kleinen Elektrizitätswerks genügte. Daimlers Motoren erreichten dagegen bald 750 Upm, ein Bereich, den er durchaus schon als geeignet für ein Motorboot, ein Schienenfahrzeug oder einen Straßenwagen erachtete.

1883 erhielt er ein Patent für einen schnelldrehenden Viertaktmotor mit Benzin als Treibstoff. 1885 baute er einen solchen Motor in ein nach heutigen Maßstäben groß gezimmertes motorisiertes Fahrrad ein. Dieses glich mehr einem alten »Knochenschüttler« als den neuen Sicherheitsfahrrädern mit Rohr-Rahmen und Speichenrädern, wie sie sich gleichzeitig in England gerade durchsetzten.

Der Einzylinder-Motor besaß ein Bohrung-/Hubverhältnis von 58 x 100 mm, was einem Hubraum von 264 cm^3 entspricht. Die Leistung auf der Bremse betrug 0,5 PS bei 700 Upm. Die Zündung erfolgte nach dem Glührohr-Prinzip, bei dem ein kleines Platinrohr horizontal in den Zylinderkopf geschraubt war. Dieses Platinrohr wurde durch einen Brenner mit Benzinversorgung an seinem äußeren, geschlossenen Ende bis zur Rotglut erhitzt. Das innere Ende blieb offen. Dadurch füllte sich das Glührohr mit der Benzin-/Luftmischung sobald diese in den Zylinderkopf eingelassen wurde. Sobald dann die komprimierte Verbrennungsmischung den heißesten Teil des Glührohrs erreichte, gelangte sie zur Explosion. Der Rest der Verbrennungsgase, der im Glührohr verblieb, verhinderte, daß die nächste Ladung explodierte, bevor die höchste Kompression erreicht war, sodaß sich insgesamt ein System mit Selbststeuerung ergab.

Daimlers erster vertikaler Motor wog rund 50 kg und baute 76 cm hoch. Ein Gasmotor, der die selbe Leistung gebracht hätte, wäre auf ein Gewicht von mehr als 1 t gekommen und hätte dabei eine Höhe von fast 2,1 m erreicht.

Daimler entschied sich für das Motorrad – tatsächlich besaß dieses neben den zwei Haupträdern noch zwei Stabilisierungsräder –, weil er seine kleinen Motoren in einem möglichst leichten Fahrzeug ausprobieren wollte. Logischerweise führte sein nächster Schritt zur Motorisierung einer handfesten vierrädrigen Kutsche. Er bestellte bei einem Cannstatter Kutschenbauer eine normale Pferdekutsche und montierte eine vergrößerte Version seines Originalmotors unter der hinteren Bodenplatte. Bei einer Bohrung von 70 mm und einem Hub von 120 mm betrug der Hubraum dieses Motors 462 cm^3. Der Zylinder besaß ein bei Atmosphärendruck arbeitendes Einlaßventil, das sich bei Unterdruck im Innern öffnete, sowie ein mechanisch betätigtes Auslaßventil, das über eine Nockenwelle bewegt wurde. Das Verbrennungsgemisch lieferte ein Oberflächenvergaser, in dem die angesaugte Luft auf ihrem Weg zum Zylinder über die Oberfläche des Benzins geführt wurde, von wo sie genügend Bezindampf aufnahm, um eine explosive Mischung zu ergeben. Die Zündung erfolgte über ein Glührohr. Riemenscheiben übertrugen die Kraft des Motors zunächst auf eine Vorgelegewelle, die ihrerseits mit Kettenradzähnen an den Hinterrädern verzahnt war. Die Kutsche besaß vier Sitze, obwohl die Passagiere auf der Rückbank nur über einen erheblich eingeschränkten Fußraum verfügten, da die Maschine aus den Bodenbrettern hervorragte und so existiert keine Fotografie, auf der mehr als ein Rücksitzpassagier zu sehen ist.

Der Motor entwickelte 1,1 PS bei 600 Upm und erlaubte eine Geschwindigkeit der Kutsche von rund 15 km/h auf ebener Straße. Im Sommer 1886 absolvierte Daimler seine ersten Versuchsfahrten mit dieser Motorkutsche, aber er verfolgte die Idee des Motorwagens nicht mit besonderem Engagement. Sein Interesse konzentrierte sich mehr auf das Problem, seinen Motor bei möglichst vielen Transportmitteln einzusetzen. Während der kommenden vier Jahre versuchte er es mit Booten, Straßenbahnen und Luftschiffen und so fertigte er erst 1889 ein zweites Automobil.

Karl Benz

Unterdessen hatte ein anderer deutscher Ingenieur einige Fahrzeuge auf die Räder gestellt, die man in mancherlei Hinsicht als fortschrittlicher bezeichnen muß als Daimlers Motorwagen. Karl Benz (1844 bis 1929) wurde in Mühlberg in der Nähe von Karlsruhe als Sohn eines Lokomotivführers geboren. Er studierte am Karlsruher Polytechnikum, bevor er als Mechaniker in die »Karlsruher Maschinenbaugesellschaft« eintrat. Wie Daimler wechselte er häufig seine Arbeitsstelle, erst als er 1872 heiratete, eröffnete er eine eigene Werkstatt in Mannheim, in der er zusammen mit seinem Partner August Ritter Motoren herstellte. Die Firma der beiden erreichte bei weitem nicht die Größe von Otto und Langen und während der ersten zehn Jahre gelang es Benz kaum, den Betrieb über Wasser zu halten.

P 275
VCC
1900

Seite 14: Der Viktoria war das erste Vierrad-Fahrzeug von Karl Benz, 1892 von ihm vorgestellt. Er besaß einen großen Einzylindermotor, der bei Zylinderabmessungen von 130 x 130 mm einen Hubraum von 1730 cm^3 hatte. Bei 450 Upm erreichte er eine Leistung von nur 3 PS, mit der er nicht besser abschnitt als Daimlers Zweizylindermotor mit seinem wesentlich geringeren Hubraum von 1060 cm^3. Spätere Versionen des Viktoria erhielten einen größeren Zylinder von 1990 cm^3, 2650 cm^3 oder gar 2915 cm^3 Hubraum und dazu eine viersitzige Karosserie. Der Wagen aber, mit dem Karl Benz wirklich den Durchbruch schaffte, war der kleine Velo mit einem 1045 cm^3-Motor, der zunächst mit 500 Upm lief. Später hob man diese Drehzahl auf 800 Upm an, wodurch sich eine Leistung von 3,5 PS ergab. Der Velo wog nur 360–425 kg im Vergleich zu den 650 kg des Viktoria.

Seite 15 oben: Der De Dietrich aus dem Jahre 1897 war eine Konstruktion von Amédée Bollée, die von einer großen Ingenieurfirma hergestellt wurde, die eigentlich für Eisenbahnausrüstungen bekannt war. Die Fertigung erfolgte in einer französischen Fabrik in Luneville (Lothringen) und in einer deutschen Fabrik in Niederbronn im Elsaß. Der liegende Zwillingsmotor mit seinen beiden parallel angeordneten Zylindern saß im Vorderteil des Wagens. Die Kraftübertragung erfolgte mit langen Treibriemen ohne Übersetzung zu einer Hauptwelle mit Getriebe im Heck, von wo aus zwei Wellen die Kegelräder an den beiden Hinterrädern antrieben. Dieses System vermied einen Hinterradantrieb bzw. einen Achsantrieb mit Kette oder Riemen.

Seite 15 rechts: Auf diesem Foto des Motors eines Benz Velo aus dem Jahre 1894 erkennt man ganz links den Kühler, daneben den Treibstofftank, in der Mitte die offenliegende Kurbel des liegenden Einzylindermotors, das Schwungrad und die Kraftübertragung mit ihrer festen und ihrer losen Rolle.

Zu Beginn der achtziger Jahre aber hatte er sich allmählich ein wenig Wohlstand erworben und so baute er seine kleine Firma in die »Gasmotorenfabrik Benz & Co.« um. Für diese bestand jedoch ein beträchtlicher Nachteil in der Tatsache, daß Otto und Langen das Patent für die Herstellung von Viertaktmotoren besaßen und Benz deshalb nur Zweitakter herstellen konnte. Dann entdeckte er jedoch, daß die Patenterteilung an seine Konkurrenten ungültig war, da der Viertakter bereits Jahre zuvor von dem Franzosen Alphonse Beau de Rochas zum Patent angemeldet worden war. Dies gab nun auch Benz die Möglichkeit, Viertakter herzustellen.

Anstatt diese Produktion nun in seiner ursprünglichen Firma aufzunehmen, gründete er ein neues Unternehmen mit der finanziellen Hilfe seiner beiden Freunde Max Rose und Friedrich Esslinger. Die neue Firma erhielt den Namen »Rheinische Gasmotorenfabrik Benz & Co.« und konzentrierte sich im Hinblick auf ein gesundes wirtschaftliches Überleben auf stationäre Motoren. Benz selbst wandte sein Interesse jedoch der Konstruktion eines kleinen Motors zum Einbau in einen Motorwagen zu.

Im Verlauf des Jahres 1885 nahm der Wagen allmählich Gestalt an. Im Unterschied zu Daimler wählte Benz einen eigens für diesen Zweck konstruierten Rahmen, eine leichte Rohrkonstruktion, die – vor allem im Verein mit den Speichenrädern – eher der Fahrradindustrie zu entstammen schien als dem Kutschenbau. Der Motor besaß einen einzelnen wassergekühlten Zylinder mit 954 cm^3, der 0,75 PS abgab. Diese Leistung entspricht einer wesentlich geringeren Literleistung als bei dem Motor von Daimler. Der Grund hierfür lag in der Höchstdrehzahl von 300 Upm, weniger als der Hälfte von Daimlers Drehzahl. In all den Jahren seiner Tätigkeit als Konstrukteur bevorzugte Karl Benz langsamdrehende Motoren, einer der Gründe dafür, daß man ihm den Bereich Motorenkonstruktion später aus der Hand nahm.

Der Benz-Motor verfügte über einige fortschrittliche Konstruktionsmerkmale einschließlich einer batteriebetriebenen elektrischen Zündung und einer Ruhmkorff-Spule. In anderer Hinsicht erreichte der Benz-Motor jedoch nicht den Standard des Daimler-Motors, da er zwar über eine Wasserkühlung, nicht aber über einen Kühler/Wärmetauscher verfügte. Benz ließ das Wasser einfach verkochen, während Daimler einen großdimensionierten Röhrenkühler im Heck seines Wagens montierte. Ein einfacher Oberflächenvergaser, der gleichzeitig als Benzintank diente, versorgte den Zylinder mit dem explosiven Gemisch.

Benz montierte seinen Motor horizontal hinter den beiden Sitzen, sodaß die Kurbelwelle senkrecht stand und das mächtige horizontal liegende Schwungrad die ganze Rahmenbreite ausfüllen konnte. Die Verwendung des jeweils größtmöglichen Schwungrads stammte aus der typischen und üblichen Praxis bei stationären Motoren und auch der Start erfolgte über das Schwungrad: Mit einem kräftigen Ruck am Schwungrad setzte man die Maschine in Gang. Als weiteres Erbe von der Technik stationärer Motoren übernahm Benz den flachen Lederriemen, der die Kraft des Motors zunächst auf eine Vorgelegewelle übertrug, von wo aus die Hinterräder über Ketten angetrieben wurden.

Der erste Wagen besaß keinen Mechanismus zur Änderung der Übersetzung, der Riemen konnte jedoch von einer freilaufenden auf eine festsitzende Rolle geschoben werden, wodurch sich eine Art Kupplung ergab. Spätere Wagen erhielten ein Zweistufen-Riemen-Rollensystem auf der Vorgelegewelle. Wie viele der früheren Fahrzeuge lief auch der Benz Motorwagen auf drei Rädern mit einem Einzelrad an der Vorderachse. Zu dieser Zeit kannte man zwar bereits das Lenkensperger- oder Ackermann-System, bei dem man die Vorderachse unbeweglich am Rahmen montierte und die Räder über Achsschenkel lenkte (Amédée Bollée hatte dieses System bei einer Dampfkutsche 1873 angewandt), aber man verwendete es nur selten. Wenn sie überhaupt vier Räder vorsahen, dann verwendeten die meisten Konstrukteure einen mittigen Drehzapfen, um den sich die gesamte Vorderachse drehte. Diese Methode führte zu einer extrem schwergängigen und gefährlichen Lenkung – daher das Einzelrad vorne bei vielen frühen Wagenkonstruktionen, von der dampfgetriebenen Kutsche der 1860er Jahre bis hin zum Benz und darüber hinaus.

Die Dreirad-Konstruktion von Karl Benz entstand wohl 1885, aber es gibt keine Angaben darüber, wann dieser Wagen zum ersten Mal lief. Das ist deshalb besonders bedauerlich, weil daran die Frage nach dem exakten Datum des Auftretens eines Motorwagens hängt. Allgemein hält man den Benz für den ersten Wagen mit Verbrennungsmotor, da während der nächsten Jahre mehrere Kopien zum Verkauf hergestellt wurden. Die ersten Versuchsfahrten verliefen ohne Zweifel wegen des beschränkten Leistungsvermögens des Wagens ziemlich bescheiden. Um bei der Polizei so wenig Aufmerksamkeit wie möglich zu erregen, führte man diese Versuchsfahrten meist bei Nacht durch. Am 29. Januar 1886 holte sich Benz eine Reihe von Patenten, mit denen er wesentliche Baugruppen seines Wagens schützte. Im weiteren Verlauf dieses Jahres trat er an die Öffentlichkeit und führte seinen Wagen vor, worüber die »Neue Badische Landeszeitung«, die entsprechende Regionalzeitung, ausführlich berichtete.

Der erste Artikel über Benz Wagen erschien am 4. Juni, der erste Fahrbericht über den Wagen am 3. Juli im gleichen Blatt. Diese Ausfahrt sorgte vermutlich bei der Polizei nicht für große Aufregung, unglücklicherweise fand der Wagen aber auch bei anderen kein besonderes Interesse. Ein Fahrzeug mit Eigenantrieb stellte eine derart unvorstellbare Neuheit dar, daß niemand wußte, was er davon halten sollte. Erst recht wollte niemand hart verdientes Geld hinlegen, um sich ein solch exotisches Exemplar zu kaufen.

Entsprechend bekämpften die Partner von Karl Benz dessen Besessenheit, mit der er das in ihren Augen nutzlose Experiment betrieb, schließlich hätte er seine Zeit der wesentlich vernünftigeren Beschäftigung, Gasmotoren herzustellen, gewinnbringend widmen können. Derselbe Zwist sollte 17 Jahre später zwischen Henry Royce und seinen Partnern entbrennen.

Eine Langstreckenfahrt

Benz besaß – zumindest – innerhalb seiner Familie treue und feste Verbündete. So war es schließlich seine Frau Berta, die mit einem Motorwagen die erste Langstreckenfahrt unternahm. Als sie Verwandte in Pforzheim besuchen wollte, rund 80 Kilometer entfernt, bedrängte sie ihr fünfzehnjähriger Sohn Eugen, doch lieber mit dem Wagen zu fahren als wie üblicherweise den Zug zu nehmen. Zusammen mit ihrem jüngeren Sohn Richard starteten sie eines frühen Morgens in das Abenteuer, nicht ohne eine Nachricht für Karl zu hinterlassen, um ihm mitzuteilen, daß sie ihn nicht verlassen wollten. Bis ungefähr nach Heidelberg kamen sie flott voran, auf den steileren Bergstrecken des Schwarzwalds mußten Berta und Eugen jedoch absteigen und dem dreizehnjährigen Richard die Lenkkurbel überlassen.

Auf den Gefällstrecken verschlissen die ledernen Bremsbeläge derart, daß man von Schuhflickern unterwegs neue Lederstücke erstehen mußte. Bertas Ausstattung bildete mehrmals eine Art Ersatzteillager: Eine Hutnadel diente dazu, eine verstopfte Benzinleitung zu reinigen und als sich ein Kurzschluß in den Zünddrähten ergab, nahm sie ihr Strumpfband und isolierte damit den Draht. Während ihrer ganzen Reise wurden sie begafft und bestaunt und in einem Schwarzwald-Gasthaus entbrannte fast ein Faustkampf zwischen zwei Bauern, die über der Frage in Streit geraten waren, ob der Wagen durch ein Uhrwerk oder durch eine übernatürliche Kraft angetrieben wurde. Allem zum Trotz erreichte man Pforzheim vor Einbruch der Dunkelheit und fünf Tage später kehrte die Familie sicher auf die gleiche Art wieder zurück.

Der Beginn der französischen Automobilindustrie

Es ist oft gesagt worden, daß Deutschland zwar der Geburtsort des Motorwagens, Frankreich aber seine Kinderstube war. Ganz sicher hätte Karl Benz selbst es nie zu wirtschaftlichem Erfolg gebracht, wenn er nicht auf der Pariser Ausstellung von 1887 einen Wagen ausgestellt und dadurch das Interesse eines Fahrrad-Herstellers mit Namen Emile Roger geweckt hätte, der von der Mannheimer Firma bereits einen stationären Motor besaß. Roger reiste nach Mannheim, ließ sich den Wagen vorführen und kaufte ihn auf Anhieb. Er wurde später Exklusiv-Konzessionsinhaber für Benz-Fahrzeuge in Frankreich und erwirkte die Erlaubnis, sie sogar in Paris zu montieren.

Die Franzosen waren schließlich auch behilflich, den Daimler-Motor aus kommerzieller Sicht erfolgreich zu machen. 1887 brachten Daimler und Maybach einen Zweizylinder-Motor heraus, bei dem die Zylinder V-förmig in einem engen Winkel angeordnet waren. Ein belgischer Rechtsanwalt mit Namen Edouard Sarazin hatte bereits die französischen Herstellungsrechte an Daimler-Motoren erworben. Er besaß jedoch keine eigenen Fabrikationsanlagen und kam daher mit seinem Freund, Emile Levassor, überein, daß die Daimler-Motoren für Frankreich in dessen Maschinenbauunternehmen, Panhard et Levassor in Paris, hergestellt werden sollten. Als Sarazin 1887 starb, reiste seine Witwe nach Cannstatt, um sich die Rechte ihres verstorbenen Gatten zu sichern. Unter dem Eindruck ihrer scharfsinnigen Geschäftstüchtigkeit bestätigte Gottlieb Daimler den Vertrag. Drei Jahre später zementierte sie ihren Einfluß noch mehr, indem sie Emile Levassor heiratete.

Der erste von Panhard et Levassor hergestellte Wagen trug seinen Daimler-Zweizylinder V-Motor senkrecht, wobei die Kurbelwelle quer im Mittelbereich des Rahmens verlief. Darüber befanden sich die vier Sitze in einer »dos-à-dos«-Anordnung (Rücken an Rücken). Die Kraftübertragung erfolgte über Rollen und Riemen und schließlich über Ketten auf die Hinterachse. Die Fertigstellung des Wagens erfolgte 1890, mehrere Änderungen im selben Jahr lassen jedoch heute kein genaues Bild aller Details des Wagens mehr zu. 1891 jedoch ersetzte man den Wagen durch eine völlig neue Konstruktion, deren Design für die kommenden Jahre den Grundtyp des Automobils bestimmte.

Zum ersten Mal baute man den Motor im vorderen Teil des Chassis ein und schützte ihn vor den Elementen mit einem eigenen Gehäuse, das die Franzosen »capot« nannten, woraus man bei der deutschen Übersetzung dann das Wort »Motorhaube« herleitete. Die Kurbelwelle lief in Längsrichtung – parallel zum Chassisrahmen – und erforderte Kugelräder, mit denen die Antriebskraft um 90° gedreht wurde, bevor sie auf die Hinterachse übertragen wurde. Der Vorteil eines längs eingebauten Motors liegt darin, daß bei steigender Zylinderzahl nur die Motorhaube verlängert werden muß, um sie in einem Gehäuse unterzubringen, während die Breite eines Wagens die Zahl der Zylinder eines quer eingebauten Motors auf vier beschränkt.

Genauso revolutionär wie die Motorposition war die Kraftübertragung. Anstelle der Riemen und Rollen, die man aus der Technik stationärer Motoren geerbt hatte, verwendete Levassor ein System mit Gleitzapfen, bei dem Zahnräder in andere Zahnräder von unterschiedlicher Größe eingriffen, sodaß sich drei Vorwärtsgänge ergaben. Im Unterschied zum Getriebe moderner Wagen waren die Zahnräder nicht in einem Gehäuse untergebracht. So erfolgte ihre Schmierung – wie es der unnachahmliche englische Historiker Antony Bird einmal ausgedrückt hat – »durch Fett, Straßenstaub und Optimismus zu gleichen Anteilen«.

Die Getriebe-Antriebswelle war über Kegelräder mit der Vorgelegewelle verbunden, von wo aus die mit einem Differential ausgestattete Hinterachse über Ketten angetrieben wurde. Schon bald danach änderte man diese Anordnung, indem man das Differential in die Vorgelegewelle verlegte und seitliche Ketten die Hinterräder antrieben, die gleiche Anordnung wie beim Benz.

Es gab zwei Bremsen: Eine Handbremse, mit der Bremszangen an den Hinterrädern betätigt wurden, und eine Fußbremse, die über Reibriemen die Vorgelegewelle abbremste. Beide Bremsen waren mit der Kupplung derart verbunden, daß der Motor automatisch abgekuppelt wurde, sobald man eine Bremse betätigte. Dies war besonders wichtig in einer Zeit, in der die Motoren konstant auf ihrer Höchstdrehzahl laufen mußten. Beim Daimler-Motor lag diese Drehzahl bei ungefähr 750 Upm, nach oben begrenzt durch einen Fliehkraftregler, der verhinderte, daß sich die Auslaßventile öffneten, sobald die Drehzahl höher stieg. Der Fahrer konnte hier nichts beeinflussen, erst später führte Levassor eine Schraubenregelung am Instrumentenbrett ein, die es erlaubte, den Fliehkraftregler zu übergehen und den Motor »rennen« zu lassen. Zur Jahrhundertwende hatte sich dieser Schraubenmechanismus in ein Pedal verwandelt. Für diesen Mechanismus hatte sich in Frankreich inzwischen das Wort »accélérateur« (Beschleuniger) eingebürgert, ein Wort, das in den englischen Sprachgebrauch übernommen wurde und auch später für das Fußpedal verwendet wurde, als die Zeiten des Fliehkraftreglers längst verflossen waren. Von da an regulierte das Pedal die in die Zylinder strömende Menge an explosivem Gemisch, weshalb sich in Deutschland die Bezeichnung »Gaspedal« herausbildete.

Der Panhard-Levassor von 1891 (meist der Kürze halber nur Panhard genannt, obwohl er ausschließlich eine Konstruktion von Levassor war) stellte in praktisch jeder Hinsicht den neuesten Stand der Technik dar. Nur in einem Detail hätte man ihn für altmodisch halten können, er machte immer noch Gebrauch von Daimlers alter Glührohrzündung. Diese war jedoch in Wirklichkeit nicht weniger zuverlässig als die primitiven elektrischen Systeme der 1890er Jahre. Im Verlauf des Jahres 1891 begannen Panhard et Levassor, Wagen dieses Typs für den Verkauf herzustellen, der Preis lag bei 3500 Francs pro Stück.

Der Priester des Ortes Rainneville bei Amiens, Abbé Gavois, kaufte einen solchen Wagen 1893 gebraucht und wurde so fast sicher zum ersten motorisierten Geistlichen. Mehr noch, er fuhr diesen Panhard regelmäßig bis 1921 und während der darauffolgenden sieben Jahre noch gelegentlich. Danach kaufte die Firma Panhard dieses Exemplar wieder zurück.

Die Produktionszahlen der Panhards stiegen während der 1890er Jahre stetig, gleichzeitig erfuhr die Konstruktion laufend Verbesserungen. 1894 ersetzte man den Oberflächenvergaser durch den von Wilhelm Maybach erfundenen Spritzdüsentyp. 1895 ummantelte man das Getriebe – deshalb heißt im Englischen das Getriebe heute noch »gearbox« –, das inzwischen bei den meisten Panhards über vier Vorwärtsgänge verfügte. Durch die spezielle Kraftübertragung ergaben sich ebenso vier Rückwärtsgänge, da man den Antrieb von einem Kegelrad der Vorgelegewelle auf eine entsprechendes anderes umlenken konnte. Überra-

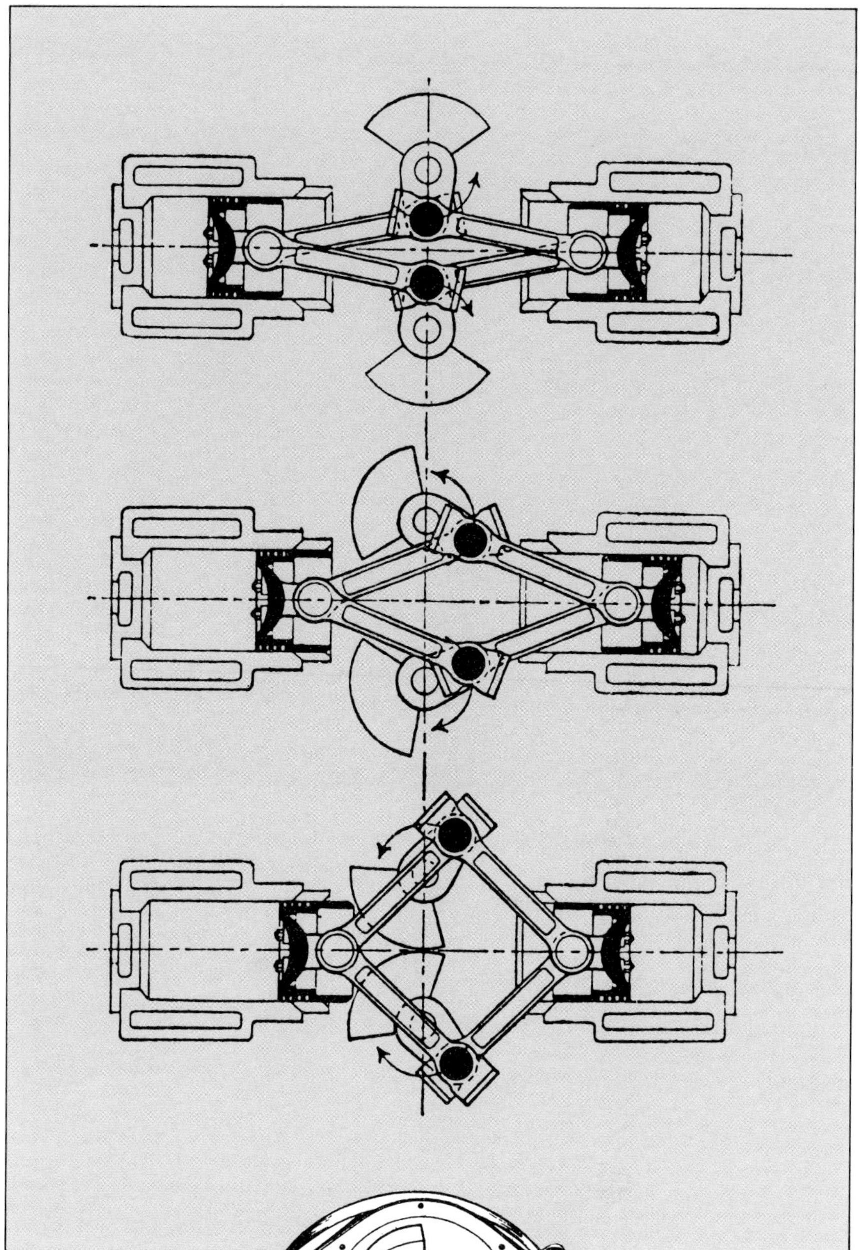

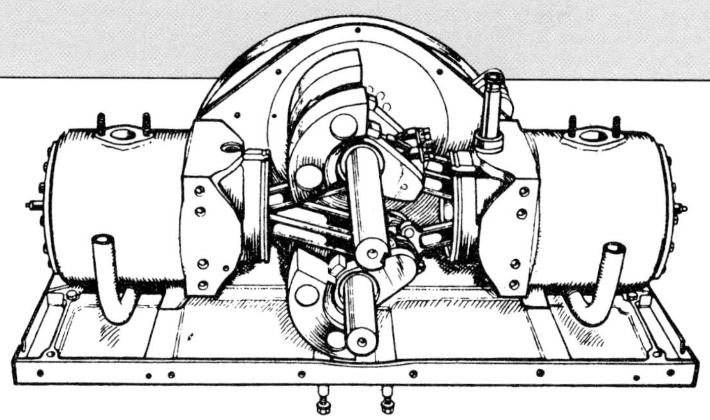

Drei Phasen im Arbeitszyklus des Zweizylindermotors von Lanchester. Dieser Motor arbeitete ohne Schwingungen, da seine beiden Zylinder einander horizontal gegenüberlagen. Die beiden übereinander angeordneten Kurbelwellen rotierten im entgegengesetzten Drehsinn und waren über sechs Pleuelstangen mit den Kolben verbunden. Dieser Motortyp kam beim Lanchester Prototyp aus dem Jahr 1897 zum Einsatz und wurde später bei allen Serienfahrzeugen mit Zwillingsmotor aus den Jahren 1900 bis 1905 verwendet.

Neben dem Benz repräsentierten die drei hier gezeigten Automobile die führenden europäischen »Konstruktionsphilosophien« gegen Ende des 19. Jahrhunderts. Peugeot (*links*) ersetzte 1897 seinen am Daimler orientierten Motor durch einen von Gratien Michaux entworfenen liegenden Zwillingsmotor. Dieses Triebwerk wurde im Heck so eingebaut, daß die Zylinderköpfe nach vorne wiesen. Peugeot blieb dem Heckmotorprinzip länger treu als die meisten anderen Automobilfirmen: Der erste Peugeot mit Frontmotor kam erst im Jahre 1900 auf den Markt, während man bis zum Jahre 1905 noch leichte Stadtwagen mit Heckmotor kaufen konnte. Die Modelle aus dem Jahre 1897 verfügten über konventionelle Radiatoren, anstatt das Kühlwasser durch die Rohre des Rahmens zu zirkulieren. Der britische Daimler aus dem Jahr 1897 (*gegenüberliegende Seite*) und der Panhard aus dem Jahr 1899 (*unten*) folgten mit ihrem jeweils vertikal in die Frontpartie eingebauten Zweizylindermotor und der Glührohrzündung einem gemeinsamen Prinzip. Als zwei Jahre jüngere Konstruktion besaß der Panhard ein Lenkrad – der ältere Daimler wurde von mehreren britischen Firmen vom Steuerhebel auf Lenkrad umgerüstet, Firmen, zu denen auch der Betrieb von Frank Morriss aus Kings Lynn gehörte, der sich selbst zum »Automobilreparateur von König Edward VII« hochstilisierte.

AD 1897

Die Bedeutung von Edward Butler fand bei den Automobilhistorikern ungerechterweise nie die ihm gebührende Anerkennung. Sein »Fahrrad« mit Benzinmotor aus dem Jahr 1888 hatte eine Ackermann-Lenkung, einen Sprühvergaser und mechanisch betriebene Einlaßventile. Diese Zeichnung zeigt die Butler-Konstruktion im Original einschließlich der Gleitrollen, auf die das Hinterrad zum Start gehoben wurde.

schenderweise baute Levassor bis 1897 keinen Wärmetauscher in die Wasserkühlung ein und vertraute damit ganz auf den Kühleffekt des großen Wasserbehälters.

1895 brachte Daimler den Phönix auf den Markt, ein Motor, bei dem die zwei Zylinder jetzt in Reihe und nicht mehr in einem V angeordnet waren. Die Zylinderabmessungen des Phönix betrugen 80 x 120 mm, im Vergleich zu 75 x 120 mm für den V-2 Zylinder. So ergab sich jetzt ein Hubraum von 1205 cm³, bei 750 Upm betrug die Leistung nun 4 PS. Levassor übernahm diesen Motor sofort für seine Automobile. Vier solche Panhards mit Phönix-Motor traten 1895 zum Rennen Paris–Bordeaux–Paris an und es war Levassor persönlich, der nach einer Alleinfahrt von 48,75 Stunden als Erster am Ziel ankam. Seine Durchschnittsgeschwindigkeit für die 1180 km betrug knapp über 24 km/h, sein längster Stop für Öl- und Nachstellarbeiten dauerte 22 Minuten. Unglücklicherweise durfte er den ersten Preis nicht entgegennehmen, da sein Wagen nur über zwei Sitze verfügte, während die Ausschreibung einen Viersitzer verlangte. So ging der Siegerpreis von 31500 Francs an Koechlin's Peugeot, der eine Durchschnittsgeschwindigkeit von 20,8 km/h erreichte.

Eine ganze Industrie entsteht

Schon 1895 boten zahlreiche Firmen Automobile zum Verkauf an und man kann nun allmählich von einer Automobilindustrie sprechen, auch wenn sie im Vergleich zu den benachbarten Industriezweigen der Fahrradproduktion oder der Kutschenherstellung noch keine große Rolle spielte. Nachdem er in den Jahren 1890 und 1891 rund zwanzig Dreiradfahrzeuge hergestellt hatte, brachte Benz 1892 einen Vierradwagen, den Viktoria, heraus. Von diesem Typ wurde eine kleine Anzahl verkauft, der Wagen jedoch, mit dem Benz schließlich zu wirklich zündenden Erfolgen kam, war der Velo. Dieses zweisitzige Automobil lief auf Drahtspeichenrädern und wurde von einem Einzylindermotor mit 1045 cm³ angetrieben. Der Velo besaß ein wesentlich geringeres Gewicht und kostete viel weniger als der Viktoria, in seinem Einführungsjahr 1894 kostete er mit 2000 Mark nur etwa halb so viel wie der größere Markengefährte.

Der Benz-Motor saß nach wie vor im Heck des Rahmens, immer noch erfolgte die Kraftübertragung über eine Riementransmission mit festen und losen Rollen

Seite 21 zeigt den Sieger im ersten Autorennen Amerikas, das im November 1895 vom »Chicago Times Herald« ausgerichtet wurde. Es handelt sich dabei um die zweite von Duryea im Jahr 1894 fertiggestellte Konstruktion, der gegenüber dem Erstling, »der nicht schneller auf Rädern war wie ein alter Mann zu Fuß«, eine Reihe entscheidender Verbesserungen aufwies. Nicht zuletzt war der ursprüngliche Zweitaktmotor inzwischen durch einen Viertakter mit einem Hubraum von 1852 cm^3 ersetzt worden, der bei 700 Upm 4 PS entwickelte.

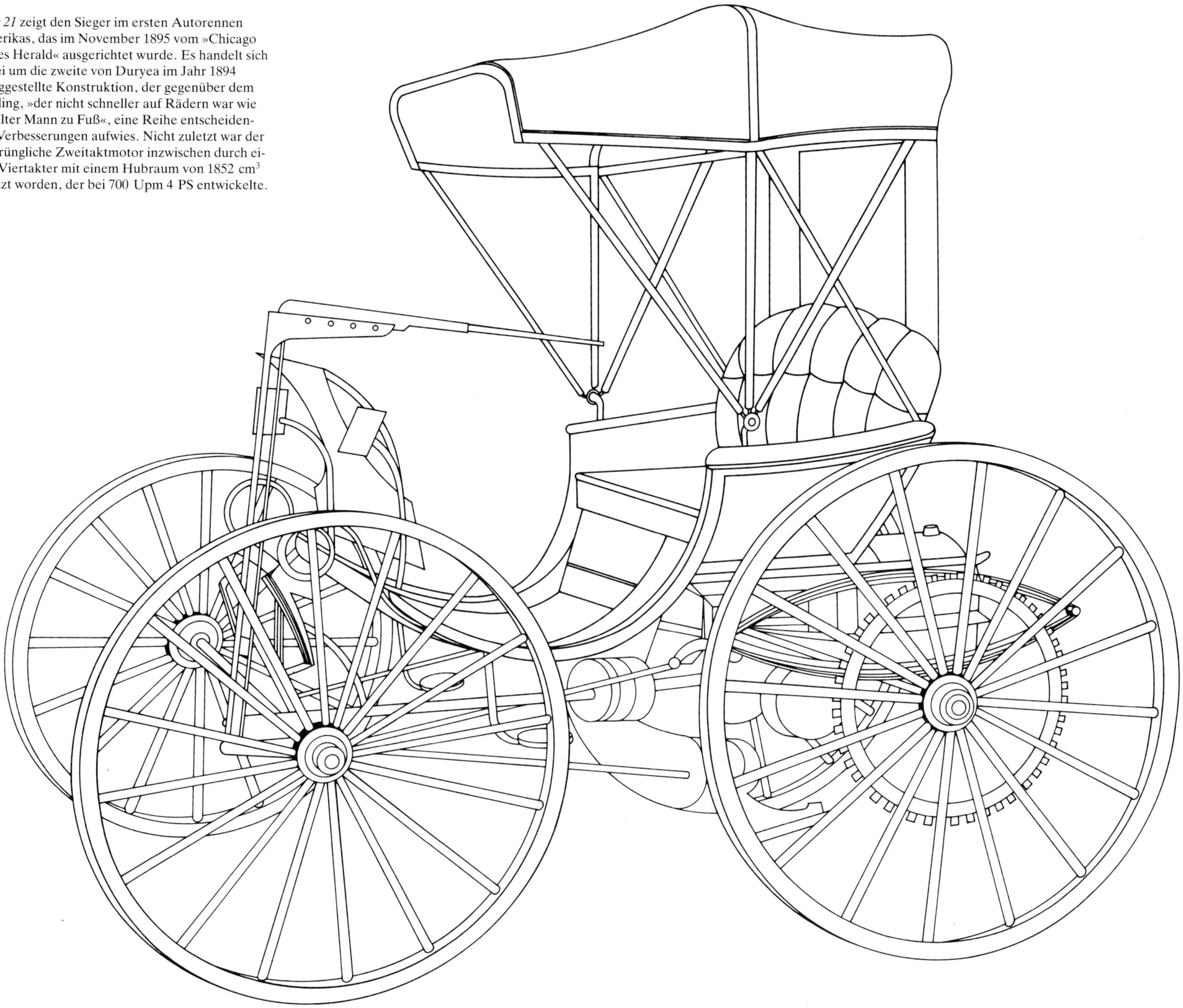

und einem Kettenantrieb von der Vorgelegewelle zu den Hinterrädern. Trotzdem erreichte der Velo einige Jahre lang beachtliche Verkaufszahlen, da er einfach zu bedienen und zu warten war und an Zuverlässigkeit keinem anderen Wagen seiner Zeit nachstand. Dank des Velo stiegen die Verkaufszahlen bei Benz in der Mitte der Dekade enorm an: Zwischen 1887 und 1893 verkaufte man 89 Wagen, 1894 allein 67 Exemplare, während die Zahl im Jahr 1895 auf 135 stieg. Schon 1896 lag man bei 181, eine Zahl, die sich drei Jahre später mit 572 Stück mehr als verdreifacht hatte. In dieser ganzen Periode übertraf Benz mit seinen Verkaufszahlen die seiner Konkurrenten mit Leichtigkeit. 1896 zum Beispiel verkaufte Benz mehr Automobile als in Großbritannien und in den Vereinigten Staaten zusammen produziert wurden.

Bis zur Mitte der neunziger Jahre gab es für Benz und Panhard nur zwei ernsthafte Konkurrenten, Daimler in Deutschland und Peugeot in Frankreich. Die Firma Daimler durchlief in ihren Kindertagen eine wechselvolle Geschichte, deren negativer Höhepunkt in einem tiefgehenden Streit zwischen Gottlieb Daimler und Wilhelm Maybach einerseits und ihren Partnern andererseits gipfelte, im Verlauf dessen sie 1893 die Firma verließen. In einem leeren Hotel, dem Hotel Hermann in Cannstatt, richteten sie daraufhin eine neue Werkstatt ein. Hier verbesserte Maybach seinen Düsenvergaser, während man im Hotel jedoch keine vollständigen Automobile herstellte. In der Firma Daimler wurden während der dreijährigen Abwesenheit der Gründer nur zwölf Wagen produziert. Diese verfügten zunächst über Zweizylinder-Reihenmotoren, aber als Daimler und Maybach mit ihren Partnern Frieden schlossen und 1895 wieder in die Firma eintraten, brachte man den verbesserten Phönix-Motor heraus, der bis 1902 in Produktion blieb.

Der Motor saß im Heck, der Antrieb erfolgte über Riemen und Zahnräder. Das erste Modell mit Frontmotor erschien 1897, für Droschken und Lastwagen behielt man jedoch für mindestens zwei weitere Jahre die Heckposition bei. 1899 brachte Daimler seinen ersten Reihen-Vierzylindermotor heraus, war jedoch bei dieser wichtigen Entwicklung von Panhard bereits um Längen geschlagen, wo man den ersten Vierzylinder bereits 1897 zur Produktionsreife entwickelt hatte.

Auch ein anderer französischer Hersteller, die Firma Peugeot, begründete mit dem Daimler-Zweizylinder-Motor ihre automobilistische Zukunft. Die Ursprünge dieser Firma lassen sich zurückverfolgen bis ins 18. Jahrhundert und bis in die 1880er Jahre hatte sich ihr Produktionsspektrum bereits über einen weiten Bogen gespannt: Regenschirmgestänge, Kaffeemühlen, Walfischknochen-Korsetts, Sägen, Hämmer, Uhrfedern und Fahrräder. Diese letzteren wurden nach den Ideen von Armand Peugeot (1849 bis 1915) in die Produktion aufgenommen und er war es auch, der entschied, daß die Firma Peugeot in die Automobilproduktion einsteigen sollte.

Zunächst hatte man vier Dampfwagen nach der Konstruktion von Léon Serpollet hergestellt. Dann aber traf A. Peugeot im Jahr 1890 Gottlieb Daimler und Emile Levassor und entschied sich, von Panhard gebaute Motoren nach dem Daimler-Prinzip zu verwenden. Die ersten vier Motoren erreichten die Peugeot-Fabrik in Valentigney im März 1890 und schon am Ende dieses Jahres standen vier komplette Fahrzeuge auf den Rädern. Diese besaßen einen Rohrrahmen, in dem das Kühlwasser zirkulierte, und einen im Heck eingebauten Motor.

Man sagt, das Levassor den Heckmotor empfohlen hatte mit dem Argument, der Gestank der vorne eingebauten Motoren würde die Passagiere belästigen – und doch baute er selbst innerhalb eines Jahres Frontmotorwagen. Bei Peugeot behielt man den Heckmotor bis zum Jahre 1900 bei. Die Produktionszahlen stiegen kontinuierlich von vier Wagen 1890 und wieder 1891, über 29 Stück 1892, über 40 Exemplare 1894 bis 72 Automobile 1895. Bereits 1898 erreichte man dreistellige Produktionszahlen mit 156 verkauften Exemplaren, während 1899 schon 300 Peugeot-Automobile ihren Käufer fanden.

Genau wie Panhard (aber im Gegensatz zu Benz) nahm Peugeot so früh wie möglich an sportlichen Wettbewerben teil. So meldete Peugeot 1894 fünf Wagen für die Prüfung Paris–Rouen und 1895 vier Fahrzeuge für das Rennen Paris–Bordeaux–Paris. Bei diesem über mehr als 1000 km führenden Straßenrennen wurde ein viersitziger Peugeot zum Sieger erklärt, wenn auch nur, weil Levassor's Zweisitzer aufgrund der Ausschreibung nicht den Siegerpokal entgegennehmen konnte.

Im selben Rennen setzten die Gebrüder Michelin einen Peugeot mit »Pneumatiks« ein, das erste Automobil, das man in einem Rennen mit Luftreifen sah. Diese Reifen bereiteten endlose Probleme und die Gebrüder Michelin mußten auf der Rückreise bei Orléans das Rennen aufgeben, da sie bereits das Zeitlimit von hundert Stunden für die gesamte Strecke überschritten hatten, wobei den Peugeot-Wagen keine Schuld traf. Trotz dieser negativen Erfahrungen sollten innerhalb von wenigen Jahren alle Peugeots und praktisch jedes andere Automobil nur noch auf Luftreifen rollen.

Das Automobil in Großbritannien

In Großbritannien verliefen die Entwicklung und die Verbreitung des Automobils wesentlich langsamer als auf dem Kontinent. Man hat diese Tatsache oft mit dem Gesetz für Lokomotiven auf Straßen, dem »Locomotives on Highways Act« erklärt. Dieses Gesetz beschränkte die Geschwindigkeit solcher Vehikel auf 4 Meilen pro Stunde (= 6,5 km/h) bei Überlandfahrten, in der Stadt auf die Hälfte. Ohne Zweifel schuf dieses Gesetz eher eine erstickende als eine förderliche Atmosphäre für das Gedeihen des Automobilismus auf der britischen Insel.

Der einzige Engländer, der in den 1880er Jahren ein benzingetriebenes Fahrzeug herstellte, war Edward Butler, der einen dreirädrigen Einsitzer konstruierte. Der Fahrer saß zwischen den beiden Vorderrädern, während der Zweizylinder-Motor das Hinterrad direkt antrieb, ohne zwischengeschaltete Riemen oder Ketten. Butler holte sich sein erstes Patent 1884 für »den mechanischen Antrieb von Fahrrädern«, sein dreirädriger Motorwagen wurde 1888 in den Merryweather Fire Engine-Werkstätten in Greenwich fertiggestellt.

Zu seinen fortschrittlichen Merkmalen zählte die Ackermann-Lenkung (die hier zum ersten Mal in einem benzingetriebenen Automobil zum Einsatz kam), ein Düsenvergaser (fünf Jahre früher als Maybach) und mechanisch betätigte Einlaßventile. Die Zündung erfolgte zunächst über Magnete, die später durch Batterie und Spule ersetzt wurden. Der Motor, ursprünglich als Zweitakt-Motor mit einem Hubraum von 1041 cm^3 konzipiert, wurde zum Viertakter umgebaut bei gleichzeitiger Reduzierung des Hubs von 200 auf 125 mm und des Hubraums auf 650 cm^3. Bei 600 Upm entwickelte der Motor nur 5/8 PS und erreichte trotzdem noch eine Geschwindigkeit von 13 bis 19 km/h.

Der direkte Antrieb erwies sich wegen der zu hohen Drehzahlen als ungeeignet, sodaß man eine Untersetzung einbaute. Es gab keine Kupplung und um den Wagen in Gang zu setzen, mußte man das Hinterrad vom Boden auf kleine Rollen heben und dann den Motor mit Hilfe von Druckluft starten, ganz in der Art, wie es bei einigen stationären Motoren geschah. Diese Methode wurde im Verlauf der Zeit durch den Start mit einem Schwungrad ersetzt, so wie es Karl Benz praktizierte.

Butler taufte seine Maschine das »Petrol Cycle« – das Benzinfahrrad. Hier tritt zum ersten Mal das Wort »Benzin« auf, sechs Jahre, bevor es als Handelsname von der Londoner Ölimportfirma Carless, Capel und Leonard verwendet wurde. Butler plante, sein Dreirad von der Butler's Patent Petrol Cycle Syndicate produzieren zu lassen. Wegen der gesetzlichen Beschränkungen für solche Fahrzeuge verwarf er 1888 jedoch diese Idee, noch bevor seine Maschine im Februar 1889 zum ersten Mal auf die Straße kam. Dann aber zeigte sich, daß sie sehr ordentlich lief.

Ohne kommerzielle Aussichten für das Fahrzeug schien die weitere Beschäftigung damit verschwendete Zeit und so wandte sich Butler der Herstellung von Motoren mit Öl als Treibstoff zum Einsatz in Schiffen und im stationären Betrieb zu. Als die Geschwindigkeitsbegrenzung auf 12 Meilen pro Stunde (19 km/h) angehoben wurde (1896), erweckte Butler sein Fahrzeug zu neuem Leben und verkaufte die Konstruktion an die British Motor Syndicate, wo sie jedoch nie in Produktion ging. Trotzdem sollte man Edward Butler mehr Hochachtung entgegenbringen als es die Geschichte bisher getan hat, schließlich hat er als Erster ein britisches benzingetriebenes Fahrzeug konstruiert, das in mancher Hinsicht sogar den Konstruktionen auf dem Kontinent voraus war.

Das nächste britische Automobil, ein leichter vierrädriger Wagen, entstand durch die Hände eines jungen Ingenieurs aus Walthamstow bei London namens Frederick William Bremer. Er hatte dieses Fahrzeug zunächst als Dreirad-Vehikel mit Gasmotor geplant, aber in der Zeit von 1892, dem Beginn seiner Arbeiten, und 1894, als er das Fahrzeug fertigstellte, veränderte er die Konstruktion. So entstand ein vierrädriges Fahrzeug mit einem im Heck untergebrachten Einzylinder-Motor mit automatischem Einlaßventil. Die Kraftübertragung umfaßte einen Riemenantrieb auf ein zweistufiges Getriebe und eine durch eine Kette angetriebene Hinterachse.

Bremer mußte nahezu alle Bauteile selbst herstellen oder selbst anpassen. Das Schwungrad bestand aus einem Mühlstein und die Zündkerze besaß einen tönernen Pfeilenstiel als Isolierung. Insbesondere, wenn man sein späteres Geburtsjahr bedenkt, ist dieses Fahrzeug bei weitem nicht so fortschrittlich wie Butlers Benzin-Fahrrad. Dagegen ist Bremers Motorwagen deshalb besonders interessant, weil er als Beispiel dafür gelten kann, was ein begabter junger Mann mit sehr beschränkten Mitteln auf die Beine zu stellen vermochte. Der Bremer-Wagen lief im Jahre 1895 eine kurze Zeit lang, geriet aber bald in Vergessenheit. Als das erste Automobilmuseum 1912 in London eröffnet wurde, erweckte man ihn hierfür wieder zum Leben, ebenso in den sechziger Jahren des 20. Jahrhunderts für das Veteranen-Defilée von London nach Brighton, das der Royal Automobile Club organisierte. Weil der Bremer-Wagen in seinem Leben bis dahin weder Kraftfahrzeugsteuer bezahlt hatte noch je zum Straßenverkehr zugelassen war, wurde er als neuer Wagen eingestuft und benötigte deswegen eine spezielle Erlaubnis, damit er auf öffentlichen Straßen fahren konnte. Heute kann man den Bremer-Wagen im Walthamstow Museum bewundern.

Ziemlich genau zu der Zeit, als Bremer sein Fahrzeug fertigstellte, nahm in Birmingham ein anderer und in vieler Hinsicht radikal andersartiger Motorwagen Gestalt an. Frederick Lanchester, ein brillanter Ingenieur, begann von den Grundprinzipien aus und kopierte nahezu nichts von dem, was inzwischen als allgemein akzeptierte Praxis galt. Der Motor besaß einen einzelnen horizontal liegenden Zylinder mit zwei untereinander massenausgeglichenen Kurbeln, von denen jede ihr eigenes Schwungrad und ihre eigene Pleuelstange besaß. Die Kurbeln rotierten in entgegengesetzter Richtung und bewirkten so eine zu dieser Zeit unbekannte Laufruhe und Schwingungsfreiheit. Der Zylinder verfügte über ein mechanisch betätigtes Einlaßventil und eines der Schwungräder trug Ventilatorblätter, die Kühlluft über den Zylinder bliesen.

Die Kraftübertragung erfolgte über eine Gruppe epizyklischer Zahnräder, wie sie später Henry Ford und andere verwendeten. 1895 war dieses System jedoch geradezu revolutionär. Im Original übertrug eine Kette die Kraft auf die Hinterachse, in der Version von 1897 wurde die Kette jedoch durch einen Schneckenantrieb ersetzt. Die Fortentwicklung von 1897 verfügte darüber hinaus über einen Zweizylindermotor. Schon das Original besaß eine über die ganze Breite ausgebildete Karosseriestruktur aus lackiertem Walnußholz mit genügend Platz für drei Passagiere auf der Rückbank. Diese Karosserie saß auf einem Rohrrahmen, der an der Hinterachse mit langen elliptischen Federn und an der Vorderachse mit einem einzelnen querliegenden Träger abgefedert wurde.

Assistiert von seinem Bruder George testete Lanchester zu Beginn des Jahres 1896 den Wagen. Dieser zeigte eine lobenswerte Laufruhe, erwies sich aber als untermotorisiert. Deshalb bauten die Brüder einen Zweizylindermotor mit 2895 cm^3 Hubraum, der schätzungsweise 8 PS entwickelte und dem Wagen eine Höchstgeschwindigkeit von 20 Meilen/Stunde (32 km/h) verlieh. Die beiden Zylinder saßen horizontal einander gegenüber, wobei die Kolben über sechs

Variationen auf drei Rädern: Obwohl oberflächlich betrachtet eine gewisse Ähnlichkeit vorhanden ist, handelte es sich bei dem schweizer Egg & Eggli (*rechts*) um eine viel mildere Konstruktion als beim französischen Léon Bollée (*unten*). Rudolf Egg hatte sich für den vertrauten 3 PS-Einzylindermotor mit einem Hubraum von 402 cm³ von De Dion Bouton mit Riemen-Hinterachsantrieb entschieden, um seinen 190 kg schweren Wagen zu einer Spitzengeschwindigkeit von rund 40 km/h zu verhelfen. Der Léon Bollée dagegen verfügte über einen 650 cm³-Motor eigener Konstruktion und Herstellung, der es auf 2,5 PS bei gezügelten 800 Upm brachte, aber bedeutend mehr Zugkraft mobilisierte, wenn man ihm 1200 Upm zugestand. Seine Spitzengeschwindigkeit lag bei gut über 50 km/h, sodaß der Rennfahrer Jamin beim Rennen Paris–Trouville von 1897 am Steuer des Léon Bollée eine Durchschnittsgeschwindigkeit von 45 km/h auf die Renndistanz von 170 km schaffte. Trotzdem stand schon zu dieser Zeit fest, daß dem Dreirad-Vehikel nicht die Zukunft gehörte und schon im Jahr 1900 hatten sowohl Egg als auch Bollée ihre Produktion auf vier Räder verlagert.

Der Einfluß von Benz schien keine Grenzen zu kennen. Er reichte bis nach Amerika und Australien. Die Ursprungsländer der hier abgebildeten beiden Pioniere muß man nicht ganz so weit suchen, denn es handelt sich zum einen um den schwedischen Vabis und zum anderen um den italienischen F. I. A. T. Genau genommen war die viersitzige Konstruktion von Gustaf Erikson von 1897 kein »Vabis«. Diesen Namen erhielten erst seine Nachkommen. Äußerlich stark an den Benz-Wagen erinnernd, verfügte der »Vabis« über einen Zweizylindermotor mit horizontal einander gegenüberliegenden Zylindern, der allerdings mit einer Glührohrzündung versehen war.
Der erste F. I. A. T. (*unten*) ähnelte dem Baby-Benz. Der Wagen besaß einen liegenden 697 cm^3-Doppelmotor mit automatischen Einlaßventilen im hinteren Teil des einfachen Plattenrahmens. Das an Levassors Vorbild orientierte Gleitzapfengetriebe umfaßte zwar vier Vorwärtsgänge, aber bis zum Jahre 1900 gab es keinen Rückwärtsgang und selbst dann wurde dieser nur als Zusatzausstattung geliefert. Alle mechanischen Baugruppen wurden in der F. I. A. T.-Fabrik selbst hergestellt, die Karosserie mit Vis-à-Vis-Sitzanordnung kam dagegen von Alessio in Turin. Von den Original-F. I. A. T. aus dem Jahre 1899 wurden insgesamt nur 8 Exemplare gebaut.

Pleuelstangen mit den Kurbeln verbunden waren. Von Grund auf Perfektionist, wollte Frederick Lanchester kein Automobil zum Verkauf anbieten, bevor es in seinen eigenen Augen nicht zur absoluten Zufriedenheit ausfiel. So gelangte der erste Lanchester nicht vor dem Jahr 1890 an die Öffentlichkeit und in die Hände seiner Kunden.

Abgesehen vom Lanchester wiesen die wenigen in britischen Fabriken hergestellten Motorwagen vor der Jahrhundertwende nur geringe Originalität und Eigenständigkeit auf. Die in Coventry gebauten Daimler- und MMC-Fahrzeuge, deren Produktion Tür an Tür in den Motor Mills-Werkstätten erfolgte, glichen im wesentlichen den Panhards, auch wenn ihre Motoren vom Typ der deutschen Daimler waren. Daneben erschien eine Reihe mehr oder weniger eng dem Benz Velo nachgebauten Imitationen, darunter der »Marshall« aus Manchester (der spätere »Belsize«), der »Star« aus Wolverhampton und der »Arnold« aus dem Städtchen Paddock Wood in der Grafschaft Kent.

Von diesem Arnold wurden nur zwölf Exemplare hergestellt, aber darunter zeichnete sich einer als das erste Fahrzeug der Welt aus, das einen elektrischen Selbststarter besaß. Dieser Selbststarter bestand aus einem mit dem Schwungrad verbundenen Elektromotor, der eigentlich den Benzinmotor auf steileren Bergstrecken unterstützen sollte. Die Batterie erwies sich jedoch als zu schwach, als daß der Elektromotor diesen Hauptzweck hätte erfüllen können. Immerhin aber reichte sie aus, den Benzinmotor in Gang zu bringen.

Amerika tritt auf den Plan

Bis Mitte der 1890er Jahre hatte bereits eine Reihe von Pionieren auch in Amerika Fahrzeuge mit Benzinmotor hergestellt. Die ersten, die ihren Käufer fanden, stammten von den Gebrüdern Duryea in Springfield, Massachusetts und wurden 1896 verkauft. Im allgemeinen zeigten auch die amerikanischen Konstrukteure keine besondere Originalität und die Entwicklung des Automobils war in der Neuen Welt durch die entsetzlichen Straßen außerhalb der großen Städte ebenso dramatisch behindert wie in Großbritannien durch die fahrzeugfeindliche Gesetzgebung.

Die meisten amerikanischen Wagen standen auf großdimensionierten Holzspeichenrädern, wie sie an Buggies, jenen leichten vierrädrigen Pferdewagen verwendet wurden, um damit den Tücken der Landstraßen zu begegnen. Sie besaßen langsam laufende horizontal liegende Einzylindermotoren und eine Riemen/Rollen-Kraftübertragung von der Art des Benz. Bereits 1891 wurden zwei Versuchsfahrzeuge gebaut, der dreirädrige Lambert aus Ohio City, Ohio, und der vierrädrige Nadig aus Allentown in Pennsylvania. Ihre Konstrukteure können nicht gerade zu den Meistern der Öffentlichkeitsarbeit gerechnet werden und so gingen ihre Patentansprüche in der kleinlichen Zankerei zwischen den Gebrüdern Duryea und Elwood Haynes völlig unter.

Der Duryea-Wagen besaß einen Einzylindermotor mit 1302 cm^3 Hubraum, eine batteriebetriebene Spulenzündung, eine Kraftübertragung mit Riemen und Rollen in zwei Stufen und einen Kettenantrieb für die Hinterachse. Die Konstruktionspläne entstanden 1891, aber erst im September 1893 war der Wagen fertig für die Straße. Charles Duryea beschrieb das Fahrzeug als »nicht schneller als ein alter Mann gehen kann..., aber er lief«. Im darauffolgenden Jahr ersetzte man den Einzylindermotor durch ein Zweizylinder-Triebwerk, wodurch man eine Geschwindigkeit von zehn Meilen/h (16 km/h) erreichte. Im Juni 1895 berichtete Frank Duryea, daß mehrere Bestellungen für den Wagen eingingen und daß einige dieser Bestellungen mit der Aufforderung verknüpft waren, von der Bank des jeweiligen Kunden eine fast beliebige Summe abzurufen. Der Kaufpreis schien keine Rolle zu spielen. Dies führte zur Gründung der »Duryea Motor Waggon Company«, in der noch vor Ende des Jahres die Produktion aufgenommen wurde. Im Verlauf des folgenden Jahres 1896 verkaufte die Company 13 Automobile.

Unterdessen hatten in Kokomo, Indiana, Elwood Haynes und die Gebrüder Apperson einen Wagen mit einem Einzylinder-Zweitakt-Sintz-Motor gebaut, der am 4. Juli 1894 zum ersten Mal ausfuhr. In den Appersons' Riverside Machine Works wurden zwar einige Replica gebaut, aber erst nach der Gründung der Haynes Apperson Automobile Company im Jahre 1898 wurde die regelmäßige Produktion aufgenommen. Später stellte Haynes den Wagen von 1894 im Smithsonian Institute in Washington als »Amerikas erstes benzingetriebenes Fahrzeug« aus – eine Bezeichnung, um die ein heißer Streit mit Charles Duryea entbrannte. Dieser holte sein Automobil von 1893 aus der Remise und stellte es im Smithsonian Institute vor mit der Forderung, daß der ruhmreiche Titel, den Haynes beanspruchte, seinem Fahrzeug zuerkannt werden sollte.

Dies geschah, wobei wohl niemand zur damaligen Zeit daran dachte, daß den beiden die Arbeiten der zurückgezogener lebenden John William Lambert und Henry Nadig zuvorgekommen waren. Lamberts Auto war allerdings bereits im Jahr seiner Herstellung durch ein Feuer zerstört worden und Haynes überredete den Konstrukteur, ihm seinen Anspruch nicht streitig zu machen, Amerikas erstes Automobil hergestellt zu haben.

Es ist gut möglich, daß es noch weitere »Hinterhofkonstrukteure« gegeben hat, die mit ihrer Fahrzeugherstellung zeitlich vor den Duryea Brüdern lagen. Es ist nämlich sicher, daß der »Chicago Times-Herald« mindestens hundert Nennungen erhielt, als er im November 1895 ein 150 km-Rennen ausschrieb. Mindestens zwanzig der hundert Nennungen betrafen real vorhandene Fahrzeuge, auch wenn schließlich nur sechs am Start erschienen. Das Rennen verlief unter harten winterlichen Bedingungen und so erreichten nur zwei Autos das Ziel, ein Duryea und ein Mueller, bei dem es sich um einen modifizierten Benz handelte. Trotz dieser dünnen Beteiligung brachte dieses Rennen das Automobil in die amerikanischen Schlagzeilen und innerhalb der nächsten drei Jahre wurden mehr als hundert Wagen für den Verkauf hergestellt. Um die Jahrhundertwende lag diese Zahl bereits bei über 2500. Die meisten dieser Fahrzeuge wurden mit Dampf oder durch Elektromotoren angetrieben, von diesen handelt das nächste Kapitel.

Auch in anderen Ländern experimentiert man mit dem Automobil

Die Herstellung von Motorwagen blieb nicht auf die seither beschriebenen Länder beschränkt und bis zur Jahrhundertwende hatte man in den meisten industrialisierten Ländern mit der Produktion von Motorfahrzeugen begonnen. Nur wenige unter diesen zeichneten sich durch originelle technische Lösungen aus, vielmehr folgte man verständlicherweise auf breiter Front den Konstruktionsprinzipien erfolgreicher Automobile wie des Benz oder des Panhard. In Belgien zum Beispiel basierte der ab 1898 hergestellte »Germain« eng auf dem Panhard, weshalb man ihn manchmal auch den Panhard Belge oder den Daimler Belge nannte. Sein Zeitgenosse »Vincke«, der erste in Belgien zum Verkauf hergestellte Wagen, basierte von 1895 bis 1899 auf dem Benz, er erhielt 1898 einen Panhard-ähnlichen Bruder mit Frontmotor. Die Firmen Linon und Nagant stiegen beide mit ihren Versionen des französischen Gobron-Brillié-Motors mit seinen gegenläufigen Kolben ein.

Fritz Henriod baute 1893 in Biel den ersten Motorwagen der Schweiz mit einem Benzinmotor. Er besaß einen Einzylindermotor mit Glührohrzündung und ein Zweiganggetriebe mit einer über Zahnräder direkt auf die Hinterachse wirkenden Kraftübertragung. Die dreirädrigen Fahrzeuge, die Rudolf Egg zwischen 1896 und 1898 baute, waren jeweils mit Einzylindermotoren ausgerüstet und ähnelten in vielerlei Hinsicht dem französischen Léon Bollée. Der Saurer, das erste Produkt einer Firma, die später für ihre Lastwagen berühmt werden sollte, folgte einer eigenständigeren Konstruktionsidee. Bei seinem Einzylindermotor fand die Explosion zwischen zwei gegenläufigen Kolben statt, die ihre Kraft jeweils nach außen auf ihre eigene Kurbelwelle übertrugen. Koch in Paris übernahm dieses Konstruktionsprinzip und baute solche Motoren in Personen- und Lastwagen für den Export nach Holländisch Ostindien, nach Persien, nach Tunesien, nach Ägypten und in weitere Länder. Das erste Motorfahrzeug, das auf der Insel Madagaskar lief, war ein Koch-Saurer. Nach 1900 baute man bei Saurer jedoch nur noch ziemlich konventionelle Automobile. Mehr oder weniger Benz-ähnliche Fahrzeuge wurden in der Schweiz außerdem von Rudolf Egg (nach seinen Dreiradfahrzeugen), Lorenz Popp und Johann Weber hergestellt.

Die skandinavischen Länder brachten einige Pionierfahrzeuge hervor. In Schweden konstruierte Gustaf Erikson (1858 bis 1922) im Herbst 1897 einen mit Paraffinöl laufenden Einzylindermotor, den er in einen Motorwagen einsetzen wollte. Diese Maschine lief jedoch nicht zufriedenstellend und so baute er im Verlauf des nächsten Frühjahrs einen Zweizylinder-Viertakt-Motor mit horizontal einander gegenüberliegenden Zylindern und mit einer Glührohrzündung versehen in eine restaurierte Pferdekutsche ein, die er für kurze Zeit in Surahammar fuhr. Da er diese Stadt als ungeeignet für eine Automobilfabrikation einschätzte, verlegte Erikson 1898 seine Aktivität in die Vagnfabrik AB in Södertälje, um dort unter dem Namen Vabis Automobile zu konstruieren. Dänemark und Norwegen, von denen sich keines zu einem renommierten Automobilherstellerland entwickeln sollte, erlebten den Hammel bzw. den Irgens.

Der in Kopenhagen gebaute Hammel erhielt ursprünglich als Geburtsjahr das Jahr 1886 zugesprochen, wahrscheinlich ist er aber einige Jahre jünger. Dieses von A. F. Hammel und H. U. Johansen hergestellte Fahrzeug besaß einen

Zweizylindermotor mit 2720 cm^3 Hubraum, eine einstufige Kraftübertragung mit Vorwärts- und Rückwärtsgang und Kettenantrieb. Es hat bis heute überlebt und kam 1954 nach England, um an der Oldtimer-Rallye von London nach Brighton teilzunehmen. Hierbei legte er die 89 km lange Strecke dieser Veranstaltung in 12,5 Stunden zurück.

Schon 1883 zeichnete ein norwegischer Erfinder namens Paul Henningsen Irgens (1843 bis 1923) aus Bergen die Pläne für ein Taxi mit einem Vierzylindermotor. Dieses wurde aber nie gebaut. Erst 1898 brachte Irgens tatsächlich ein Fahrzeug auf die Straße, eine fast schon archaische Konstruktion mit einem Einzylindermotor und einer dos-à-dos Sitzanordnung. Im darauffolgenden Jahr baute er einen dampfgetriebenen Omnibus mit drei Zylindern, bei dem die Vorderachse über Zahnräder angetrieben wurde. Bei diesem Bus ließ sich der Innenraum mit Dampf heizen. Fast zwangsläufig wurde von diesem Bus nur ein Exemplar hergestellt und danach verschwand der Name Irgens aus der Welt des Automobils.

Bis zur Gründung der F. I. A. T.-Werke im Jahre 1899 hatte Italien keine ernsthafte Automobilproduktion vorzuweisen. Aber auch bei F. I. A. T. wurden im ersten Jahr nur acht Fahrzeuge hergestellt. Der erste benzingetriebene italienische Wagen, der auch noch für sich in Anspruch nehmen konnte, das erste Fahrzeug dieser Art weltweit zu sein, wurde 1884 von Enrico Bernardi (1841 bis 1919) gebaut. Bernardi war Professor für Hydraulik und landwirtschaftlichen Maschinenbau an der Universität von Padua. Im Jahr 1882 erwirkte er ein Patent für einen winzigen benzingetriebenen Einzylindermotor mit 122 cm^3, der bei 200 Upm nur 0,024 PS entwickelte. Zunächst trieb dieser Motor eine Nähmaschine an, bis er zwei Jahre später in Verona im Dreirad seines vierjährigen Sohnes installiert wurde. Der Junge fuhr mit seinem kleinen Gefährt herum, transportierte damit Sand und Steine und erregte damit natürlich den Neid seiner Freunde. Es sollte nie mehr als ein Spielzeug sein und doch handelte es sich hier um einen Personenwagen mit Eigenantrieb.

1892 baute Bernardi einen größeren dreirädrigen Wagen, der zwei Erwachsene aufnehmen konnte. Eine Version davon wurde in kleiner Stückzahl zwischen 1896 und 1899 bei Miari e Giusti in Padua gebaut. Ein weiteres italienisches Pionierfahrzeug stammte von dem Kerzenhersteller Michele Lanza (1868 bis 1947). Sein Jagdwagen von 1895 war ziemlich typisch für die damalige Zeit. Er hatte einen im Heck eingebauten, liegenden Zweizylindermotor, Glührohrzündung und Kettenantrieb. Seine Backenbremsen wirkten auf die Stahlreifen der Hinterräder.

Zu den Ländern, die ihre Industrie vor Ende des 19. Jahrhunderts aufbauten, gehörte auch Österreich mit dem in Nesselsdorf gefertigten »Präsident« mit Benz-Motor. (Heute gehört Nesselsdorf zur Tschechoslowakei und wurde in Kovprivnice umbenannt). Rußland hatte seinen »Yakovlev-Freze«, der in St. Petersburg gebaut wurde und dem Benz sehr ähnlich sah. Australien besaß wohl den »Pioneer«, der in Melbourne hergestellt wurde, dessen Paraffin-getriebener Motor, dessen eisenbeschlagene Räder und dessen mittige Drehzapfenlenkung aber eine Ausstattung ergaben, mit der er ganz deutlich nicht zur technischen Avantgarde gehörte.

So war an der Schwelle zum 20. Jahrhundert in den meisten industrialisierten Ländern der Welt das Auto allmählich zu einem bedeutenden Phänomen geworden. Zeitschriften waren aus dem Boden geschossen, die über den technischen Fortschritt berichteten und sie erfreuten sich in Großbritannien, den Vereinigten Staaten, in Frankreich, Deutschland und in anderen Ländern großer Beliebtheit. Frankreich blieb die Heimat der Langstreckenrennen von Stadt zu Stadt, aber solche Veranstaltungen hatten längst die Landesgrenzen überschritten. 1898 zum Beispiel gab es bereits das Langstreckenrennen von Paris nach Amsterdam und wieder zurück nach Paris und auch in anderen Ländern wurden Sprint- und Bergrennen sowie Langstreckenzuverlässigkeitsfahrten ausgetragen. Obwohl die Automobilindustrie von der Bedeutung her nicht an ihre Wegbereiter, die Fahrrad- und Pferdewagenindustrie herankam, so wurde sie doch allmählich Arbeitgeber für viele Menschen.

Der zarte Säugling des Jahres 1890 hatte sich mit der Zeit zu einem kräftigen und robusten, wenn auch oft lauten kleinen Kerl entwickelt und es bestand überhaupt kein Zweifel daran, daß er überleben würde.

ALTERNATIVEN: ANDERE ANTRIEBSSYSTEME

Zur Jahrhundertwende glaubten viele Menschen, die Zukunft der dampfgetriebenen Fahrzeuge sei wesentlich rosiger als die benzingetriebener Motorwagen. Auch der Elektroantrieb besaß seine eifrigen Verfechter, zumal der Elektrowagen mit dem Dampfwagen einige Vorzüge teilte. Im folgenden Kapitel wollen wir die komplexe Geschichte und das Schicksal dieser Alternativen verfolgen.

Dampf

Der leichte Dampfwagen mit Ölfeuerung erschien ungefähr zur gleichen Zeit auf der Bühne avantgardistischer Technik wie die Wagen mit Benzinmotor von Benz und Daimler. Davor aber waren jahrelang vereinzelt bereits Dampfkutschen mit Kohlefeuerung für zwei oder mehr Mitfahrende gebaut worden. Josef Bozek, Dozent für Maschinenbau am Prager Polytechnikum, konstruierte schon 1815 ein solches Fahrzeug. Walter Hancock, der berühmte Erbauer und Betreiber der Londoner Dampfbusse, baute sich 1838 einen leichten viersitzigen Phaeton. Mit diesem fuhr er regelmäßig durch die Londoner Stadtbezirke und paradierte zumindest einmal im Hyde Park, wobei »er die wohlwollende Aufmerksamkeit des britischen und des ausländischen Adels auf sich zog«. Bis in die 1870er Jahre waren allein in Großbritannien rund 40 Dampfwagen hergestellt worden. Diese aber waren alle das Werk einzelner für sich allein arbeitender Erfinder und kein einziges Fahrzeug ist je verkauft worden.

De Dion Bouton

1882 machte der wohlhabende französische Aristokrat Graf Albert de Dion (1856 bis 1946), ein Mann mit einem ausgeprägten Hang zu mechanischem Spielzeug, die Bekanntschaft der beiden Ingenieure Georges Bouton und seines Schwagers Charles Trépardoux, die zusammen eine kleine Werkstatt zur Herstellung von technisch-wissenschaftlichem Spielzeug betrieben. Trépardoux hatte lange davon geträumt, einen leichten dampfgetriebenen Wagen für sich zu bauen, aber ihm fehlten die finanziellen Mittel zur Realisierung dieses Traums.

De Dion war ein Schwärmer mit visionärem, leidenschaftlichem Interesse an dampfbetriebenen Fahrzeugen, obwohl dieses sich zunächst an Eisenbahnlokomotiven und schwergewichtigen Zugmaschinen entzündet hatte.

Abgesehen von seinem technischen Interesse verfügte er über ein beträchtliches Einkommen. Es schien die ideale Partnerschaft – innerhalb eines Jahres stand die Firma de Dion, Bouton und Trépardoux auf den Beinen, Versuche mit Dampfgeneratoren für Schiffe waren begonnen und wieder aufgegeben worden und ein leichter Dampfwagen war auf die Straße gelangt.

Wie bei den Pionieren benzingetriebener Motoren besaßen die Partner keine Vorbilder und es gab keine bewährten Konstruktionsideen, denen man hätte folgen können. sie entschlossen sich, die großen Vorderräder über Lederriemen anzutreiben und das Fahrzeug mit den kleineren Hinterrädern zu steuern. Um die Maschine und den Brenner so kompakt wie möglich bauen zu können, wählten sie einen flüssigen Brennstoff, wahrscheinlich Paraffin. Nach monatelangen Versuchen fing die Maschine Feuer und wurde vollständig zerstört.

Die Partner ließen sich nicht abschrecken und bauten im folgenden Jahr einen neuen Dampfwagen, der bereits über Vorderradlenkung und Hinterradantrieb verfügte, eine Konzeption, die sich später auf breiter Front durchsetzen sollte. Dieses Fahrzeug konnte vier Personen befördern und wurde 1885 von zwei größeren Dampfkutschen abgelöst. Unter diesen kehrte eine noch einmal zu Vorderradantrieb und Hinterradlenkung zurück, wobei die Kraftübertragung jetzt allerdings mit Ketten erfolgte.

1887 meldete Graf de Dion seinen ersten Viersitzer zu Europas erstem Automobilwettbewerb, einem »Rennen« in den Vororten von Paris, das M. Fossier von der Fahrradzeitschrift »Le Vélocipède« ins Leben gerufen hatte. Man kann eigentlich nicht sagen, daß de Dion gewann, da er das einzige Fahrzeug an den Start brachte. Aber er bewältigte die vorgeschriebene Strecke in zufriedenstellender Manier, wobei er zeitgenössischen Berichten zufolge mit Geschwindigkeiten bis zu 60 km/h gemessen wurde. Wenn dies der Wahrheit entspricht, dann ist diese Leistung mehr als bemerkenswert, vor allem angesichts der Tatsache, daß der erste offizielle Geschwindigkeitsrekord über Land erst sieben Jahre später aufgestellt wurde und »nur« bei 63 km/h lag.

1888 starteten de Dion, Bouton und Trépardoux den Verkauf dampfgetriebener Dreiradkutschen. Diese scheinen bei jüngeren Playboys aus den Gesellschaftskreisen um Graf de Dion auf große Begeisterung gestoßen zu sein. Die dreirädrigen Fahrzeuge hatten den Kessel zwischen den Vorderrädern, kleine Zweizylinder-Maschinen unter den Füssen des Fahrers und Kurbelstangen, über die man die Kraft direkt auf das Hinterrad übertrug.

Diese Dreiradkutschen wurden in kleinen Stückzahlen bis in die 1890er Jahre hinein produziert, dann erhielten sie Gesellschaft von einem großen Zugwagen, der entweder Lastanhänger oder Anhänger zum Personentransport ziehen konnte. Dieser Zugwagen besaß einen vertikal montierten Kessel und einen leistungsstarken Zweizylindermotor unter der hinteren Plattform. Seine hervorstechendste technische Eigenheit bestand in seinem Antrieb, der über nichttragende Halbwellen mit Kreuzgelenken an beiden Enden erfolgte. Die Hinterachse war »tot«, sie trug das Gewicht des Traktors, aber sie übertrug keine Kraft auf die Räder.

Diese Konstruktion verringerte die ungefederte Masse. Zusätzlich sorgten vier Stahlspeichen dafür, daß die Kraft auf den Radkranz übertragen wurde, wodurch der Druck von den normalen Holzspeichen genommen wurde. Der letztgenannte Vorteil war von großer Bedeutung, da die neuen Traktoren wesentlich leistungsstärkere Maschinen darstellten als die kleinen Drei- oder Vierradfahrzeuge. Diese Konstruktion der Antriebsachse erhielt im Laufe der Zeit den Namen De Dion-Achse, obwohl die historische Gerechtigkeit eigentlich verlangt, sie die Bouton- oder auch die Trépardoux-Achse zu nennen.

Einer dieser Traktoren nahm, verbunden mit einer viktorianischen Pferdekutsche, der man die Vorderräder abmontiert hatte, an der »Fernfahrt« Paris–Rouen von 1894 teil. Mit einer Durchschnittsgeschwindigkeit von 18,7 km/h über die 127 Kilometer kreuzte diese Kombination als Erster die Ziellinie. Trotzdem verweigerte man ihr den Siegerpreis, da sie von mindestens zwei Männern gefahren werden mußte: außer dem Mann an der Lenkkurbel war noch ein Heizer notwendig.

De Dion und Bouton bauten bis 1904 weiterhin dampfgetriebene Busse und Lastwagen. Aber Georges Bouton wies mit seiner Arbeit an kleinen, schnellaufenden Benzinmotoren der Gesellschaft eine neue Entwicklungsrichtung. Trépardoux mißtraute als überzeugter Dampf-Anhänger dieser Wendung im Interesse der Firma und so zog er sich 1894 aus der Partnerschaft zurück.

Léon Serpollet

Über einen längeren Zeitraum gesehen, erscheinen die Dampfwagen von Léon Serpollet (1858 bis 1907) als wichtiger als die von de Dion Bouton. Serpollet, der Sohn eines Zimmermanns, verbrachte seine Abende mit der Konstruktion von Dampfkesseln und perfektionierte im Jahre 1885 den Flammenkessel. In diesem wurde Wasser in ein vorgeheiztes Rohr in Form einer Heizschlange gepumpt, wo es in einer Flamme zu überhitztem Wasserdampf verdampft wurde. Dadurch ergab sich eine beträchtliche Reduzierung der Aufwärmzeit, die man benötigte, bevor das Fahrzeug fahrbereit war. Da nur eine begrenzte Menge Wasser in jedem Moment verdampft wurde, wurde auch die Explosionsgefahr beträchtlich verringert, auch wenn diese ohnehin immer übertrieben worden war.

Serpollet verwendete seinen Kessel, oder besser seinen Dampfgenerator (diese Bezeichnung bevorzugte er) in einem Dreirad-Fahrzeug, das er im Jahre 1887 baute. Zwei Jahre später ließ er sich von Armand Peugeot vier schwerere dreirädrige Wagen bauen. Einer von diesen absolvierte 1890 eine Reise von Paris nach Lyon und zurück, dabei benötigte er für die 1270 Kilometer zwei Wochen. Einige weitere Exemplare dieser Dreirad-Konstruktion, die fünf Personen Platz bot, ließ sich Serpollet von dem Pariser Kutschenbauer Jeantaud bauen.

Im Jahre 1892 stand für Serpollet fest, daß das Dreirad-Gefährt ein zu instabiles Fahrverhalten besaß, und so wandte er sich der Herstellung von Lastfahrzeugen mit vier Rädern zu. Diesen galt bis zum Jahr 1899 seine ganze Aufmerksamkeit, dann aber gewann er die finanzielle Unterstützung des in Paris lebenden Amerikaners Frank. L. Gardner, der durch australische Goldminen ein Vermögen erworben hatte. Jetzt entstand eine ganze Reihe von Serpollet-Wagen wesentlich modernerer Konstruktion. Ihre Dampfkessel waren nun im Heck montiert, die Zwei- oder Vierzylindermaschinen mit ihren horizontal einander gegenüberliegenden Zylindern und ihrer Paraffinöl-Feuerung saßen in der Mitte zwischen Vorder- und Hinterachse und der Antrieb erfolgte über eine einzelne Kette zur Mitte der Hinterachse. Eine handbetriebene Zwillingspumpe versorgte den Brenner mit Öl und den Kessel mit Wasser, beides in konstantem Verhältnis. Von 1904 an wurde diese Pumpe von einem zusätzlichen Hilfsmotor betrieben.

Mit Hilfe des finanziellen Rückhalts durch Frank Gardner gelang es Léon Serpollet nun endlich, seine Personenwagen mit geschäftlichem Erfolg zu produzieren. In der Zeit von 1900 bis 1904 stieg die Zahl der in Gardners großer Fabrik in der Rue Stendhal Beschäftigten von rund 60 auf 140 Personen. Die Produktion betrug 100 oder mehr Personenwagen pro Jahr. Die Typenpalette reichte von leichten Zweisitzern bis hin zu pompösen, reich ausgestatteten Limousinen, von denen sich der Schah von Persien ein Exemplar bestellte.

Serpollet war versessen auf den Motorsport, z.B. fuhr er 1902 mit einem stromlinig verkleideten Rennwagen mit dem Spitznamen »Osterei« einen neuen offiziellen Geschwindigkeitsrekord für Landfahrzeuge und erreichte dabei einen Schnitt von 121 km/h. Auch bei Langstreckenrennen wie der Fernfahrt Paris-Madrid von 1903 oder den Gordon-Bennett-Rennen von 1904 setzte er mehrere Mannschaften mit Rennwagen ein, ohne jedoch besondere Erfolge feiern zu können. Nach 1904 verlor der Dampfwagen zunehmend an Popularität und als 1907 eine Tuberkulose-Erkrankung Léon Serpollet das Leben nahm, starben seine Wagen mit ihm. Insgesamt wurden weniger als tausend Serpollets hergestellt, aber sie waren bei weitem die wichtigsten Dampfwagen in Europa.

Der Dampfwagen in Amerika

Es paßt in den historischen Zusammenhang, daß der Mann, der Léon Serpollet mit seinen finanziellen Mitteln zum Durchbruch verhalf, aus Amerika stammte.

Das erste Vehikel aus der Werkstatt von Léon Serpollet war dieses aus dem Jahr 1887 stammende Dreirad-Fahrzeug. Mit einem Einzylindermotor bestückt, verfügte es als Besonderheit über einen Flammengenerator, den der Zimmermann und Modellbauer Serpollet in seiner Freizeit weiter perfektionierte. Als er mit seiner Konstruktion vorfuhr, um seinen schon damals in Frankreich obligatorischen Führerschein zu erwerben, fielen nacheinander die Brennraumstäbe des Motors auf die Straße. Ungerührt hob Serpollet sie auf, baute sie wieder ein, entzündete das Feuer wieder und setzte die Prüfungsfahrt fort, – die er dann auch bestand.

Jenseits des Atlantiks spielte nämlich der Dampfwagen eine weit wichtigere Rolle auf der Bühne der Motorwagen als jemals in Europa. Diese Tatsache ist fast vollständig dem Unternehmen und den Aktivitäten der Zwillinge Francis E. Stanley (1849–1918 und Freeland O. Stanley (1849–1940) zuzuschreiben. Sie bauten zuverlässige Dampfwagen, die man zu einem niedrigen Preis erwerben konnte. Als Besitzer eines gewinnträchtigen Photographie-Unternehmens in Newton, Massachusetts, konstruierten sie 1897 ihr erstes Dampffahrzeug. Von Herbst 1898 bis Herbst 1899 produzierten und verkauften sie davon 200 Exemplare, bei weitem mehr als jeder andere amerikanische Automobil-Hersteller.

Die Erfolge der Gebrüder Stanley erregten die Aufmerksamkeit des Besitzers des »Cosmopolitan Magazine« John Brisben Walker (1847–1931) und des Finanziers Amzi Lorenzo Barber (1843–1909). Diese beiden Männer kauften im Sommer 1899 sämtliche Patentrechte und den gesamten Maschinenpark der Stanleys für die runde Summe von 250000,– US-Dollar und gründeten eine neue Firma, die »Locomobile Company of America«.

Innerhalb weniger Wochen zerstritten sich die beiden Partner und sie gingen getrennte Wege. Barber behielt das »Locomobile« im Firmennamen und Walker gründete die »Mobile Company of America«. Frank Stanley liierte sich als beratender Ingenieur mit Barber, während sein Bruder mit derselben Funktion zu Walker ging. Prompt warfen die beiden Unternehmen ziemlich ähnliche Wagen auf den Markt!

Die Konstruktion des Stanleys/Locomobile/Mobile war bestechend einfach. In der Mitte des Rahmens saß eine vertikale Zweizylindermaschine mit einem dahinter montierten Feuerrohrkessel, der bei einem Druck von 13 kp/cm² arbeitete. Dahinter befand sich ein 85-Liter Wassertank, der die volle Breite des Wagens einnahm. Der 19 Liter fassende Brennöltank war im Vorderteil des Wagens unter den Bodenplatten montiert. Der Antrieb erfolgte über eine einzelne Kette von der Kurbelwelle zur Mitte der Hinterachse, wegen der

Unter den zahlreichen zuhause im Verborgenen entstandenen Automobilen, die nie in Produktion gingen, war der Cederholm-Dampfwagen aus Schweden, konstruiert von Malermeister Jöns Cederholm und gebaut von seinem als Schmid arbeitenden Bruder Andreas. Ihr erstes Auto aus dem Jahr 1892 ließ sich fast nicht lenken, wogegen der hier abgebildete Zweizylinderwagen aus dem Jahr 1894 befriedigender ausgefallen war. Diese Konstruktion schloß einen Kondensator ein, der beim berühmten Stanley-Dampfwagen bis zum Jahr 1915 fehlte. Der hier verwendete erwies sich allerdings als zu klein und die Brüder gaben daraufhin ihre Experimente auf.

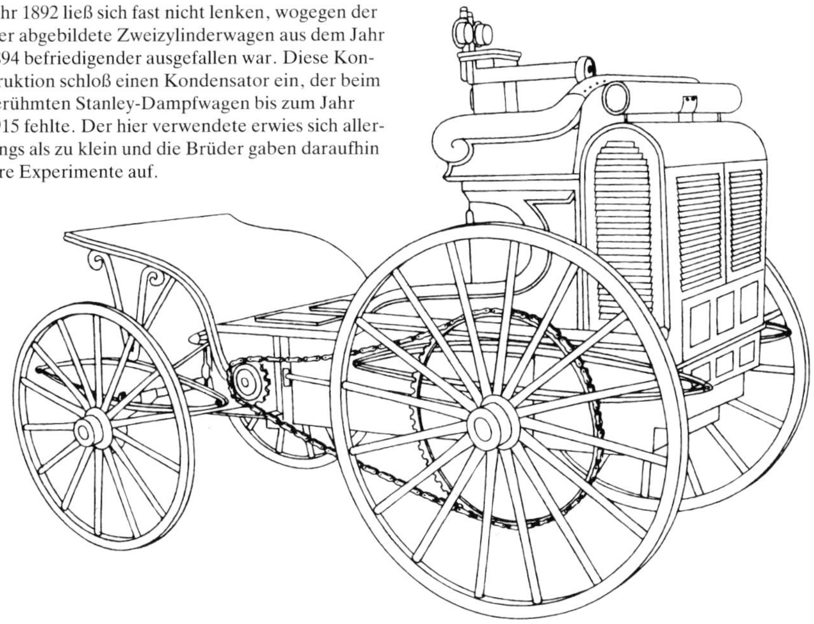

Eines von mehreren Serpollet-Automobilen mit Stromlinien-Karosserie ist dieses »Osterei«, mit dem sein Erbauer im April 1902 in Nizza den Fliegenden Kilometer in 29,8 Sekunden schaffte, was einer Geschwindigkeit von 120,8 km/h entspricht. Damit wurde Serpollet zum schnellsten Autofahrer der Welt, wobei er den bestehenden Rekord um 14,9 km/h unterbot.

links: Der Locomobile war ein typischer Vertreter der leichten Dampfwagen, wie sie in Amerika um die Jahrhundertwende gebaut wurden. Dieselbe Konstruktion wurde auch unter dem Namen Mobile gebaut. Der 3,5-PS-Zweisitzer aus dem Jahr 1899 war unter der Bezeichnung »Spindle Seat Run-about« (etwa: Leichtbauwagen mit ›Hochsitz‹) bekannt. Er erreichte eine Höchstgeschwindigkeit von ca. 40 km/h. Der Brennstofftank lag unter den Bodenbrettern, während der Wassertank die volle Breite der Heckpartie der Karosserie einnahm. Der Boiler war direkt in den Wassertank eingefügt. Der Antrieb erfolgte über eine einfache Kette zur Mitte der Hinterachse (*gegenüberliegende Seite oben*). Um nicht mit den Locomobile-Patenten in Konflikt zu geraten, verzahnten die Stanley Brothers ihren horizontal liegenden Zweizylindermotor direkt mit der Hinterachse.

Flexibilität der Dampfmaschine benötigte man keine Übersetzungen. Den Rahmen bildete eine Struktur aus Stahlrohren, während die Karosserie als simpler Zweisitzer konzipiert war. Der fahrbereite Wagen wog ohne Wasser und ohne Brennstoff rund 320 kg, seine Höchstgeschwindigkeit lag bei ungefähr 40 km/h.

Wie man einen Dampfwagen fuhr

Ein solcher Dampfwagen besaß einige wichtige Vorteile gegenüber einem Automobil mit Explosionsmotor. Die Dampfmaschine lief praktisch geräuschlos, abgesehen von einem gewissen Zischen, wenn der Wagen beschleunigte. Weiterhin gab es beim Dampfwagen nicht jene Schwingungen, die der Fluch der Automobile mit dem »bösartigen Explosionsmotor« waren. Der größte Vorteil des Dampfautomobils aber lag darin, daß man kein Übersetzungs-Getriebe benötigte. So blieb das Mahlen, das Ächzen und das Stöhnen eines mit ungeübter Hand geschalteten Gleitzapfen-Getriebes dem stolzen Besitzer eines Dampfmobils eine unbekannte Qual.

Trotzdem erforderte der Dampfwagen eine Reihe von Kenntnissen und Fertigkeiten – und nicht zuletzt Geduld. Die Startprozedur war ziemlich kompliziert und kostete viel Zeit, meistens vergingen bis zu 45 Minuten, bevor sich der Wagen in Bewegung setzte. Der »Count Down« der wichtigsten Schritte zum Start läßt sich wie folgt zusammenfassen:

1. Überprüfung des Wasserstandes in Kessel und Wassertank, vollständig auffüllen.
2. Pumpen des Brennstoffs von Hand, bis der minimale Arbeitsdruck erreicht ist.
3. Erhitzen des Sparbrenners, entweder durch brennendes Öl in einer Tasse oder durch einen Docht mit Alkoholflamme oder mit einem Acetylen-Brenner.
4. Den Sparbrenner brennen lassen, bis der Dampfgenerator heiß ist. Danach sorgfältiges Öffnen des Hauptbrennerventils und Überprüfung auf vorgeschriebene Arbeitsweise.
5. Während sich das Wasser erhitzt, sind alle beweglichen Teile zu ölen.
6. Wenn der Druck auf ungefähr 14 kp/cm^2 gestiegen ist, den Wagen besteigen und den Umsteuerungshebel in seine vorderste und seine hinterste Position werfen. Danach ist die Drosselklappe mehrfach leicht zu öffnen und sofort wieder zu schließen, eine Prozedur, die bis zum Start des Motors zu wiederholen ist. Danach ist bei spaltbreit geöffneter Drosselklappe der Umsteuerungshebel längere Zeit nach vorne und nach rückwärts zu werfen, sodaß der Wagen leichte Wippbewegungen durchführt. Dadurch wird allmählich das Wasser aus der Maschine verdrängt und gleichzeitig erwärmem sich die Zylinder so weit, daß der eintretende Dampf nicht mehr kondensiert. *Dieser Prozeß muß sorgfältig und in Ruhe durchgeführt werden.* Der Versuch, ihn abzukürzen, führt mit hoher Wahrscheinlichkeit zur Beschädigung der Maschine. Solange sich noch flüssiges Wasser in der Maschine befindet, läuft sie nur ruckweise; sobald sie rund läuft, ist der Wagen startklar.

Lief der Wagen erst einmal, mußte man den Dampfdruck sorgfältig überwachen. Andernfalls pflegte dem Motor schon bei einem leichten Anstieg im wahrsten Sinne des Wortes »die Puste auszugehen«, was eine mindestens zehnminütige Pause bedeutete, bevor der Anstieg vollends genommen werden konnte.

In der Frühzeit, als sich alle Fahrzeuge kapriziös gebärdeten und eine äußerst geschickte Behandlung erforderten, verzieh man einem Automobil solche komplizierten Prozeduren. Allmählich aber ließ sich der Motorwagen mit Benzinmotor immer leichter fahren und technisch unterhalten, eine Entwicklung, der der Dampfwagen nicht folgen konnte. Insbesondere betrachtete man die zeitraubende Startprozedur zunehmend als nicht akzeptable Sklavenarbeit. Ein weiterer Nachteil bestand darin, daß man rund alle 30 Kilometer den Wassertank mit seinen 85 Litern Fassungsvermögen nachfüllen mußte, während der 19 Liter Brennstofftank immerhin Vorrat für rund 130 Kilometer mit sich führte. Jede Reise über eine gewisse Distanz erforderte daher eine generalstabsmäßige Planung von »Haltestellen« zum Nachfüllen von Wasser, entweder im Haus eines freundlichen Zeitgenossen am Weg oder in einem Laden oder an einem Wasserlauf in der Nähe der Straße.

Trotzdem erlebte der Dampfwagen eine zwar kurze aber enorme Blütezeit, ein bemerkenswertes Phänomen. Die Firma Locomobile verkaufte in den Jahren 1899 und 1900 mehr Wagen, als alle Hersteller von benzingetriebenen Fahrzeugen zusammen und wurde auf der Liste der amerikanischen Verkaufsgiganten nur von der Columbia Electric übertroffen. Während der nächsten beiden Jahre

Die Stanley-Zwillinge versuchten ihre Preise niedrig zu halten, indem sie zu einfachen Konstruktionen griffen. Zu keiner Zeit übernahmen sie den Flammenkessel und bis zum Jahr 1915 verzichteten sie auf einen Kondensator. Ihr Viersitzer aus dem Jahr 1904 (*Seite 31 unten*) mit herunterklappbaren Vordersitzen kam für 750 Dollar zum Verkauf. 1906 wurde eine Reihe von Roadstern vorgestellt, die mit zu den ersten Sportwagen Amerikas zu zählen waren. Diese Roadster wurden in drei verschiedenen Größen hergestellt: Modell EX (Kesseldurchmesser 45,7 cm, 10 PS-Motor), Model H (58,4 cm-Kessel, 20 PS) und Model K (66 cm, 30 PS). Das Modell H und der Nachfolger, Model 10, aus dem Jahr 1910 (*oben*) wurden als Gentleman's Speedy Roadsters bekannt. Der Model 10 schaffte seine 109 km/h und F. E. Stanley wurde sogar einmal von der Polizei angehalten, weil er in seinem speziell präparierten Model K mit vollen 140 km/h die Straße entlang jagte. Der Stanley-Motor, der die Hinterachse direkt antrieb, hatte auch nach zwanzig Jahren nur wenige Änderungen erfahren. *Rechts* ist hier ein Nachkriegsmodell abgebildet.

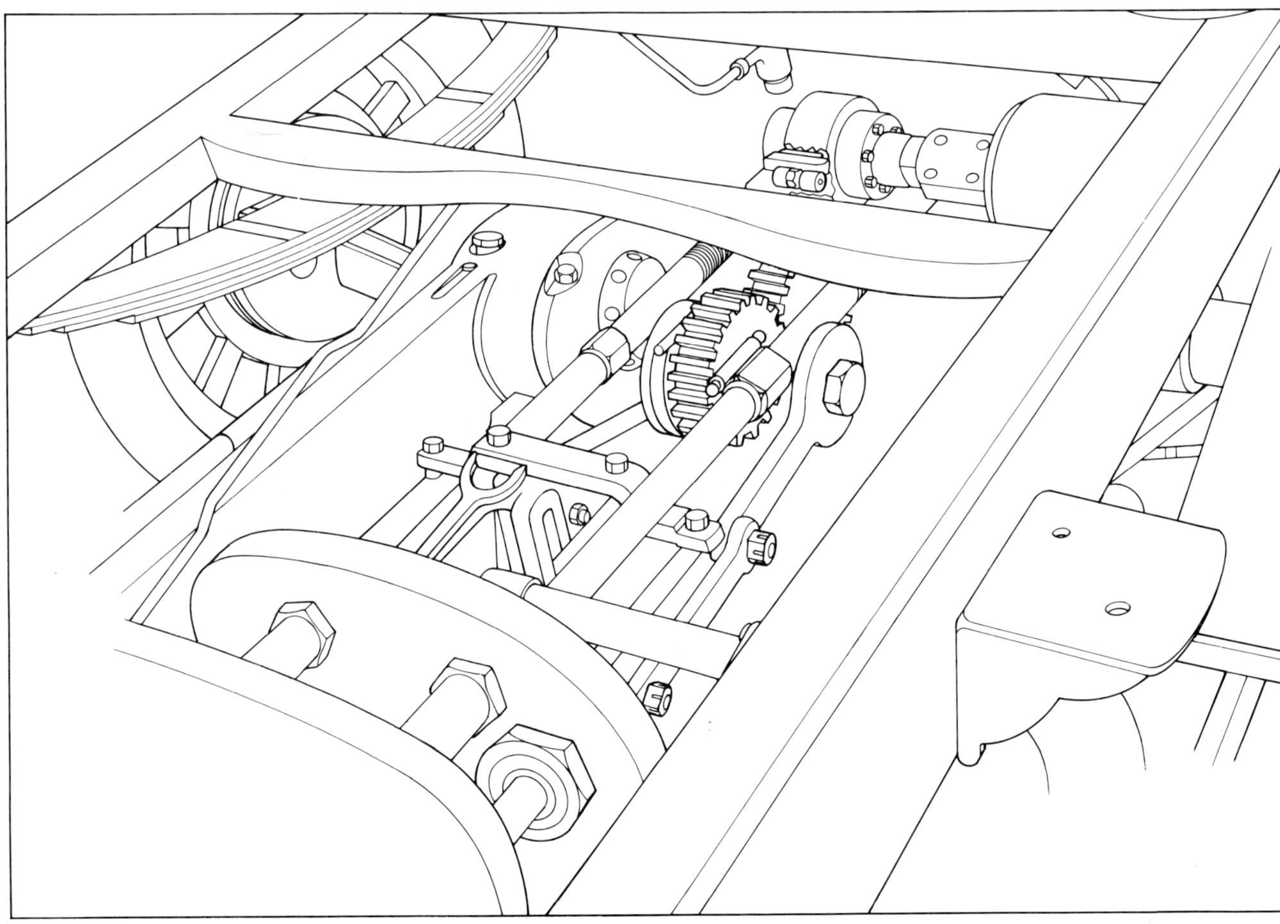

Praktisch von Anfang an kam der White als ein technisch wesentlich anspruchsvolleres Dampfautomobil auf die Straße als der Stanley. Das hier abgebildete Chassis aus dem Jahr 1905 für den 15 PS-Wagen verfügte über einen Flammengenerator für den Dampf, über dem aber unter dem Fahrersitz Abzugsrohre montiert waren. Weiterhin gehörten zur Grundausstattung eine vom Fahrer regelbare Wasserzufuhr und eine Kupplung, die es erlaubte, daß der Motor lief und »pumpte« auch wenn das Fahrzeug stand. In früheren Zeiten hatte man von Hand pumpen müssen, wenn sich der Wagen nicht bewegte. Der am vorderen Ende montierte Kondensator verlieh dem White das Aussehen eines benzingetriebenen Autos. Mit einer Tonneau-Karosserie mit seitlichem Einstieg kostete der White von 1905 2000 Dollar und damit praktisch doppelt soviel wie der entsprechende Stanley Steamer.

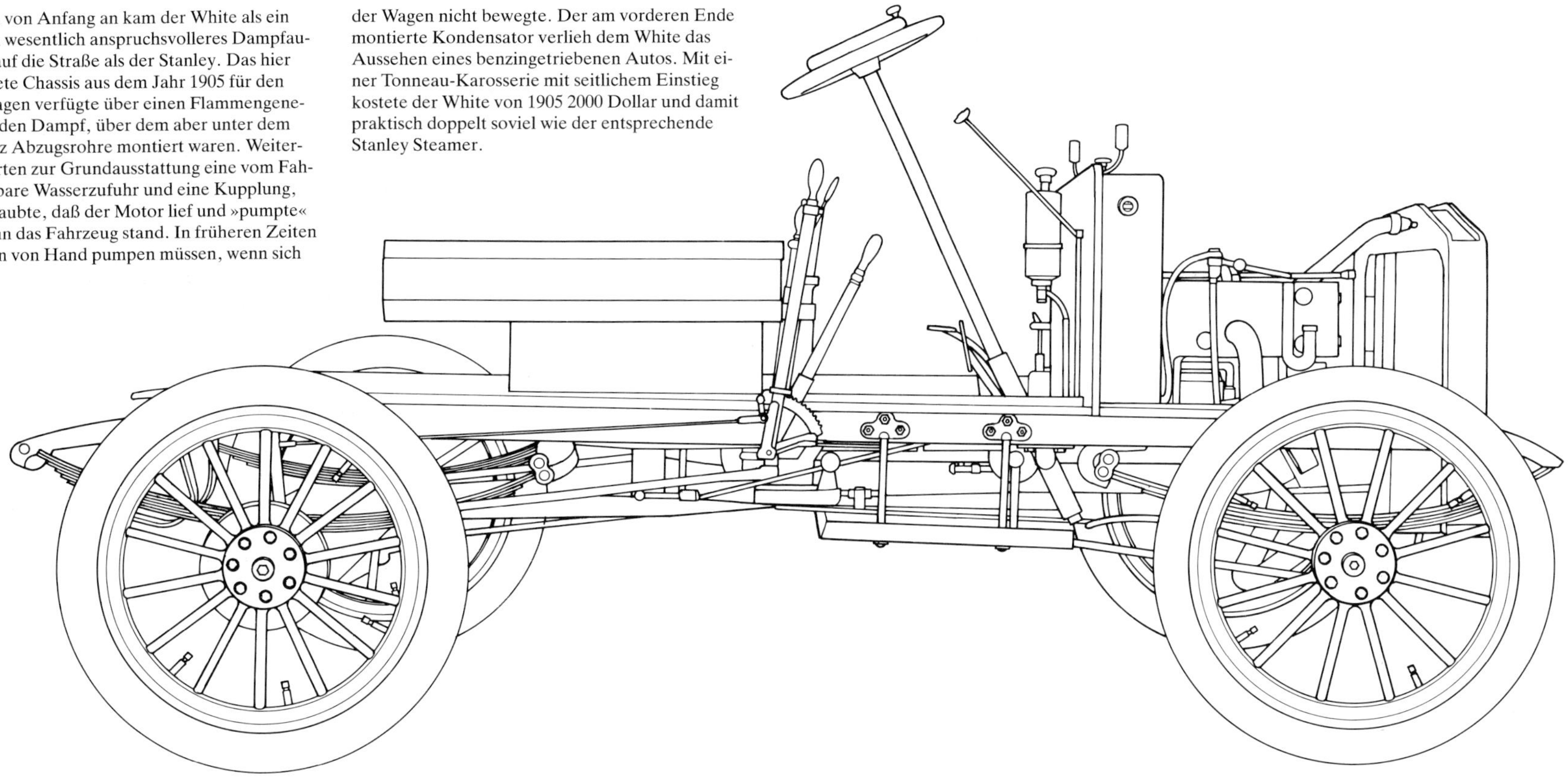

stand Locomobile sogar an der Spitze dieser Liste: 1901 verkaufte man 1500 und 1902 sogar 2750 Dampfwagen. Mobile verfügte über zehn Fabrikationszweige und ein Netz von 58 Vertragshändlern von Küste zu Küste. Trotz dieser kontinentweiten Vertriebsorganisation lag das Zentrum der Popularität des Dampfwagens sowohl bei den Herstellern als auch bei den Käufern in Neu-England.

Von 84 Firmen, die in den Vereinigten Staaten mit der Herstellung von Dampfwagen hauptsächlich zwischen 1899 und 1905 eine wahre Blütezeit erlebten, saßen nicht weniger als 38 in den Staaten Massachusetts, New Hampshire, New York und Maine. Unter diesen befanden sich auch die führenden Marken der Branche, Locomobile, Mobile und Stanley. Im Staate New York wurden 1902 nur 909 neue Personenkraftwagen registriert, von denen 485 einen Dampfantrieb besaßen.

Im großen ganzen glichen sich die kleinen Dampfwagen weitgehend, da sie alle den Konstruktionsprinzipien von Locomobile folgten. Als sich jedoch die Gebrüder Stanley wieder auf eigene Füße stellten, mußten sie von Grund auf einiges ändern, um nicht mit ihren eigenen Patienten in Konflikt zu kommen, die nun den Herren Barber und Walker gehörten. Ihre hauptsächlichste Änderung bestand darin, daß sie den Dampfmotor nun horizontal einbauten und ihn direkt mit der Hinterachse verbanden. Sie behielten diese Anordnung während der nächsten 25 Jahre bei, als sie längst zu dem Hersteller von Dampfwagen geworden waren, der die größte Zeitspanne überdauert hatte. Darüber hinaus übernahmen die Stanleys den in der Frontpartie montierten Kessel.

Andere Hersteller führten andere Variationen des Grundkonzepts ein. So verwendete White aus Cleveland, Ohio, einen Flammengenerator. Im »Century« aus Syracuse, New York, war ein Kardanwellenantrieb eingebaut. Der »Cotta« aus Lanark, Illinois, zeichnete sich durch Vierradlenkung und einen Kettenantrieb an allen vier Rädern aus. Der »Crouch« aus New Brighton, Pennsylvania, besaß einen Zweizylinder V-Motor, während der in Boston gebaute »Eclipse« sogar über einen Dreizylindermotor und Kardanwellenantrieb verfügte. Ein ganz besonderes Exemplar war das »Hood Electronic Safety Steam Vehicle« aus Danvers, Massachusetts, mit seiner Vierzylinder-Maschine, deren magnetische Einlaßventile von drei Batterien betrieben wurden, für die die Hersteller eine Betriebsdauer von mehr als sechs Monaten garantierten – wahrlich eine besondere Attraktion, leider aber überlebte die Firma selbst nur wenig mehr als zwölf Monate. Im »Kidder« aus New Haven, Connecticut, saßen zwei horizontale Zylinder, auf jeder Seite des Kessels einer, mit einem direkten Antrieb zur Hinterachse.

Die meisten Hersteller von Dampfwagen bauten ihre Produkte aus fertig gekauften Komponenten und brachten damit einer Vielzahl von Baugruppenherstellern einen gewissen, allerdings kurzlebigen Wohlstand. Hieraus erklärt sich die weit verbreitete Ähnlichkeit der Konstruktionen. Die Firma J. W. Skene Cycle and Automobile Company in Lewiston, Maine, zeichnete sich dadurch aus und betonte heftig, daß jedes Teil ihres Dampfwagens mit Ausnahme der Reifen in ihren eigenen Werkstätten hergestellt wurde. Vielleicht half hierzu die Tatsache, daß die Firma auch Fahrräder produzierte.

Der Niedergang des Dampfprinzips

Die Blütezeit des Dampfwagens war von wahrhaft kurzer Dauer. Bis zum Ende des Jahres 1903 waren 43 Hersteller aufgetreten und wieder verschwunden – die Branchenführer Locomobile und Mobile eingeschlossen. Während sich die Firma Locomobile von nun an mit Verbrennungsmotoren und entsprechenden Fahrzeugen beschäftigte, die sie mit großem Erfolg bis zum Jahre 1929 produzierte, verschwand die Firma Mobile sang- und klanglos von der Bühne, nachdem sie innerhalb von fünf Jahren 6000 Dampfmobile gebaut hatte. Möglicherweise lag bei Mobile der grundsätzliche Fehler darin, daß man zuviele verschiedene Modelle produzierte. So bot man 1902 zwanzig verschiedene Typen und 1903 immer noch fünfzehn Modelle an, deren Preisspanne von 550 Dollar für einen kleinen Geländewagen bis zu 3000 Dollar für eine geschlossene Limousine reichte. Einige wenige Hersteller hielten sich noch fünf oder sechs Jahre über Wasser, die einzig wichtigen unter den überlebenden Firmen aber waren Stanley und White.

Bei White gab man den leichten zweisitzigen Buggy auf und brachte große fünfsitzige Tourenwagen mit einem Preis von bis zu 4700 Dollar auf den Markt. Ihre technischen Verbesserungen umfaßten eine Kupplung, die es möglich machte, daß der Motor mit beliebiger Drehzahl lief, wenn man den Wagen anhielt, und einen »Durchflußregler, der unter allen Bedingungen einen konstan-

Zu Beginn der zwanziger Jahre waren Dampfwagen im Straßenverkehr nur noch höchst selten anzutreffen, obwohl die Firma Stanley ihren Existenzkampf bis 1924 fortsetzte und noch einige andere Marken sporadisch die Szene bevölkerten und wieder verschwanden. Der Stanley Model 735 aus dem Jahr 1920, ein Coupé für vier Personen (*rechts*) kostete rund 3800 Dollar, wobei in jenem Jahr nicht einmal 1000 Stanley einen Käufer fanden. Der kanadische Brooks (*unten*) verbarg unter seiner Motorhaube wie der Stanley einen Kessel. Der liegende Zweizylindermotor trieb die Hinterachse direkt an. Der 80 Liter fassende Wassertank aus Kupfer, der hinter der Hinterachse installiert war, erlaubte eine Reichweite von 725–800 km, während der Benzintank mit seinem Fassungsvermögen von 57 Litern für 400–480 gefahrene km reichte. Diese Daten dokumentieren, daß hier ein Wandel stattgefunden hat, denn in den ersten Tagen des Dampfwagens war der Wasserverbrauch die »Bremse« für den Aktionsradius. Dank eines überaus wirksamen Kondensors war der Wasserverlust inzwischen viel geringer geworden. Bei der Limousine aus dem Jahr 1925 mit Persenning-Verkleidung handelte es sich um das einzige Brooks-Modell. Sein Preis von ursprünglich 3885 Dollar wurde später um 1000 Dollar gesenkt.

ten Dampfdruck mit konstanter Temperatur garantierte«. Einige Jahre lang verkauften sich die White Dampfwagen mit großem Erfolg und so eröffnete man im Jahre 1907 auf einem 12-Hektar-Gelände außerhalb Clevelands neue Produktionsstätten, um mit der Flut der Bestellungen Schritt halten zu können. In ihrem erfolgreichsten Jahr, 1906, verkaufte die Firma 1534 Fahrzeuge und blieb mit vierstelligen Verkaufszahlen bis 1910 an der Spitze der Publikumsgunst. Dann aber wandte sich White dem Beispiel von Locomobile folgend dem benzingetriebenen Explosionsmotor zu und konzentrierte sich später vollständig auf die Herstellung von Lastwagen, die bis zum heutigen Tage unter dieser Marke produziert werden.

Stanley behielt seine Modellpalette bei, die von billigeren Fahrzeugen wie dem für 850 Dollar erhältlichen »Model FX Runabout« bis hin zu teuren Modellen einschließlich Sportwagen mit einer ziemlich hohen Drehzahl reichte. So erreichte z.B. ein Stanley mit dem amüsanten Namen »Gentleman's Speedy Roadster« im Jahre 1906 eine Geschwindigkeit von 109 km/h. Mehr noch, der inoffizielle Rekord für Landfahrzeuge gehörte einem Spezial-Stanley, der im Januar 1906 in Ormond Beach, Florida, 205 km/h erreichte.

Unglücklicherweise mußte man die Preise anheben, als die Stanleys versuchten, mit dem ständig wachsenden Bedienungskomfort des benzingetriebenen Automobils Schritt zu halten. Diese Preissteigerungen schlugen sich unvermeidbar auf die Verkaufszahlen nieder. Wie bereits erwähnt, überstieg 1902 der Verkauf von Dampfwagen in New York den von Benzinwagen noch bei weitem. In Massachusetts, dem Heimatstaat der Stanleys, dürfte dieser Vorsprung noch viel deutlicher gewesen sein, aber er sollte nicht lange halten.

R. W. Stanley, der Sohn von »F. E.«, berichtete später einmal, wie sein Vater an einem Abend im Jahre 1904 nach Hause gekommen war und erregt erzählte, daß er gerade etwas erfahren hatte, was ihm großes Unbehagen bereitete. Die Liste der in Massachusetts zugelassenen Fahrzeuge enthüllte, daß es zum ersten Mal mehr Automobile mit Benzinmotor als solche mit Dampfantrieb gab. 1916 waren gerade noch 779 Stanleys in Massachusetts registriert, im Vergleich dazu gab es 30871 Ford und 25 andere Hersteller von Benzinwagen, deren Produktionsziffern höher lagen als die der Stanley.

Zu dieser Zeit war die Firma Stanley der letzte Hersteller von Dampfwagen. Ihr billigstes Modell kostete nun 2750 Dollar und rangierte damit in der gehobenen Preisklasse – und blieb trotzdem eine ziemlich komplizierte und schwer zu handhabende Maschine, ganz im Gegensatz zu dem, was Stanleys Werbekampagnen versprachen. Ein benzingetriebenes Automobil für den Preis eines Stanley besaß nun schon fast sicher einen elektrisch betriebenen Anlasser, während der Besitzer eines Stanley von 1916 noch immer den »Start-count down« für Dampfwagen, wie er in diesem Kapitel bereits beschrieben wurde, in vollem Umfang durchlaufen mußte. Daher lag eine gehörige Portion »Politik« in der Annonce von Stanley:

> Der Stanley braucht keine Kupplung, kein Schaltgestänge und keine Schwungräder. Er benötigt weder Vergaser noch magnetische Zündanlagen, keine Zündkerzen, Verteiler und elektrische Anlasser. Überhaupt braucht ein Stanley keine der phantastisch ingeniösen komplizierten Baugruppen, mit denen die Erfinder in aller Welt die Schwierigkeiten überwinden mußten, die nun einmal mit dem benzingetriebenen Explosionsmotor untrennbar verbunden sind. Dies ist der Grund, weshalb 90 % aller Stanley-Besitzer ihren Wagen ohne die Hilfe eines ausgebildeten Chauffeurs fahren können.

Diesen Aussagen hätten viele Leute die Erwiderung entgegengehalten, daß man zwar möglicherweise keinen ausgebildeten Chauffeur benötigte, man aber dafür selbst ein ausgebildeter Ingenieur sein mußte, um einen Stanley sachgemäß zu bedienen. Außerdem fuhren 90 % der Amerikaner ihr Auto sowieso ohne Hilfe eines Chauffeurs.

In den zwanziger Jahren schmolzen die Verkaufszahlen bei Stanley noch weiter dahin und bald bildeten Stanley-Besitzer eine kleine Gruppe von »Enthusiasten« – in der jeder einzelne umso fanatischer seiner Überzeugung huldigte, je geringer die Zahl der Stanley-Fahrer wurde. Für die Automobilindustrie als ganzes spielten sie jedoch keine Rolle mehr. So kauften die Amerikaner 1922 mehr als 2,25 Millionen Automobile, von denen gerade 600 auf Stanley Dampfmobile entfielen. In diesem Jahr kostete ein geschlossener zweisitziger Wagen 3950 Dollar, mehr als ein Cadillac V8. Die letzten Stanley, nun komplett ausgerüstet mit solch modernen Komponenten wie hydraulischen Vorderradbremsen und Luftreifen, wurden im Jahr 1925 hergestellt.

Merkwürdigerweise gab es 1922/23 noch einmal eine plötzliche Welle von Interessenten für Automobile mit Dampfantrieb. Sofort gaben acht Firmen – zusätzlich zu Stanley – ihre Absicht bekannt, Dampfautomobile herzustellen. Einige der entsprechenden Fahrzeuge müssen als bloße Werkzeuge zur Öffentlichkeitsarbeit angesehen werden, der kanadische »Brooks« erwies sich jedoch als ernsthafter Konkurrent auf dem Markt und zwischen 1923 und 1926 wurden 180 Exemplare verkauft. Der Paradiesvogel unter den dampfgetriebenen Autos aber war der »Doble«, der in kleinen Stückzahlen in Emeryville, Kalifornien, hergestellt wurde. Er zählte zu den teuersten Wagen auf dem amerikanischen Markt und besaß einen Flammenkessel sowie eine horizontale Vierzylinder-Maschine, die vor der Hinterachse montiert war. Ein äußerst wirkungsvoll arbeitender Kondensator nahm praktisch den gesamten erzeugten Dampf auf, wodurch der Wagen mit einem 90 Liter-Wassertank die überragende Reichweite von über 2400 km erreichte, besonders eindrucksvoll, wenn man damit die Reichweite von rund 60 km vorangegangener Generationen vergleicht. Anstelle des Vorbrenners gab es ein elektrisches Zündsystem, das es dem Wagen ermöglichte, bereits nach 40 Sekunden zu starten, ein geradezu dramatischer Fortschritt im Vergleich zum Stanley, der die gleiche Anzahl an Minuten brauchte.

Mit seinem leichten Karosserieaufbau beschleunigte der Doble von 0 auf 40 Meilen pro Stunde (64 km/h) in 8 s und erreichte eine Spitzengeschwindigkeit von 174 km/h. Die meisten der insgesamt 45 hergestellten Doble trugen handgearbeitete Karosserien von Walter Murphy aus Pasadena und kosteten zwischen 8000 und 11000 Dollar. Die Zahl der Leute, die sowohl genügend reich als auch genügend abenteuerlustig waren, um auf den Dampfwagen zu setzen, blieb sehr gering, allerdings besaß der junge Millionär Howard Hughes zwei dieser exquisiten Dampfer. Nach der Herstellung des letzten Doble im Jahr 1931 baute niemand mehr für kommerzielle Zwecke ein Dampfauto. Und doch blieben Amateur-Ingenieure dieser Idee bis in die 1960er Jahre treu und experimentierten mit diesem Prinzip.

Der Elektro-Antrieb

Wie die mit Dampfmaschinen angetriebenen Fahrzeuge lief auch das Elektromobil fast geräuschlos und erforderte kein Wechselgetriebe. Aber es erreichte nur geringe Geschwindigkeiten, erwies sich auf ansteigenden Strecken als völlig ungeeignet und besaß nur eine Reichweite von 80 km, dann mußte man die Batterien neu aufladen. Die ersten Elektromobile wurden 1888 von Magnus Volk in England und 1890 von William Morrison in Amerika gebaut. Volk verkaufte ein Dogcart (leichte Kutsche) mit Elektromotor an den türkischen Sultan – der erste Personenkraftwagen, der aus Großbritannien exportiert wurde. Morrison baute zwischen 1890 und 1895 zwölf Elektrofahrzeuge. Die ersten wirklich industriellen Hersteller elektrisch angetriebener Fahrzeuge waren jedoch Henry Morris und Pedro Salom aus Philadelphia. Sie bauten 1894 ein Versuchsfahrzeug und begannen im darauffolgenden Jahr mit den Produktion ihrer »Electrobats«.

Zunächst trug jedes dieser Elektromobile seinen eigenen Namen, so wie Schiffe und Eisenbahnlokomotiven: der »Fish Wagon«, der »Crawford Wagon«, der »Skeleton Bat« etc. Als sie jedoch allmählich mehr als ein Dutzend hergestellt hatten, gingen ihnen die Namen aus und so nannten sie ihre Modelle von 1896 nur noch Electrobats. Die meisten dieser Fahrzeuge besaßen Vorderradantrieb und einige davon eine Hinterradlenkung, da die Vorderräder einen erheblich größeren Durchmesser hatten. Jedes Rad verfügte über seinen eigenen Elektromotor, wobei der Wagen bei einer Geschwindigkeit von rund 30 km/h mit einer Batterieladung rund 40 km zurücklegen konnte.

Der größte Teil der Produktion von Morris und Salom fiel auf Taxi-Droschken, die in New York, Boston und anderen Städten zum Einsatz kamen. 1897 kaufte Isaac L. Rice ihre Electric Carriage and Wagon Company auf, um die Firma in seine Electric Vehicle Company of Elizabethport in New Jersey einzugliedern. Das Gesamtunternehmen wurde später in das Imperium von Colonel Albert A. Pope integriert, das sich zunächst auf Fahrräder gründete und im Jahre 1900 bereits Benzinkutschen, Dampfwagen und Elektromobile umfaßte. Popes Unternehmen stellte in einer weitläufig angelegten Fabrik in Hartford/Connecticut ein breites Spektrum von Elektrofahrzeugen mit dem Firmennamen Columbia her, das vom kleinen Stadt- und Überlandwagen für 950 Dollar bis zur pompösen Stadtlimousine für 3500 Dollar reichte.

Auch wenn Columbia die führende Marke bei den Elektrofahrzeugen war – 1899 und 1900 erreichte sie die höchsten Produktionsziffern aller Automobilhersteller im Lande –, blieb sie nicht die einzige. Zu Beginn des Jahrhunderts glänzten daneben angesehene Namen wie zum Beispiel Baker in Cleveland, Riker in Elizabethport und Woods in Chicago. 1907 gesellte sich ihnen die Firma Detroit Electric zu, die zur bekanntesten Marke werden und alle anderen überleben sollte. Detroit und andere Hersteller bauten zwar auch offene Wagen, aber von 1910 an war das typische Elektromobil eine rundum geschlossene Limousine, die wegen ihrer großen eckigen Formen und der großzügigen Glasflä-

Diese beiden Elektro-Fahrzeuge waren typische Vertreter ihrer Zeit. Im Jahr 1901, als der zweisitzige Baker (*gegenüber*) entstand, waren fast alle Automobile offen, unabhängig davon ob Elektromobil oder nicht. Dieser Runabout zum Beispiel unterschied sich in Aussehen und Bequemlichkeit kaum von einem benzin- oder dampfgetriebenen Automobil.

Der Detroit Electric (*unten*) aus dem Jahr 1915 hat eine geschlossene Brougham-Karosserie wie sie die meisten seiner Zeitgenossen besaßen. Elektromobile waren nicht billig: Die Preise bei Detroit lagen im Jahr 1914 zwischen 2550 Dollar und 3000 Dollar und eine Borland-Grannis Limousine kostete gar 5500 Dollar.

chen häufig mit dem Spitznamen »Porzellanvitrine« bedacht wurde. Solch eine typische Elektro-Limousine besaß eine Batterie mit 40 Zellen, einen mit der Hinterachse verbundenen 4 PS-Motor und fünf oder sechs Gänge, die man über einen Hebel oder ein Pedal wählen konnte. Dieses Pedal arbeitete in umgekehrter Richtung wie das Gaspedal eines Benzinwagens: wenn man es vollständig niederdrückte, griffen die Bremsen und mit steigender Geschwindigkeit ließ man es zunehmend los.

Die Zeit zwischen 1910 und 1915 war die Ära, in der Elektromobile ihre größte Beliebtheit bei Herstellern und Käufern fanden. Sie kamen insbesondere Frauen entgegen, für die der Gebrauch eines Benzinfahrzeugs mangels eines automatischen Anlassers nicht in Frage kam, wenn nicht ein männliches Wesen in der Nähe war. Aber mit einer Elektro-Limousine konnte Madame zum Einkaufsbummel fahren oder ihren gesellschaftlichen Verpflichtungen nachkommen und Besuche machen, immer geschützt vor Wind und Wetter und bei größter Leichtigkeit des Fahrens.

Was sie allerdings nicht unternehmen konnte, war eine Reise über mehr als 80 km pro Tag oder über Landstraßen. Aber damals war ohnehin die typische Besitzerin eines Elektromobils eine Dame aus der Stadt, die ihre täglichen Ausfahrten auf das Stadtgebiet beschränkte. Wollte sie diese Grenzen überschreiten, setzte sie sich zu ihrem Ehemann in dessen Benzin-Automobil oder, noch wahrscheinlicher, beide benutzten die Bahn.

Elektrofahrzeuge erfreuten sich in Amerika größerer Beliebtheit als in Europa. Hier wie dort waren die Straßen außerhalb der Städte katastrophal, aber in Amerika neigten die Wohlhabenden zum Leben in der Stadt im Gegensatz zu Europa, wo sie sich auf Stadt und Land gleichermaßen verteilten. Natürlich gab es in der Neuen Welt die ganz Reichen wie die Rockefellers und die Vanderbuilts, die riesige Besitzungen auf dem Land ihr Eigen nannten. Der »normale« erfolgreiche Geschäftsmann besaß nur ein Stadthaus, von wo aus seine Frau ihr Elektromobil für Einkäufe benutzen konnte. In Großbritannien dagegen kaufte dieselbe Bevölkerungsgruppe einen herrschaftlichen Landsitz, wo sich ein Elektromobil viel weniger eignete.

Die Bedeutung des Elektromobils für die begüterte Amerikanerin in der Stadt läßt sich aus einer Fotografie von ungefähr 1914 ermessen, auf der Autos vor dem Detroit Athletic Club abgebildet sind. Man kann rund 35 Automobile auf dem Bild erkennen, von denen mit Ausnahme von 3 Fahrzeugen alles Elektrowagen sind. Diese glückliche Blütezeit war nicht von langer Dauer und innerhalb von sechs oder sieben Jahren verschwand das Elektromobil von der Bildfläche. Ein Grund dafür lag in der Einführung elektrischer Anlasser beim benzingetriebenen Automobil, aber die Erwartungen und Forderungen der Käufer an ihren Wagen waren auch in anderer Hinsicht gestiegen. Eine Spitzengeschwindigkeit von rund 30 km/h und eine eng begrenzte Reichweite waren 1914 noch akzeptabel, nicht mehr jedoch im Jahre 1920, als verbesserte Straßen auch längere Überlandfahrten attraktiv machten.

Das Image eines »Damenfahrzeugs«, das Elektromobilen immer anhaftete, wurde in den zwanziger Jahren zum Image eines Fahrzeugs für alte Damen. Diejenigen, die in ihren jüngeren Jahren Elektromobile benutzt hatten, fuhren sie auch jetzt noch, aber ihre Töchter strebten jetzt nach einem Dodge oder einem Chevrolet Coupé oder bei einer noch sportlicheren Einstellung auch nach einem Jordan Playboy. Im Jahre 1921 waren von mehr als 9 Millionen in Amerika zugelassenen Fahrzeugen nur 18184 solche mit Elektroantrieb. Es gab mehr Autos von der Marke Peerless oder Auburn als alle Elektrofahrzeuge zusammengenommen, wobei Peerless und Auburn zu den weniger bekannten Firmen gehörten.

Zehn Jahre später lag die Zahl der Elektrofahrzeuge in so unbedeutenden Regionen, daß sie in Statistiken überhaupt nicht mehr auftritt. Theoretisch konnte man bis 1942 noch einen Detroit erwerben, in der Praxis scheint jedoch die letzte bekannte Auslieferung 1938 erfolgt zu sein. Zu diesem Zeitpunkt glich der Detroit nicht mehr einer Porzellanvitrine, da man nun in Anlehnung an den Dodge eine Blechkarosserie verwendete, bedauerlicherweise aber half dies den Verkaufszahlen nicht.

In Europa blieb das Elektromobil immer in der Minderheit und man hätte wohl zu keiner Zeit mehrere Elektro-Coupés zusammen vor dem Londoner oder Pariser Äquivalent des Detroit Athletic Clubs versammelt gesehen. In London stellte die Electromobile Company Stadtwagen her und lieh sie auch zum Preis von 325 £ pro Jahr aus, womit alle Wartungsarbeiten und sonstigen Ausgaben mit Ausnahme des Lohns für den Chauffeur gedeckt waren. Dies entspricht nach heutigem Wert einer Summe von mehr als 6000 £ und so überrascht es nicht, daß dieses Angebot nur wenige Interessenten fand.

Ein oder zwei französische Hersteller erforschten das benzinelektrische Feld, ein Kompromiß, bei dem ein Benzinmotor einen Stromgenerator antrieb, der elektrische Energie für einen – manchmal auch zwei – Elektromotor(en) erzeugte. Dies vereinigte den Vorteil des Elektromotors und seiner getriebelosen Kraftübertragung mit den Vorzügen des Benzinfahrzeugs mit seiner größeren Reichweite. Wegen seines insgesamt niedrigen Wirkungsgrades lebte dieser Kompromiß nur wenige Jahre. Bei schwereren Fahrzeugen wie den britischen Tilling-Stevens Bussen der zwanziger Jahre fand dieses System allerdings eine gewisse Anhängerschaft.

Offensichtlich wurden in Europa nach 1914 praktisch keine Personenkraftwagen mit Elektroantrieb mehr gebaut. Im Bereich von Kleinlastwagen und Bussen erschienen jedoch kontinuierlich weiterhin Konstruktionen mit Elektroantrieb und heute produziert Großbritannien mehr elektrische Milchwagen und andere leichte Transportfahrzeuge als jedes andere Land der Welt.

DER KAMPF DER ZYLINDER

Zurück zum Hauptstrom der Entwicklung des Automobils. Aus Kapitel 1 sei in Erinnerung gerufen, wie das System Benz in den in Mannheim gebauten Fahrzeugen und bei allen Imitationen die 1890er Jahre hindurch lebendig blieb. Um die Jahrhundertwende jedoch verlor man bei Benz fast in jeder Hinsicht den Anschluß an moderne Konstruktionsentwicklungen. Der im Heck eingebaute horizontal liegende Motor, der über ein Riemen- und Rollenaggregat den Antrieb besorgte, büßte schnell an Beliebtheit ein, zumindest was die größeren Fahrzeuge betraf. Jetzt eroberte der vertikale Frontmotor mit seiner aus Gleitzapfen-Getriebe und Ketten bestehenden Kraftübertragung den Markt. Der bekannteste Vertreter dieses Systems war der Panhard et Levassor.

Im Sommer des Jahres 1900 jedoch kündigten ernstzunehmende Gerüchte aus Deutschland einen neuen Wagen an, der alle seine Konkurrenten altmodisch erscheinen lassen würde. Im Juli warnte Paul Meyan, der Herausgeber der einflußreichen französischen Zeitschrift »La France Automobile«, die französische Automobilindustrie, daß »französische Hersteller gut daran täten, sich extrem schnell um Neuentwicklungen zu kümmern, damit nicht Daimler auch in Frankreich den Trend setzen würde«.

Die Geburt des Mercedes

Der neue Konkurrent verdankte seine Geburt der Unzufriedenheit eines einzelnen Mannes mit den existierenden Daimler-Wagen. Allerdings war Emil Jellinek, Vizekonsul der K.u.K. Monarchie Österreich in Nizza, beileibe kein normaler Kunde. Er fungierte als inoffizieller Verkaufsagent für Daimler-Automobile innerhalb der wohlhabenden und modebewußten Welt, die sich über die Wintermonate an der französischen Riviera ein Stelldichein gab.

Bis zum Jahre 1900 hatte er bereits 34 Wagen verkauft, stieß jetzt jedoch zunehmend auf Widerstand, da der leistungsstärkste Vierzylinder-Daimler Phoenix mit seinem kurzen Chassis und seinen hohen Aufbauten nicht genügend Sicherheit bot. Im März fand Wilhelm Bauer mit einem solchen Phoenix den Tod, als es den Wagen beim Bergrennen von La Turbie bei Nizza aus der ersten Kurve trug und er an den Felsen zerschellte. Dieser Unfall beendete den Einsatz dieses Daimler-Modells alten Stils bei Motorsportwettbewerben.

Lange vor diesem Ereignis hatte Jellinek die Firma in Cannstatt besucht und einen moderneren, von der Konstruktion her sichereren Nachfolger gefordert. Gleichzeitig versprach er bedeutende Auftragszahlen für den Fall,daß ihm die Neukonstruktion zusagen würde. Paul Daimler hatte bereits einen neuen Wagen von leichterer Bauart konstruiert, der über einen Zweizylindermotor und ein Gaspedal verfügte und bei dem das Kurbelwellen- und das Getriebegehäuse in einer einzigen Einheit gegossen waren. Wilhelm Maybach verbesserte diese Konstruktion noch und fügte einen Honigwaben-Kühlergrill hinzu, der sehr viel wirkungsvoller arbeitete als das alte Röhrensystem, das einen getrennten Wassertank erforderte, da die Röhren nicht genügend Wasser aufnehmen konnten. Die Honigwaben-Konstruktion bestand aus einem vertikalen Wassertank, der von mehr als 5000 kleinen Luftröhren mit quadratischem Querschnitt durchstoßen wurde, wobei zwischen den einzelnen Luftröhren nur Raum für einen dünnen Wasserfilm blieb. Dieses System ermöglichte die angemessene Kühlung eines großen Motors bereits mit einem relativ kleinen Wasservolumen, sodaß der zusätzliche Wassertank wegfiel.

Die Neukonstruktion zeichnete sich durch weitere moderne Konstruktionsmerkmale aus. Ein Rahmen aus gewalztem Stahl ersetzte die seither gewohnte Konstruktion aus beschlagenem Holz. Ein Schaltgetriebe mit einem Schaltgitter gab dem Fahrer die Möglichkeit, jeden Gang nach Belieben einzulegen, sodaß man beim Herunterschalten vom höchsten Gang in den Leerlauf nicht mehr alle Gänge nacheinander wählen mußte. Maybach fügte diesen von Paul Daimler entwickelten Neuheiten weitere Verbesserungen hinzu: mechanisch gesteuerte Einlaßventile und einen wesentlich niedrigeren und längeren Rahmen, der dem Wagen ein vollständig neues und frisches Aussehen gab. Der Kühler wurde angehoben, sodaß er nun von der Motorhaube völlig ummantelt war und nicht mehr zwischen den Vorderenden des Chassis-Rahmens herausragte.

Jellinek zeigte sich hocherfreut von dieser Neuentwicklung. Bereits im April 1900, noch bevor ein einziger Wagen fertiggestellt worden war, bestellte er 36 Exemplare. Aus dem Gefühl heraus, der Name Daimler habe in Frankreich an Kredit verloren, nannte er das neue Automobil »Mercedes« nach seiner ältesten Tochter. Zunächst sollte dieser Name nur in dem Jellinek zugeordneten Verkaufsgebiet verwendet werden, das Frankreich, Belgien, Österreich-Ungarn und die Vereinigten Staaten umfaßte. Bald schon setzte sich dieser Name aber überall durch, während die alternative Bezeichnung »der neue Daimler« nie akzeptiert wurde. Trotzdem blieb es bei der »Daimler Motoren Gesellschaft« und später bei der »Daimler-Benz AG« bis zum heutigen Tag.

Der erste Mercedes-Motor besaß einen Hubraum von 5,9 Litern und verfügte über eine Leistung von 35 PS. 1902 vergrößerte man den Hubraum auf 6,8 Liter und steigerte die Leistung auf 40 PS. Im Spätjahr 1902 entstand die berühmteste aller frühen Mercedes-Versionen mit 9,2 Liter Hubraum und 60 PS. Dieser Motor besaß hängende Einlaßventile und ergab bei einer leichten Fahrzeugkonstruktion eine Spitzengeschwindigkeit von 120 km/h. Man legte daher das Chassis so aus, daß es für einen Tourenwagen und für den Renneinsatz geeignet war. Es konnte die schwere Karosserie einer Limousine tragen – das extreme Beispiel bestand in Jellineks eigenem Wagen, der einem kleinen Omnibus mit Zwillingsrädern an der Hinterachse glich – oder konnte, und tat es auch mit Erfolg, als Zweisitzer aufgebaut an den großen Rennen teilnehmen. Mit heutigen Worten ausgedrückt verband der Mercedes 60 in seinem Grundaufbau die Funktionen eines Rolls-Royce Phantom VI mit denen eines Formel 1 Rennwagens.

Die sportlichen Qualitäten dieser Konstruktion zeigten sich, als die ganze Armada der echten 90 PS-Rennwagen, die man für das prestigeträchtige Gordon Bennett-Rennen gemeldet hatte, einem Fabrikbrand zum Opfer fiel. Anstatt die Meldung zurückzuziehen, rief Daimler in aller Eile drei Wagen von Privatkunden zurück, baute die Karosserie ab und bereitete das Chassis für das Rennen vor. Es reichte noch, die umgebauten Mercedes 60 rechtzeitig nach Irland zu schicken. Einer davon gewann das Rennen mit dem Belgier Camille Jenatzy am Steuer, ein zweiter landete auf dem fünften Platz.

Der Erfolg der Mercedes 60 brachte Daimler an die vorderste Front der Konstrukteure und bei der fortschrittsbewußten großen Welt. Im Jahre 1904 stellte der Mercedes 60 *den* Wagen dar, den man besitzen mußte, wenn man es sich leisten konnte, oder den man nachbauen mußte, wenn man als ehrgeiziger Hersteller Erfolg auf dem Markt suchte. Von einem Moment zum anderen erschien der Panhard als ein archaisches Fossil mit seinem Kühler aus schlangenförmigen Rohren und seinem mit Stahl beschlagenen Holzrahmen. Für alle Zeiten verlor er seine herausragende Position, die er zehn Jahre innegehalten hatte.

Unter den bekannten Marken, die sich sehr schnell am Mercedes orientierten, befanden sich Berliet und Rochet-Schneider in Frankreich, Martini in der Schweiz, Ariel und Star in England sowie Fiat in Italien. Gerade Fiat brachte einen Wagen heraus, der dem Vorbild in Konstruktion und Aussehen weitestgehend glich, was eine Zeitschrift, »The Car Illustrated«, dazu veranlaßte, die Modelle des Jahres 1905 als »die italienischen Ausgaben des Mercedes« zu bezeichnen. Anhänger dieses Gedankens wiesen darauf hin, daß viele Besitzer eines Mercedes aus Großbritannien auf einer Reise nach Italien, ihre deutsche Konstruktion in die Fiat-Werke zum Service brachten. Allerdings hatte dies seinen Grund wohl eher darin, daß man die Fiat Service-Ingenieure wegen ihrer guten Arbeit schätzte, zumal gute Werkstattbetriebe rar waren.

Das Auftreten des Sechszylinders (und von Motoren mit mehr Zylindern)

Der Mercedes 60 und seine Kopien besaßen alle Vierzylindermotoren. Dies bedeutete automatisch eine gewisse Obergrenze für den Hubraum, da man mit dem Zylindervolumen bestimmte Bereiche nicht überschreiten konnte, wenn man wenigstens einen gewissen Grad an Laufruhe und Lärmdämpfung erreichen wollte. Genau wie der Vierzylindermotor bei größeren Automobilen den Zweizylinder verdrängt hatte, so bot sich nun als logische Erweiterung des Vierzylinders der Sechszylinder-Reihenmotor an. Die holländische Firma Spyker baute als erste einen solchen Sechszylinder in ein Versuchsfahrzeug ein, das 1902 fertiggestellt wurde. Sein 8,7 Liter-Motor mit einem T-Kopf entwickelte ungefähr 40 PS, auch wenn er in späteren Beschreibungen als 60 PS-Maschine auftritt. Das Versuchsfahrzeug der Firma Spyker leistete auch mit seinem Vierradantrieb und seinen Vierradbremsen Pionierarbeit, aber es war in jeder Beziehung ein Einzelstück. Es kursierten Pläne, dieses Fahrzeug für das Rennen Paris–Madrid von 1903 zu melden. Da jedoch bei Testfahrten häufig irgendwelche Bauteile brachen, erschien es nicht als genügend zuverlässig, um mehrere hundert Kilometer im Renntempo zu überstehen.

Die erste Firma, die ein Sechszylinder-Fahrzeug zum öffentlichen Verkauf anbot, war D. Napir und Söhne in Acton, einem westlichen Stadtteil von London. Im Oktober 1903 brachte man dort einen 18 PS-Wagen mit einem 4,852 Liter-Motor heraus. Wie der 60 PS-Mercedes, verfügte der Napir über hängende Einlaßventile. Mit seinem Preis von 1050 £ für das Chassis rangierte er keinesfalls in der unteren Preisklasse und so konnte man nur wenige dieser ersten Napir Sechszylinder produzieren. Und doch machte dieses Fahrzeug die Firma zum bahnbrechenden Hersteller von Sechszylinder-Automobilen.

Der Direktor bei Napir, S. F. Edge, ließ keine Gelegenheit vergehen, den Sechszylinder als Krone der Automobiltechnik darzustellen. Vom Ende des Jahres 1903 bis zu seiner Trennung von der Firma acht Jahre später versuchte er in zahllosen Anzeigen und Mitteilungen an die Presse zu beweisen, »daß der Vierzylinder-Motor einen komplett falschen Weg darstellte, daß der Sechszylinder den richtigen Weg darstellte und daß der Napir-Sechszylinder der Richtigste unter den richtigen war« – wie es der Historiker Anthony Bird formuliert hat.

Theoretisch besaß der Sechszylinder große Vorzüge gegenüber dem Vierzylinder. Seine sich überschneidenden Kraftstöße ergaben ein wesentlich besseres Drehmoment bei niedrigen Drehzahlen, wodurch die Notwendigkeit zu schalten, reduziert werden sollte. Da das Schalten für die meisten Fahrer ein Horror war, konnte Edge mit diesem Vorteil schlagkräftig argumentieren. Aber schon bald zeigte der Sechszylinder ernsthafte Probleme wegen seiner Kurbelwellenschwingungen. Trivialerweise besaß die Kurbelwelle eine größere Länge als in einem Vierzylindermotor, gleichzeitig führte man sie aus Gewichtsgründen in einer leichteren Konstruktion aus. Dadurch neigte sie zur Verwindung um ihre eigene Achse, wobei sie, um noch einmal den unnachahmlichen Anthony Bird zu zitieren, »sich aufzwirbelte und entzwirbelte wie das Gummiband eines Gummimotors in einem Modellflugzeug«. Auch wenn diese Darstellung natürlich übertrieben ist, führte die Scherverformung häufig zum Bruch der Kurbelwelle, ja zur vollständigen Zerstörung des Motors.

An diesen Torsionsschwingungen litt nicht nur der Sechszylinder-Napir, sondern auch der 30/40-PS Rolls-Royce ebenso wie die frühen Sechszylinder-Modelle von British Daimler. Die letzteren bereiteten derart viele Probleme, daß die Firma auf einer ganzen Armada unverkäuflicher Wagen sitzenblieb, weshalb man Frederick Lanchester zu Hilfe rief. Zur Lösung des Problems baute dieser ein zweites Schwungrad am vorderen Ende der Kurbelwelle ein, die Lanchester

Seite 40: Der Daimler Phoenix aus dem Jahr 1899 antizipierte in mancherlei Hinsicht den ersten Mercedes, insbesondere durch den Einbau einer Kulissenschaltung für das Getriebe und durch seinen Rahmen aus Stahlträgern. Der Kühler war sehr tiefliegend zwischen den Vorderrädern unterhalb der kohlekastenförmigen Motorhaube untergebracht. Durch das Anheben des Kühlers und seine gleichzeitige Integration in die Motorhaube erhielt der Mercedes sein modernes Aussehen.

Seite 41: Der 60 PS-Mercedes (*rechts*), der in der Zeit von 1902 bis 1905 gebaut wurde, war der Wagen, der die junge Marke ins Rampenlicht rückte, da er hohe Leistung mit Elastizität verband und sich durch handwerklich hochstehende Qualität auszeichnete. Er wurde in Amerika von der Daimler Manufacturing Company in Long Island City gebaut, einer Tochterfirma des berühmten Piano-Herstellers William Steinway. Dieser Mercedes setzte Maßstäbe und wurde von zahllosen Konstrukteuren beiderseits des Atlantiks nachempfunden. Zu diesen »heimlichen Mercedes« gehörte auch der 40 PS-Berliet (*unten*) aus der bekanntesten Automobilfabrik in Lyon, die auch heute noch Lastwagen herstellt, wenn auch im Besitz der Firma Renault und mit der Renault-Raute am Bug. Der 6,3 Liter Berliet hatte mit dem Mercedes die mechanisch betätigten obenliegenden Einlaßventile, den Honigwabenkühler und den aus Preßstahl gefertigten Rahmen gemeinsam.

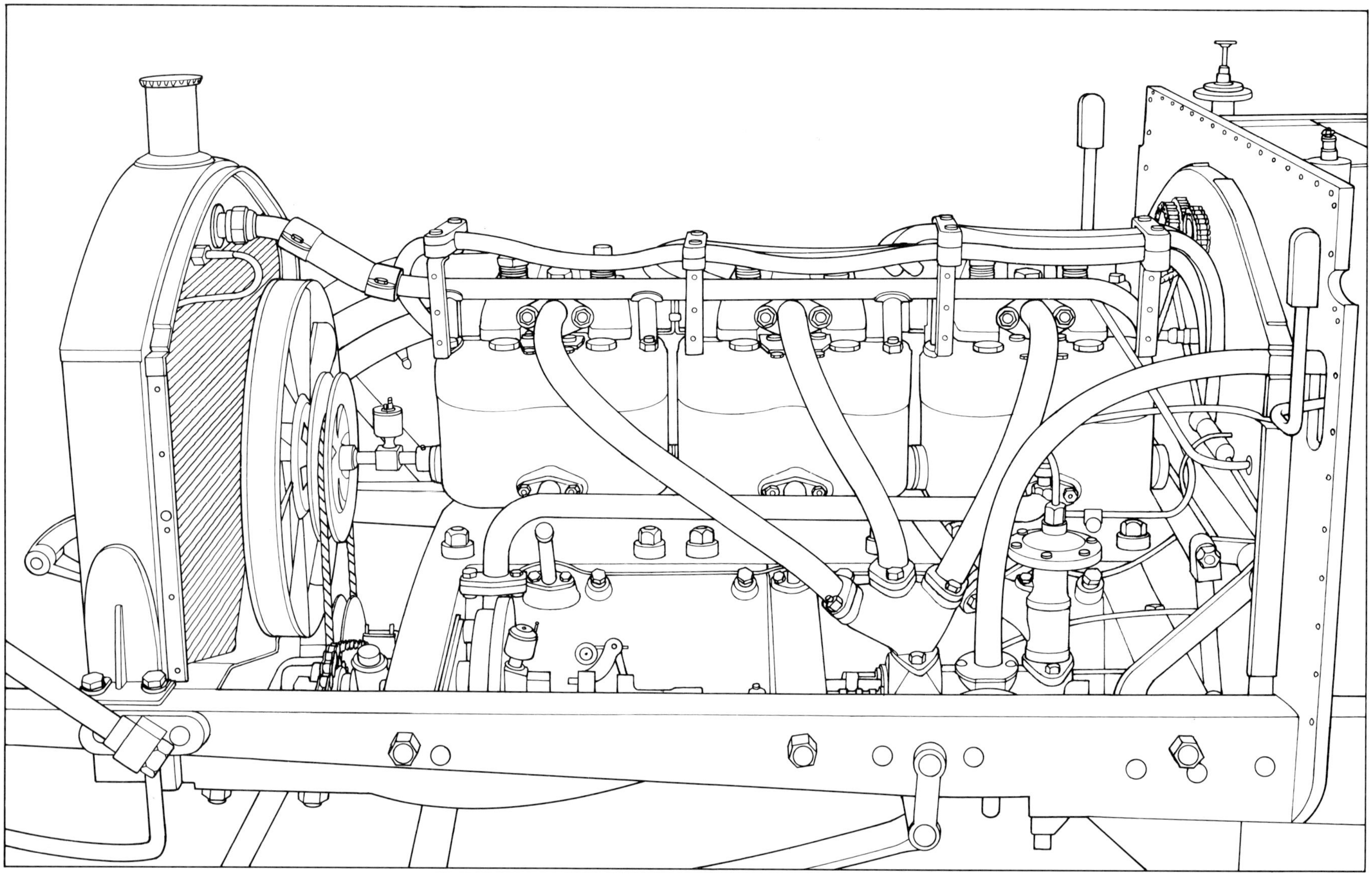

Torsionsschwingungs-Dämpfung. In Wirklichkeit nannte man Lanchesters Erfindung meistens die Daimler Kurbelwellen-Dämpfung, da sie zuerst in Daimler-Fahrzeugen zum Einsatz kam, lange bevor Daimler und Lanchester 1931 fusionierten. In Amerika kaufte die Warner Company die Patentrechte auf und so nannte man das System dort den Warner Kurbelwellendämpfer. Henry Royce fand eine ähnliche Lösung für das Problem, die er zusätzlich durch Verwendung von Kurbel- und Lagerzapfen mit doppeltem Durchmesser gegenüber denen im 30/40-PS Motor noch verbesserte.

Sogar noch vor der allgemeinen Einführung des Schwingungsdämpfers ergab sich, ungefähr von 1906 an, ein starker Trend zum Sechszylinder-Motor. Mercedes und Fiat bauten ihre ersten Sechszylinder im Jahr 1907, die Gruppe der anderen Firmen, die diesem Trend folgten, umfaßte so bekannte Marken wie Darracq, Delaunay-Belleville, Lancia, Renault und Sunbeam. Auch viele kleinere Firmen brachten Sechszylinder heraus. Für einige bedeutete dies den endgültigen Schritt zum Bankrott, so wie z. B. beim 30 PS-Wagen von James & Browne Vertex oder beim 35/45-PS MMC. Ohne Zweifel beschleunigte hier die ungedämpfte Kurbelwelle die Agonie. Firmen wie White & Poppe in Großbritannien oder Mutel in Frankreich, die nur Motoren herstellten, boten ebenfalls Sechszylinder an und vergrößerten so deren Anzahl auf dem Markt.

In den Jahren 1908 und 1909 konkurrierten nicht weniger als 62 Marken von Sechszylinder Automobilen allein auf dem britischen Markt. Weltweit muß diese Zahl in der Nähe von 80 gelegen haben. Allerdings gab es darunter viele, die nur in sehr kleinen Stückzahlen gebaut wurden und von 1910 an verflachte diese Modewelle. Die besten Sechszylinder Fahrzeuge wie der Daimler, der Lanchester, der Napir oder der Rolls-Royce wurden zwar weiterhin gebaut, aber z. B. Fiat gab die Produktion ihres monumentalen 50/60-PS-Wagens auf, nachdem nur 116 Exemplare dieses Typs hergestellt worden waren. Mit einem Hubraum von 11 Litern war dies der größte straßentaugliche Fiat, den es je gab. Zu seinen Besitzern zählten der deutsche Kaiser und der berühmte englische Automobilkenner und -liebhaber Lionel Rothschild. Dieser Fiat war jedoch bekannt für seine Kurbelwellenschwingungen, die einer seiner Eigentümer mit den Worten beschrieb: »Man klappert pausenlos mit den Zähnen.« Die kleineren Fiat-Schwestern waren in dieser Hinsicht nicht viel besser und so gab Fiat den Bau von Sechszylinder-Motoren vom Jahre 1911 an vollständig auf.

Ein anderer berühmter Automobilproduzent, der sich am Sechszylinder-Motor die Finger verbrannte, war Henry Ford. Nachdem er mit den Zweizylindermodellen A, C und F aus der unteren Preiskategorie seine Firma gegründet hatte, ließ er sich von seinem Partner Alexander Malcolmson überreden, mit dem Sechszylinder-6,6 Liter-Modell K in die höhere Preisklasse vorzustoßen. Der Preis von zunächst auf 2500 Dollar festgesetzt, brachte aber keinen Profit. Eine Preiserhöhung auf 2800 Dollar verstärkte nur die Kaufunlust des Publikums.

Dagegen verkaufte sich im Jahre 1906 das neue 500-Dollar-Vierzylindermodell N sehr ordentlich und so ergriff Henry die Gelegenheit, die Bürde des Modells K seinen Händlern aufzulasten. Wenn sie das Modell N haben wollten, dann mußten sie für je zehn der kleineren und populären Fahrzeuge ein Modell K abnehmen. Selbst mit dieser drastischen Methode dauerte es zwei Jahre, um die 584 produzierten Exemplare des Modells K loszuschlagen. Diese Erfahrung machte Henry Ford dem Sechszylinder-Motor gegenüber derart argwöhnisch, daß man bei Ford bis 1941 kein Sechszylinder-Fahrzeug mehr konzipierte – und dann kam er in einem billigen Modell und nicht in einem Luxusfahrzeug wieder.

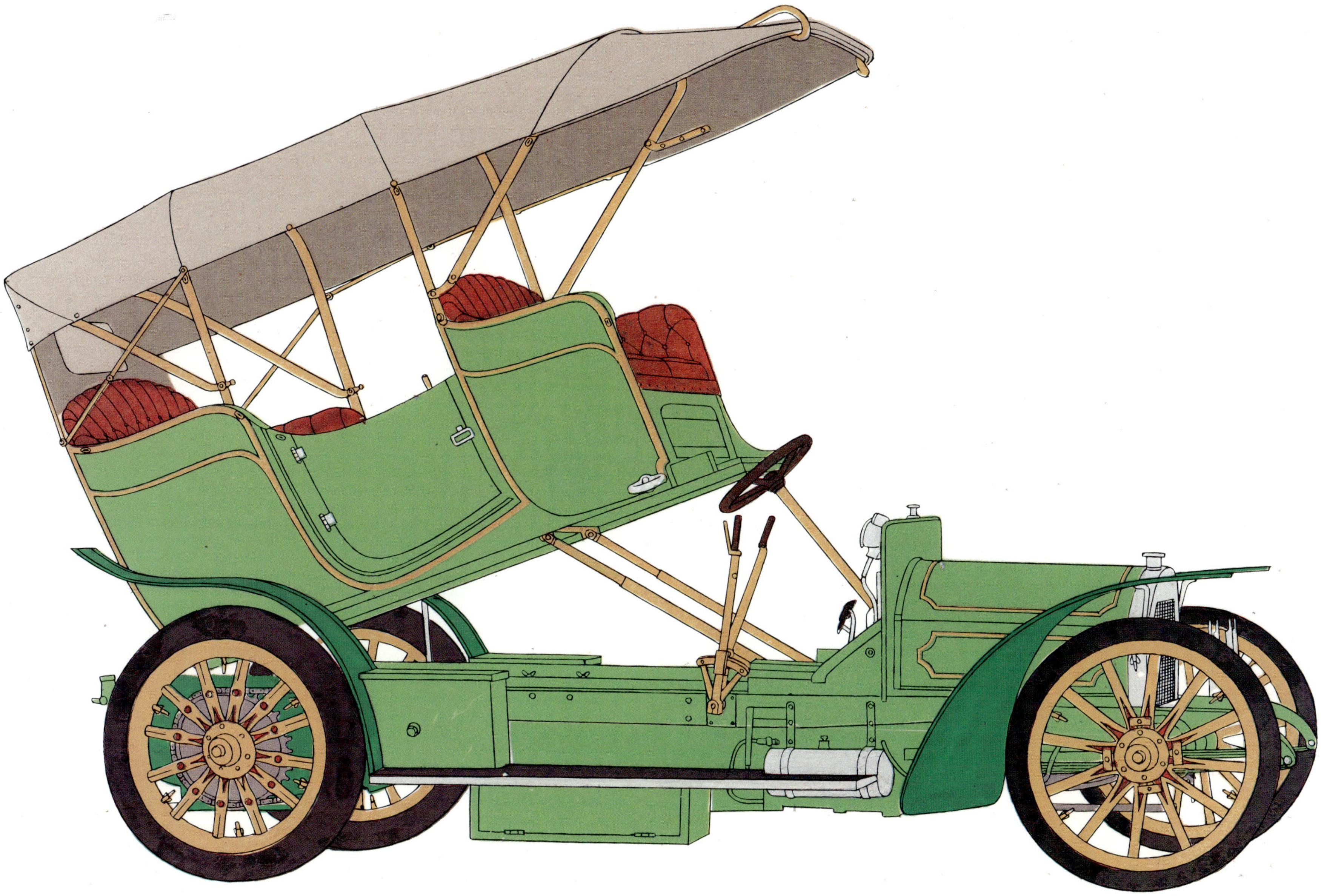

(*gegenüber*) Der erste Sechszylindermotor von Napier war nicht besonders erfolgreich. Trotzdem kann man ihn als Trendsetter bezeichnen, weil seinem Beispiel viele andere Konstrukteure folgten. Außerdem blieb er das Napier-Charakteristikum bis zum bitteren Ende im Jahre 1924, als die Firma die Produktion von Automobilen einstellte. Im Februar 1904 vorgestellt, glaubte man zunächst, daß dieses 4,9 Liter Antriebsaggregat über 18 PS verfügte, aber tatsächlich brachte es der Napier auf 30 PS bei 900 Upm. Auf unserer Abbildung sieht man die mechanisch betätigten Einlaßventile, die von freiliegenden langen Stoßstangen bewegt wurden. Die Kombination von obenliegendem Einlaß und seitlich angeordneten Auslaßventilen war eine Mercedes-Besonderheit, die von vielen anderen Automobilfirmen kopiert wurde.

(*oben*) Zu Zeiten, als ein Getriebe noch häufige Wartung erforderte, war es von Vorteil, wenn der Wagen eine Karosserie besaß, die sich aufklappen ließ, ohne daß erst umständlich Bodenplatten gelöst werden mußten. Auf dieses System griff man bei einigen amerikanischen Autos gerne zurück. Wenn diese dann noch mit einem Mittelmotor bestückt waren, ließ sich auch das Antriebsaggregat gut erreichen. Zu den amerikanischen Firmen, die schwenkbare Karosserien anboten, gehörten Gale und Model.

Der V-8-Motor

Wenn Sechszylinder an und für sich eine größere Laufruhe versprachen als Vierzylinder, dann bedeuteten acht Zylinder den nächsten logischen Schritt. Die beiden am häufigsten gewählten Anordnungen der acht Zylinder erschienen jeweils im Jahre 1903 in Frankreich. Der 7,2 Liter-Achtzylinder-Reihenmotor von C. G. V. bestand aus zwei hintereinander gebauten Vierzylinder-Motoren aus der eigenen Firma. Man hielt ihn für so elastisch, daß man für das entsprechende Fahrzeug nicht einmal ein Schaltgetriebe vorsah. Diese Konstruktion ging jedoch nie in die Serienproduktion, genauso wenig nahm sie an einem Rennen teil – ganz im Gegensatz zum ersten Wagen mit V-8-Motor, dem 3,6 Liter Ader. Clément Ader ist als Pionier der Telefontechnik in Frankreich in die Geschichte eingegangen, aber auch dafür, daß er in den 1890er Jahren versuchte, ein Flugzeug mit Dampfmotor zu fliegen!

Ader stellte aber auch eine Reihe von Fahrzeugen her, bei denen die Zylinder V-förmig angeordnet waren. Er begann mit einem 904 cm^3 V-2-Zylinder, von dem er später zwei Exemplare zusammenfügte und damit einen V-4-Motor erhielt. Als es ihm darum ging, für das Rennen Paris–Madrid von 1903 ein stärkeres Fahrzeug zu konstruieren, verkoppelte er zwei der V-4-Motoren zum ersten straßentauglichen V-8-Zylinder. Von dieser Konstruktion wurden nur drei oder vier Exemplare hergestellt, die auch nie zum Verkauf angeboten wurden.

Im Gegensatz zur Situation beim Sechszylinder-Motor entwickelte sich kein Trend zum V-8, nur einzelne Firmen zogen nach. Im Jahre 1905 baute die Firma Rolls-Royce drei Exemplare ihres Modells »Legalimit«, das sich als das am wenigsten erfolgreiche Fahrzeug herausstellte, das die Firma je herstellte und es ist das einzige Modell, von dem es heute kein Exemplar mehr gibt. Im Dezember 1905 erkämpfte sich die Firma Darracq mit einem 22,5 Liter V-8 den Geschwin-

Im Jahr 1911, als dieses Silver Ghost Landaulett mit Barker-Karosse entstand, bezeichnete die Rolls-Royce-Werbung ihr Produkt schon als »das beste Auto der Welt«. Zweifellos waren die Wagen dieser Firma leichtgängiger als die Napier und temperamentvoller als alle Daimler, – die Hauptkonkurrenten in Großbritannien. Im Jahr 1909 war das ursprüngliche Vierganggetriebe mit seinem als overdrive ausgelegten Schnellgang durch ein Dreiganggetriebe ersetzt worden. Daraufhin erlaubte es die hohe Elastizität des Motors, den gesamten Geschwindigkeitsbereich von 5–105 km/h im direkt übersetzten höchsten Gang zu überdecken. Auch Lenkung und Kupplung trugen mit ihrer bemerkenswerten Leichtgängigkeit dazu bei, daß der Silver Ghost aus der Zeit König Edwards zu den raren Automobilen seiner Epoche gehörte, die zu fahren ein wahrer Genuß war.

digkeitsweltrekord für Landfahrzeuge. Im Jahr darauf brachte die französische Firma Antoinette einen V-8-Motor heraus, den sie als »für den Einsatz in Automobilen und Flugzeugen geeignet« anpries.

Insgesamt wurden jedoch bis zum Jahre 1910 praktisch keine Fahrzeuge mit V-8-Motor für den Verkauf hergestellt. Dann brachte De Dion Bouton zum Turiner Automobilsalon von 1910 das Modell CJ mit 6,1 Liter-Motor heraus. Dieser besaß einen Zweikammer-Vergaser, eine Kammer für jede Zylinderreihe, und eine doppelte Magnetzündung. Dem CJ folgten weitere V-8-Modelle aus dem Hause De Dion, unter denen das kleinste, der EC, 3 Liter Hubraum und das größte, der EZ, 14,8 Liter Hubraum besaßen. Mit seinen Zwillings-Hinterreifen gehörte der EZ jedoch eher in den Bereich der Versuchswagen. Mit den V-8-Motoren stieg De Dion Bouton zum ersten Mal in den Bereich der Luxusfahrzeuge auf, allerdings ohne besonderen Verkaufserfolg. Die Motoren überzeugten zwar durch ihre Laufruhe, brachten jedoch im Verhältnis zu ihrem Hubraum zu wenig Leistung, aber die Firma verfügte nicht über die notwendigen Ressourcen, um diesem Problem abzuhelfen.

Unter den europäischen Automobilfirmen folgte keine einzige dem Beispiel von De Dion Bouton und so blieb es der Firma Cadillac überlassen, den ersten kommerziell erfolgreichen V-8-Motorwagen herauszubringen. Von Wilfried Leland entworfen, entwickelte der Wagen aus 5,1 Litern 70 PS und war damit im Verhältnis sehr viel leistungsstärker als alle De Dions. Dazuhin fiel der Preis mit 2700 Dollar für seinen 5-Personen-Tourenwagen sehr günstig aus. Der Cadillac V-8, im Oktober 1914 für das Modelljahr 1915 vorgestellt, schlug wie eine Bombe ein. Die Verkäufe der Firma schnellten sprunghaft von 7818 auf 20404 Exemplare im ersten Produktionsjahr. Andere Automobilhersteller schlossen sich der V-8-Mode an, unterstützt durch das Vordringen der reinen Motorenbau-Firmen in diese Motorklasse. Hier dominierten die Firmen Herschell-Spillman, Ferro, Northway und Perkins (hierbei handelte es sich um die Firma Perkins aus Detroit, die nicht im Zusammenhang stand mit dem britischen Dieselmotor-Hersteller gleichen Namens). Northway gehörte General Motors und baute die Cadillac V-8-Motoren. Deshalb ist es eigentlich erstaunlich, daß diese Firma ihre Motoren auch an Cole in Indianapolis und Jackson in Jackson, Michigan lieferte.

1918 boten mindestens zwanzig amerikanische Automobilhersteller ihren Kunden V-8-Motorkraft an, von Cadillac und Oldsmobile über kleine qualitätsbewußte Betriebe wie Cunningham und Daniels bis hin zu etwas obskuren und so gut wie unbekannten Unternehmen mit Namen Murray, Vernon und Yale.

Der V-12-Motor

Dem Cadillac V-8 hart auf den Fersen folgte der erste kommerziell gefertigte V-12 der Welt, der Packard Twin Six, der im Frühling 1915 der Öffentlichkeit vorgestellt wurde.

Der Wagen hatte einen 6,9 Liter-Motor mit 88 PS, Zündspulen, Aluminiumkolben und Hochdruckschmierung. Für ein technisch so fortschrittliches Auto, fiel es im Preis erstaunlich günstig aus: der Wagen war bereits ab 2750 Dollar zu haben, kaum teurer als der billigste Cadillac. Im Gegensatz dazu hatte man für eine Imperial Limousine 4800 Dollar zu berappen. In den Jahren 1916 bis 1920 produzierte Packard nur den Twin Six und als man seine Produktion im Jahr 1923 einstellte, hatte man 35000 Exemplare davon verkauft, mehr als Rolls-Royce zwischen 1904 und 1939 insgesamt produzierte.

Auch der Twin Six rief die Imitatoren auf den Plan. Die Firma National in Indianapolis fabrizierte wenigstens noch ihren eigenen Motor, als aber die Weidely Motors Company – ebenfalls in Indianapolis ansässig – im Jahre 1916 einen V-12-Motor vorstellte, übernahm eine Menge kleiner Firmen dieses Triebwerk, um sich ebenfalls mit dem Prestige eines »Zwölfers« zu schmücken. Keine von ihnen setzte sich jedoch richtig durch und 1921 war die kurzlebige V-12-Mode zu Ende, um zehn Jahre später von so bekannten Herstellern wie Cadillac, Lincoln und Pierce-Arrow wieder aus der Versenkung geholt zu werden.

Auf der anderen Seite des Atlantiks hatte die vielzylindrige Mode größere Schwierigkeiten, sich durchzusetzen. Während der V-8 und V-12 in Amerika florierten, steckte Europa tief in den Wirren des Krieges. Nach Ende des Krieges baute Lancia den Prototyp eines 22° V-12-Motors. Fiat produzierte zwar auch einige wenige Super-Fiat 6,8 Liter – 60° V–12, aber ihnen war nur die Saison 1921–1922 beschert. In Großbritannien bot die Lastwagenfirma Guy in Wolverhampton zwischen 1920 und 1924 einen 4 Liter-V-8 an und verkaufte auch etwa 150 Stück davon. Ein anderer Lastwagenhersteller, British Ensign, kündigte wohl einen V-12 an, aber bei der Ankündigung blieb es, – der Motor erblickte nie das Licht der Welt. Erst 1926 folgte der europäische Kontinent der V-12-Welle mit dem Muffenventil Sechs + Sechs-Daimler.

Technische Entwicklungen

Das Auftauchen größerer Motoren ging häufig Hand in Hand – entweder als Ursache oder als Wirkung – mit vielen anderen speziellen Erfindungen und Verbesserungen bei den frühen Luxusfahrzeugen des 20. Jahrhunderts. Das Spektrum reichte dabei von der Steigerung des Leistungsvermögens von Motoren bis zur generellen Verbesserung der Straßentauglichkeit des Automobils für ein ständig anspruchsvoller werdendes Publikum.

Ventile und Vergaser

Als Wilhelm Maybach mechanisch betriebene Einlaßventile einführte, erhöhte er damit die Leistungsfähigkeit des Benzinmotors ganz wesentlich. Das automatische Einlaßventil hatte sich durch Unterdruck geöffnet, wenn der Kolben nach unten ging, das Schließen erfolgte über eine Feder. War diese Feder zu stark, öffnete sich das Ventil nicht schnell genug; war sie dagegen zu schwach, wackelte und hüpfte das Ventil gewöhnlich in seinem Sitz, was schließlich zum Bruch führte. Solche automatischen Ventile arbeiteten am besten bei konstanter Motordrehzahl, möglichst nicht über 1500 Upm. Dies mochte für in ihrem Layout vom Gasmotor abgeleitete Motoren noch hingehen, es bedeutete aber eine erhebliche Einschränkung für ehrgeizigere Konstrukteure. Ein mechanisch betätigtes Einlaßventil erlaubte dagegen eine praktisch unbegrenzte Steigerung der Motordrehzahlen, obwohl diese Entwicklung nur langsam erfolgte.

Die Anordnung der Ventile folgte auf breiter Front dem selben Muster: Einlaßventile auf der einen Seite des Motors und Auslaßventile auf der anderen; beide wurden jeweils über Nocken und Ventilstößel geöffnet und von Federn geschlossen. Diese Anordnung, bekannt als der T-Kopf, erforderte zwei Nockenwellen, je eine für jeden Ventilsatz.

Um diese Komplikation zu umgehen, ging man von ungefähr 1906 an fast allgemein zur Anordnung mit L-Kopf über, bei der sich alle Ventile auf der gleichen Seite des Motors befanden. Dieser L-Kopf erwies sich jedoch für leistungsstärkere Motoren als ungeeignet, da die Form des Brennraums nur einen ungünstigen Wirkungsgrad ergab. So brachte der nächste Entwicklungsschritt den Einbau der Ventile in den Zylinderkopf, wobei man sie bevorzugt in einem gewissen Winkel gegeneinander neigte. Diese Anordnung trat zum ersten Mal 1904 bei dem belgischen Pipe auf, aber erst in den zwanziger Jahren fand sie ihre allgemeine Verbreitung.

Eine gern angewandte Alternative zum konventionellen Schnüffelventil bildete das von dem Amerikaner Charles Yale Knight (1868–1940) erfundene Muffenventil. Bei diesem bewegten sich zwei konzentrische Muffen innerhalb des Zylinders auf und ab und öffneten dabei zu bestimmten Zeiten die Einlaß- oder die Auslaßöffnung. Diese Muffen wurden über kurze Pleuelstangen von einer Exzenterwelle betätigt, die somit die Aufgabe einer Nockenwelle übernahm. Da die Pleuelstangen sowohl aufwärts wie abwärts die Bewegung der Muffen bewirkten, benötigte man keine Federn wie beim Schnüffelventil.

Die Muffenkonstruktion besaß eine wesentlich höhere Lebensdauer als die Schnüffelventile, die zu jener Zeit nach einigen tausend Kilometern frisch eingeschliffen oder gar ersetzt werden mußten. Darüber hinaus lief der Motor mit deutlich geringerem Geräuschpegel, da hier keine Nocken gegen Ventilstößel hämmerten, was das mechanische Klappern erzeugte, das für die zeitgenössischen Motoren mit Schnüffelventilen charakteristisch war. Diesem Vorteil mußte man jedoch die größeren Kosten gegenüberstellen, die einerseits durch die hohen Präzisionsanforderungen bei der Herstellung von Muffen entstanden und andererseits durch die 100 Dollar-Patentgebühr verursacht wurde, die Knight für jeden hergestellten Motor forderte.

Motoren mit Muffenventilen verbrauchten darüber hinaus mehr Öl und wenn die Muffen sich auch nur geringfügig verformten (im Arbeitszustand betrug die Toleranz nur 0,08 mm!) ließen sie Öl in den Verbrennungsraum eintreten, was zu einer schweren Rauchwolke am Auspuff führte. Die Muffen waren so empfindlich, daß man sie auf ihrer Kante lagern mußte, da seitliche Lagerung sehr schnell zu Deformationen führte.

Trotz dieser Nachteile erfreute sich die Knight-Konstruktion bei Herstellern von Automobilen in den höheren Preisklassen großer Beliebtheit. Die erste Firma, die dieses Prinzip aufnahm, war Daimler in Großbritannien, die zwischen 1909 und 1933 ausschließlich Motoren mit Muffenventilen herstellte. Es folgten Minerva in Belgien (1909–1933), Panhard in Frankreich (wo man zwischen 1911 und 1939 überwiegend Modelle mit Muffenventilen herstellte) und Mercedes in Deutschland. Dort stellte man zwischen 1909 und 1924 eine gemischte Palette

Dieses Lanchester Doppel-Landaulett aus dem Jahre 1910 bietet ein gutes Beispiel für die eigenwillige Karosserieauffassung von »Dr. Fred« während der Zeit König Edwards. Da der Motor zwischen Fahrer und Vordersitzbeifahrer eingebaut war, gibt es praktisch keine Motorhaube. Wegen des langen Radstands erlaubte dieser Wagen jedoch ein sehr komfortables Fahren. Bis zum Jahre 1910 waren alle Lanchester-Modelle auf Lenkräder umgerüstet, obwohl man den Lenkhebel theoretisch bis 1911 bestellen konnte.

von Motoren mit Schnüffel- und Muffenventilen her.

In Amerika übernahm im Jahr 1914 die Firma Willys diese Konstruktion und stellte bis 1932 den Willys-Knight her, daneben gab es den verwandten Falcon-Knight und Stearns-Knight. Zu den bekannten Automobilherstellern, die Knight-Ventile verwendeten gehörten in den zwanziger Jahren Voisin, Mors und Peugeot; insgesamt bauten etwa 30 Marken Motoren nach dem Knight-Prinzip.

Man versuchte es auch mit anderen Systemen wie z. B. dem Ein-Muffenventil von Burt McCollum, das der schottische Argyll bevorzugte, dem Manschetten-Ventil (ein kleineres Muffenventil) oder dem Drehschieber-Ventil. Renault ließ einen ungewöhnlichen Motor mit obenliegendem Schnüffelventil als Einlaßventil und einem als Muffenventil ausgebildeten Auslaßventil patentieren, stellte diesen Motor jedoch anscheinend niemals her.

Außer mit dem mechanisch betätigten Einlaßventil leistete Maybach mit dem Düsenvergaser einen weiteren fundamental wichtigen Beitrag zur Entwicklung des Automobils. Dieser Vergaser bedeutete eine enorme Verbesserung gegenüber dem System von Benz, bei dem einfach die Luft über die Oberfläche des Treibstoffs im Tank geleitet wurde, nur kanalisiert von Schlingerwänden oder gelochten Röhren, um so das Entstehen eines entzündbaren Gemischs zu begünstigen. Maybach verwendete nun einen Schwimmer und eine Düse, die den Treibstoff mit Luft vermischte.

Dieses Prinzip wurde später bei Panhard et Levassor von Krebs verfeinert, der einen zusätzlichen Lufteinlaßmechanismus einbaute, mit dessen Hilfe der Fahrer das Verhältnis von Luft zu Treibstoff in der Mischung verändern konnte, auch wenn das Fahrzeug in Bewegung war. Mehrere Versuche, dieses vom Fahrer gesteuerte System durch ein automatisches zu ersetzen, blieben erfolglos und so bedurfte es noch für eine Reihe von Jahren einer feinfühligen Hand, wenn man mit dieser Steuerung gute Ergebnisse erzielen wollte.

Bis ungefähr 1906 stellten die meisten Fahrzeugkonstrukteure ihre eigenen Vergaser her, dann aber übernahmen Spezialfirmen wie Solex allmählich diese Aufgabe. Charakteristischerweise blieb man bei Rolls-Royce bis 1936 bei der Herstellung eigener Vergaser. Eine andere eigenständige Konstruktion war der Lanchester Dochtvergaser, in dem die Luft über zahlreiche Baumwolldochte strich, deren untere Enden ins Benzin getaucht waren. Dieses System erbrachte eine bessere Benzinausnutzung als zeitgenössische Düsenvergaser, darüber hinaus war es weniger anfällig gegen Schmutz und Staub. Bis zum Jahre 1914 gehörte dieser Vergasertyp zur Grundausstattung aller Lanchester Automobile.

Clement Ader gehörte zu den Pionierkonstrukteuren von V-Motoren. Bereits im Jahr 1900 baute er einen Zwillingsmotor in V-Form, 1903 folgte ein V-4 und gegen Ende desselben Jahres sogar ein Achtzylinder in V-Form. Ein weiterer Konstrukteur, der schon sehr früh V-Motoren baute, war Emile Mors. Bereits 1895 hatte Mors einen V-4-Motor konstruiert. *Die Zeichnung unten* zeigt Aders 16 PS-V-4 aus dem Jahre 1904, bei dem die Einlaßventile von einer im Scheitel des V liegenden Nockenwelle gesteuert und mechanisch betätigt wurden.

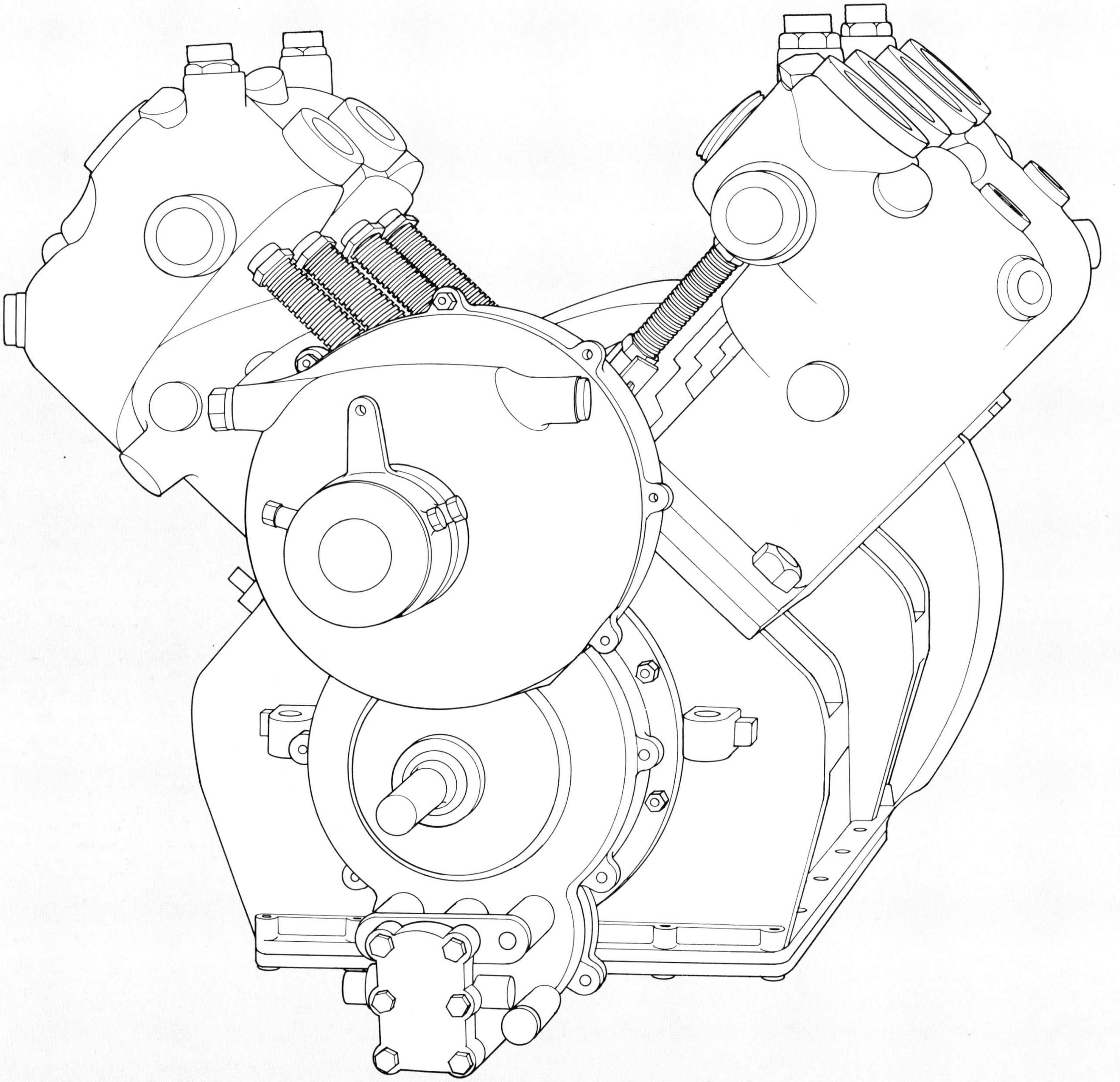

Zündung

Obwohl das System der Glührohrzündung, wie wir es in Kapitel 1 beschrieben haben, bis ungefähr zum Jahr 1900 zum Einsatz kam, hatte Karl Benz schon bei seinem ersten Wagen von 1886 ein elektrisches Zündsystem mit Batterie und Spule verwendet, ein System, das sich bald auf breiter Front durchsetzte. Es verfügte über eine Selbstunterbrecherspule – eine Induktionsspule, die mit einem elektromagnetischen Schwingglied verbunden war, sodaß der Primärkreis periodisch unterbrochen wurde und so ein Hochspannungsstoß in der Sekundärwicklung induziert wurde. Dieses System funktionierte bei niedrigen Geschwindigkeiten und bei Einzylindermotoren recht gut, ein Problem blieb jedoch die Abhängigkeit von einer Batterie, die in regelmäßigen Abständen aufgeladen werden mußte. Für jeden weiteren Zylinder mußten ein weiteres Kontaktstück und eine zusätzliche Selbstunterbrecherspule hinzugefügt werden. Da nun die jeweiligen Schwingelemente der Selbstunterbrecherspulen nicht notwendigerweise dieselbe Schwingungsfrequenz besaßen, ergab sich in der Stärke und im Zeitpunkt der in den Zylindern erzeugten Zündfunken eine ziemliche Streuung, eine höchst unbefriedigende Erscheinung.

Die Lösung bestand in einem Hochspannungsverteiler, der alle Zündkerzen über eine einzige Zündspule versorgte. Dieses System wurde ungefähr 1904 von Napier, Renault und von Winton in Amerika entwickelt. Georges Bouton baute eine nichtschwingende Spule mit einem von einer Nocke betriebenen Unterbrecherkontakt, – der Urahn aller modernen Zündspulensysteme.

Um die Abhängigkeit von einer Batterie zu umgehen, konzipierte Frederick Simms in England den Magnetzünder, den dann Robert Bosch in Deutschland zur Perfektion entwickelte. Hier erzeugte ein Dynamo mit Permanentmagnet Strom, solange er vom Motor in Rotation gehalten wurde. Da die entstehende Spannung zu niedrig war, um mit einem Zündfunken die Distanz zwischen den Polen der Zündkerze zu überbrücken, wurden bewegliche Kontaktstücke innerhalb des Brennraums über einen Nocken/Stößel-Mechanismus betrieben.

Diese Niederspannung-Magnetzündung wurde von Bosch im Jahre 1899 für den Daimler Phoenix eingeführt und bald schon von Benz, Mors und Turcat-Méry in Frankreich, Nesselsdorf in Österreich und vielen anderen Firmen übernommen. Lanchester, auch hier wie auf allen anderen Gebieten um eigenständige Lösungen bemüht, hatte seit 1897 sein eigenes Magnetzündungssystem verwendet, das er als Teil des Schwungrads ausführte.

1903 gelang Bosch mit der Hochspannungs-Magnetzündung ein gewaltiger Schritt nach vorne. Sie besaß eine Hochspannungsspule, die um den gleichen Kern gewickelt war, und einen Verteiler. So entstand eine genügend hohe Spannung, um damit eine gewöhnliche Zündkerze zu versorgen, wodurch sich die komplexe Konstruktion der beweglichen Kontaktplatten innerhalb der Zylinder vermeiden ließ. Die Hochspannungs-Magnetzündung setzte sich bald auf breiter Front durch und ersetzte bis in die zwanziger Jahre weitgehend die Spulenzündung. Da es jedoch eines außerordentlich kräftigen Rucks an der Starterkurbel bedurfte, um die Magnetzündung zu ihrem ersten Funken zu überreden, behielt man bei den großen Motoren die Zündspule für den Start bei.

Beleuchtung und Startersysteme

Für die frühesten Automobile standen als Beleuchtung nur Kerzenlampen zur Verfügung, eine Erbschaft aus der Pferdekutschenepoche. Solche Lampen genügten kaum, um das Auto für andere sichtbar zu machen, als Hilfe für den Fahrer auf seiner Suche nach dem Weg waren diese Lichtquellen gänzlich hoffnungslos. Um das Jahr 1900 herum trat der »Acetylen-Scheinwerfer« auf, wobei man als seitliche und rückwärtige Warnlichter Öllampen verwendete. Das notwendige Acetylengas wurde erzeugt, indem man Wasser auf Calciumcarbid tröpfelte. Dies geschah manchmal innerhalb der Lampe selbst, häufiger verwendete man jedoch einen Gas-Generator am Armaturenbrett.

Zwischen 1900 und 1910 wuchsen die Acetylen-Scheinwerfer zu enormen Dimensionen und trugen so nicht wenig zu jenem barock-pompösen Aussehen der Tourenwagen dieser Zeit bei, die in England die »Edwardian period« heißt und in Deutschland »wilhelminisches« Gepränge brachte. Diese Scheinwerfer erzeugten starkes Licht und so entwarf einer der führenden Lampenhersteller – Bleriot in Paris – einen blauen Glasvorsatz, den man zwischen den Gasbrenner und den Brennspiegel, einschob um andere Automobilisten und Fußgänger nicht zu blenden. Dieses blaue Glasfilter wurde über ein System mit Hebel und Kabelzug von der Instrumententafel aus betätigt.

Beim Automobil entwickelte sich die elektrische Beleuchtung nur sehr langsam, obwohl sie seit 1880 bei der Beleuchtung von Häusern eine weite Verbreitung fand. Der Grund hierfür lag in den Tatsachen, daß es zum einen äußerst schwierig war, einen leistungsstarken Dynamo zu bauen, der klein genug war, um von einem Automobilmotor angetrieben zu werden. Zum andern besaßen die verfügbaren Glühbirnen noch keine hohe Zuverlässigkeit und keine große Lebensdauer. Die Erfindung der Glühbirne mit Wolfram-Glühdraht im Jahre 1910 löste dieses letztere Problem und bald darauf erschien auch der kleine Dynamo. Zunächst gehörte die elektrische Beleuchtung zu den mit Extrakosten verbundenen Sonderwünschen. 1912 aber bot Cadillac ein kombiniertes Beleuchtungs- und Startersystem an. Der Anlassermotor wurde von der Firma Dayton Engineering Laboratories Company übernommen, die elektrische Motoren zum Betrieb von Registrierkassen herstellte. Schon bald darauf wurde diese Firma unter der abgekürzten Bezeichnung Delco zum führenden Zulieferer elektrischer Ausrüstungssysteme für die amerikanischen Automobilhersteller.

Vor dem Siegeszug des elektrischen Anlassers hatte man verschiedene Startersysteme ausprobiert, keines erwies sich jedoch als befriedigend. Fiat verwendete einen Druckluftstarter für die größten Modelle, Delaunay-Belleville folgte diesem Beispiel. Ein kleiner vom Motor getriebener Kompressor pumpte mit einem Druck von 13 kg/cm^2 Luft in einen Zylinder an der Seite des Rahmens, von wo sie beim Start in die Motorzylinder geleitet wurde. Auch die 70 PS-Limousine für den Zar von Rußland verfügte über einen solchen Starter, der allerdings auch dazu benutzt werden konnte, die Reifen aufzupumpen, ein Rad aufzubocken oder eine Warnpfeife zu betätigen.

Die amerikanische Firma Presto Lite Company bot eine Variante dieses Systems an, bei dem Acetylen-Gas – das man während der Fahrt nur für die Scheinwerfer verwendete – in die Motorzylinder geleitet wurde. Nach Angaben der Hersteller ergaben sich daraus keine negativen Auswirkungen auf den Motor, im Gegenteil, das Acetylen trug dazu bei, daß sich in den Zylindern kein Kohlenstoff absetzte.

Andere Systeme, den Motor vom Fahrersitz aus in Gang zu setzen, verwendeten starke Uhrenfedern oder komplizierte Getriebeanordnungen. Keines verfügte jedoch über die Zuverlässigkeit oder die Einfachheit des elektrischen Anlassers und so hatten innerhalb weniger Jahre alle Hersteller größerer Automobile den von Cadillac eingeleiteten Trend übernommen. Die kleineren Wagen in Europa verließen sich jedoch bis in die Zwanziger Jahre auf die klassische Handkurbel zum Start.

Kraftübertragung und Antrieb

Das von Emile Levassor erfundene Gleitzapfen-Getriebe beherrschte in fast unveränderter Form die gesamte Periode bis 1914, ja selbst darüber hinaus bis Cadillac im Jahre 1928 das synchronisierte Getriebe einführte. Maybachs Kulissenschaltung, die er für den Mercedes von 1901 konstruierte, erleichterte das Steuern eines Automobils beträchtlich und wurde daher auf beiden Seiten des Atlantiks auf breiter Front kopiert. Der erste amerikanische Hersteller, der sie übernahm, war Packard im Jahre 1902. Einige andere Firmen, wie zum Beispiel Maxwell-Briscoe, verwendeten dagegen selbst 1908 noch ein stufenlos veränderliches Schaltgestänge.

Beim Original-Panhard-System besaßen alle vier Gänge Untersetzungszahnräder. Dagegen verwendete Louis Renault bei seinem ersten Automobil im Jahre 1898 einen direkten höchsten Gang, bei dem die Kraft ohne Änderung des Drehzahlverhältnisses direkt durch das Getriebe geleitet wurde.

Dieses Renault System erfuhr später eine große Verbreitung. In den meisten Fällen legte man den höchsten Gang als direkten Gang aus. Rolls-Royce dagegen baute den direkten Gang als dritten Gang ein und übersetzte den vierten Gang als »overdrive« für lange Geraden ohne Steigungen. Diese Getriebeauslegung kam im »Light Twenty«, im »Thirty« und im »Silver Ghost« bis zum Jahre 1909 zum Einsatz. Dann gab man den vierten Gang auf, da die Öffentlichkeit ein ganz besonderes Interesse an der Steigfähigkeit entwickelte. Zu den wichtigsten Fragen des Publikums gehörte: »Schafft der Rolls-Royce eine 10 %ige Steigung im höchsten Gang, so wie es der Napier schafft?« Die Antwort lautete natürlich »nein«, da der »overdrive«-Gang des Rolls-Royce gegenüber dem direkten höchsten Gang des Napier übersetzt war. Dabei nützten die Argumente der Automobilverkäufer wenig, daß der dritte Gang des Rolls-Royce dem höchsten Gang des Napir entsprach. So ging man bei Rolls-Royce zum Dreiganggetriebe über und als man 1913 wieder einen vierten Gang einführte, war dies ein zusätzlicher niedriger Gang.

Die allgemeine Bedeutung der Frage, ob ein Automobil auch im höchsten Gang Steigungen schaffen konnte, rührte von der Furcht der frühen Automobili-

Amerika war führend bei der Herstellung kommerziell erfolgreicher V-8- und V-12-Motoren. Aufgrund des gewaltigen Inlandsmarktes konnte der Preis dieser komplexen Antriebsaggregate in vertretbarer Höhe gehalten werden.
Wilfred Lelands Cadillac 51 von 1915 (*Seite 50*) besaß einen 90° V-8-Motor mit obenliegenden Ventilen und war der erste Cadillac überhaupt mit Linkslenkung. Es standen sechs verschiedene Karosserietypen zur Wahl, die von 2700 Dollar bis 3350 Dollar reichten. Der Twin Six Packard von Jesse Vincent aus dem Jahr 1915 (*Seite 51*, *unten*) war mit seinen 2750 Dollar als Tourenwagen für fünf Passagiere sogar noch preisgünstiger. Bei diesem handelte es sich nicht nur um den ersten seriengefertigten V-12 Amerikas, sondern auch um den ersten Motor (*rechts*), bei dem man Aluminiumkolben verwendete. Die Modelle des Jahres 1916 boten bei einem Mehrpreis von 450 Dollar abnehmbare Zylinderköpfe. Die Twin Six Packard erfreuten sich in Lateinamerika so großer Beliebtheit, daß in verschiedenen Städten wie Buenos Aires und Rio de Janeiro Vertretungen eingerichtet wurden.

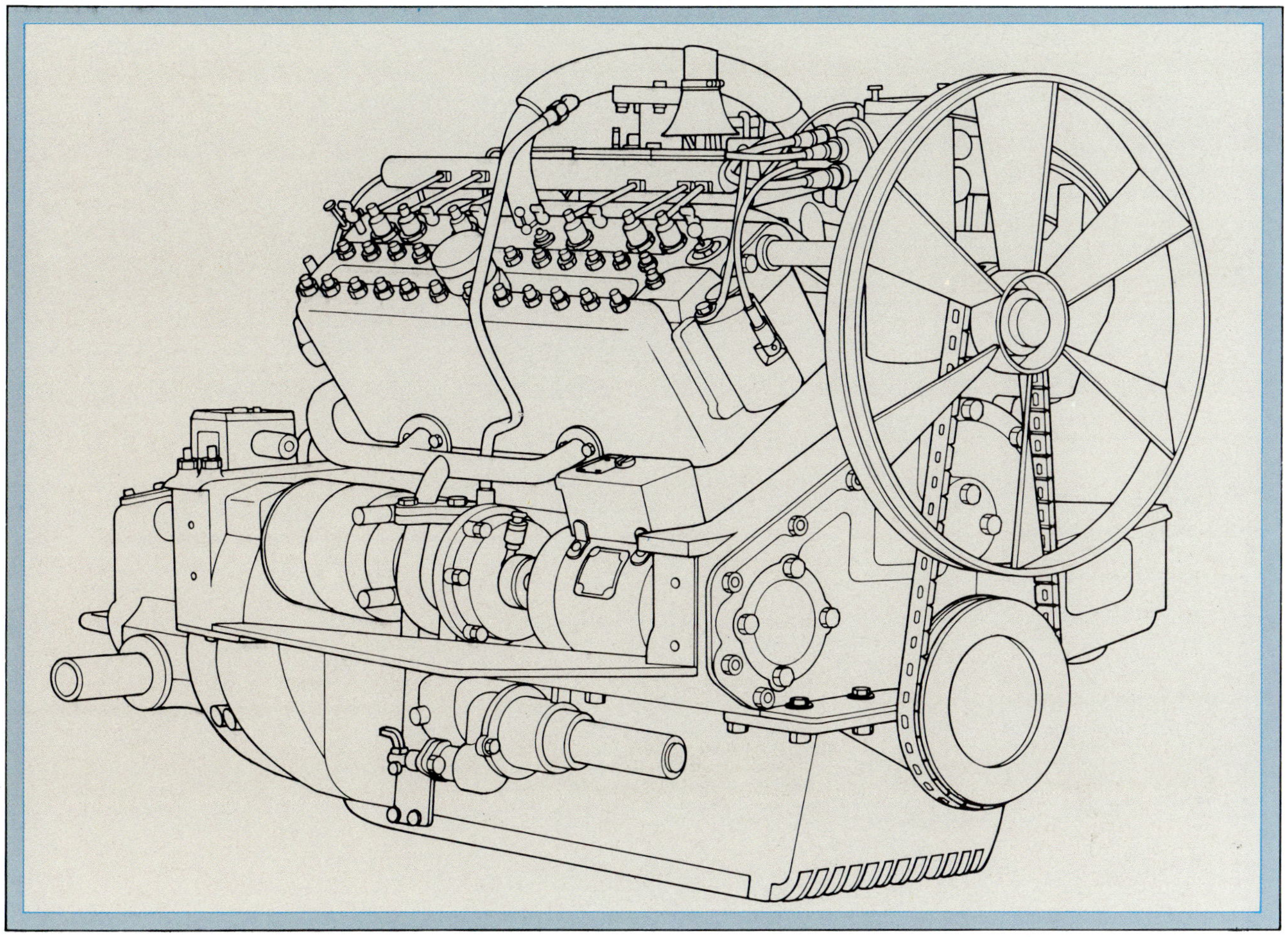

VF 1012

Bildunterschriften Seite 52, Seite 53, Seite 54
Die italienische Automobilindustrie hatte sich angesichts des begrenzten Inlandsmarktes darauf konzentriert, große und teure Automobile für den Export – in erster Linie nach Frankreich, Großbritannien und in die Vereinigten Staaten – herzustellen. Die Firma Züst aus Brescia bot noch 1911 ein Monster mit 50–60 PS und Kettenantrieb mit Namen »Tipo America« zum Preis von 5000 Dollar in New York an. Aber dieselbe Firma konnte auch mit modernen Konstruktionen aufwarten wie dem 4,7 Liter 25/35 PS-Tipo S. 305 (*Seite 52*). Dieser Wagen hatte einen Monobloc-Vierzylindermotor mit L-Kopf und Hinterradbremsen, die über im Schwerpunkt gelagerte Stangen betätigt wurden. Er gehörte zu den ersten Automobilen mit birnenförmigem Kühler, der in Italien nach dem Ersten Weltkrieg so weit verbreitet auftrat. Dieser sportliche Tourenwagen ist mit den als Sonderwunsch erhältlichen Riley-Drahtspeichenrädern ausgestattet. Der auf der *folgenden Seite* abgebildete Lancia Theta von 1913 glich dem Züst in vielerlei Hinsicht. Beide besaßen den gleichen Motortyp und die gleiche Viergang-Getriebeeinheit. Lancia teilte sich mit Hispano-Suiza den Ruhm, in Europa die ersten serienmäßigen elektrischen Starter zu verwenden. Von 1914 an gehörte der über ein Pedal betätigte Rushmore-Starter zur Standardausrüstung des Theta. Die Hersteller setzten ein derart hohes Vertrauen in diesen Starter, daß sie die Starterkurbel in den Werkzeugkasten verbannten. Die in der Zeit zwischen 1913 und 1918 hergestellte Theta-Serie wurde entweder mit Drahtspeichenrädern oder mit Artillerierädern verkauft.
Der Tipo 55 der Firma Fiat aus dem Jahre 1914 fiel wesentlich größer aus als der Züst oder der Lancia: mit seinen 9 Litern Hubraum entwickelte er bei 1500 Upm 75 PS. Hier handelt es sich um ein in Amerika hergestelltes Fahrzeug, die entsprechende in Italien hergestellte Version lief unter der Bezeichnung Tipo 5. Die Fiat Niederlassung in Poughkeepsie, New York, war von 1910 bis 1918 in Betrieb und produzierte nur die größeren Modelle.

sten vor dem Gangwechsel her. Diese Furcht quälte sowohl die selbstfahrenden Besitzer wie auch Berufschauffeure. Die Geschicklichkeit, die man benötigte, um die Drehzahl des Motors an die der Zahnräder im Getriebe anzupassen, war den meisten Fahrern nicht gegeben. So gehörte das »zähnefressende Wühlen im Getriebe«, wie es zeitgenössische Journalisten beschrieben, zum weitverbreiteten automobilistischen Alltag. Gegen dieses Problem ließen sich die Konstrukteure vielerlei Lösungen einfallen. Unter diesen gewann das Getriebe mit epizyklischen Zahnrädern – in Amerika bekannt unter der Bezeichnung Planetengetriebe – die größte Anhängerschaft. Sein Prinzip fußte auf einer Reihe von planetenartig angeordneten Zahnrädern, die mit einem zentralen »Sonnen«-Zahnrad in Wechselwirkung standen. Eine Bremszange, die auf die Trommel wirkte, in der sich die Planetenräder befanden, stellte im Grunde einen getrennten Kupplungsmechanismus dar. Ein einziger Hebel diente zur Wahl des Ganges und zog die Bremse fest, um so den Gang zu verzahnen. Dadurch fiel das eigentliche Kupplungspedal weg, dafür benötigte man für jeden Gang ein getrenntes Pedal. Dies bedeutete keinen großen Nachteil, da ein gewöhnliches epizyklisches Getriebesystem ohnehin nur über zwei Vorwärtsgänge verfügte.

Dieses Planetengetriebe fand in Amerika eine wesentlich größere Verbreitung als in Europa, wobei das berühmteste Beispiel im Getriebe des Ford-Modells »T« vorlag. Lanchester baute eine verfeinerte Version, bei der drei Gänge über eine Vorwahlschaltung einzulegen waren. Dieses Getriebesystem überlebte im großen »Forty« bis 1929, während man bei den kleineren Lanchester von 1923 an konventionelle Getriebeanordnungen verwendete.

Auch andere Systeme, die das Gangwechseln erleichtern sollten, wurden von Zeit zu Zeit versuchsweise eingeführt, meist war ihnen wegen ihrer Komplexität oder ihrer hohen Kosten jedoch kein Erfolg beschieden. Zu ihnen gehörte eine hydraulische Lentz-Kraftübertragung, die im Jahre 1913 von der Firma Charron angeboten wurde. Ebenfalls zu der Reihe solcher Versuche gehörten das »Owen Magnetic«, bei dem die Kraft magnetisch über einen Luftspalt hinweg übertragen wurde, und das komplizierte System Benzinmotor/Elektroantrieb (siehe Kapitel 2), wie es beim »Krieger« aus Frankreich und beim »Mercedes Mixte« aus Deutschland verwendet wurde. Ein anderes System, die Kraftübertragung mit Reibschalen, das sich unter den Herstellern leichter Automobile großer Beliebtheit erfreute, soll im nächsten Kapitel beschrieben werden.

Kettenantrieb von der Vorgelegewelle zu den Hinterrädern wurde zum allgemein akzeptierten System bei leistungsstärkeren Automobilen. Als Wegbereiter dieser Kraftübertragung fungierte Emile Levassor, der sie 1891 am Panhard einführte. Als Alternative dazu führte Louis Renault bei seinem ersten leichten Wagen im Jahre 1898 eine Antriebswelle ein, die auf ein Differential auf der Hinterachse wirkte. Renault vertraute niemals auf Ketten, selbst als seine Wagen an Größe und Gewicht zunahmen. Im allgemeinen galt jedoch das System einer über eine Welle angetriebenen Achse als nur für leichte Fahrzeuge geeignet. Dieses Vorurteil wurde durch den weit verbreiteten Nachbau des Kettenantriebs im Mercedes oder gar des ganzen Wagens erheblich verstärkt.

Trotzdem bauten schon 1905 die Firmen Napier in England und Itala in Italien Automobile mit 60 PS Leistung und einer Königswelle. Nach und nach setzte sich dieses System weltweit durch. Auch Mercedes übernahm es von 1908 an für die kleineren Modelle, man behielt dort aber beim großen 37/90 PS Vierzylinder Sportwagen den Kettenantrieb bis 1914 bei. Ketten besaßen eine Reihe von Nachteilen, so sorgten sie zum Beispiel für erhebliche Geräuschentwicklung, insbesondere, wenn sie bereits etwas abgenutzt waren, und sie waren ständig dem Schlamm und Staub ausgesetzt, die der Wagen selbst von den archaischen Straßen ohne Belag jener Zeit aufwirbelte. Allgemein empfahl man als beste Methode zur Reinigung der Ketten, diese vom Wagen abzumontieren und sie in russischem Talg zu kochen.

Rahmenkonstruktion und Räder

Wir haben bereits darauf hingewiesen, daß das Automobil als Kind der Pferdekutsche und des Fahrrads empfunden werden kann. Dies gilt ganz offensichtlich am meisten für die Konstruktion des Chassisrahmens. Karl Benz verwendete einen Rahmen aus Stahlrohren, wie er für das Fahrrad typisch war. Dagegen besaß Gottlieb Daimlers motorisierte Kutsche von 1886 einen Holzrahmen, der unter dem Teil, der den Motor trug, mit Stahlbeschlägen verstärkt war. Der Panhard der 1890er Jahre verfügte über einen durch Metallplatten verstärkten Holzrahmen. Dieses System des »armierten Holzrahmens« fand eine weite Verbreitung bis hinein in die ersten Jahre des zwanzigsten Jahrhunderts. Der Daimler Phoenix von 1899 besaß einen Rahmen aus kastenförmigem Stahlblech und dieser Ganzmetallrahmen lief allmählich dem armierten Holz den Rang ab.

Zwei Beispiele für Ventilanordnungen, wie sie zu Beginn dieses Jahrhunderts übliche waren. *Oben* ein Schnitt durch den Zylinder eines Cottereau. Die beiden rechts und links vom Zylinderraum stehend angeordneten Ventile ergeben einen T-förmigen Zylinderkopf. Beim De Dion Bouton (*unten*) stehen die Ventile auf einer Seite, sodaß die Form des Brennraums an ein L erinnert (L-förmiger Zylinderkopf). In europa war der T-Kopf bis zum Jahr 1910 so gut wie total verschwunden, während er bis in die zwanziger Jahre hinein in einigen größeren amerikanischen Wagen zum Einsatz kam. Die Firma Locomobile verwendete ihn bei ihrem Typ »48« sogar bis 1929.

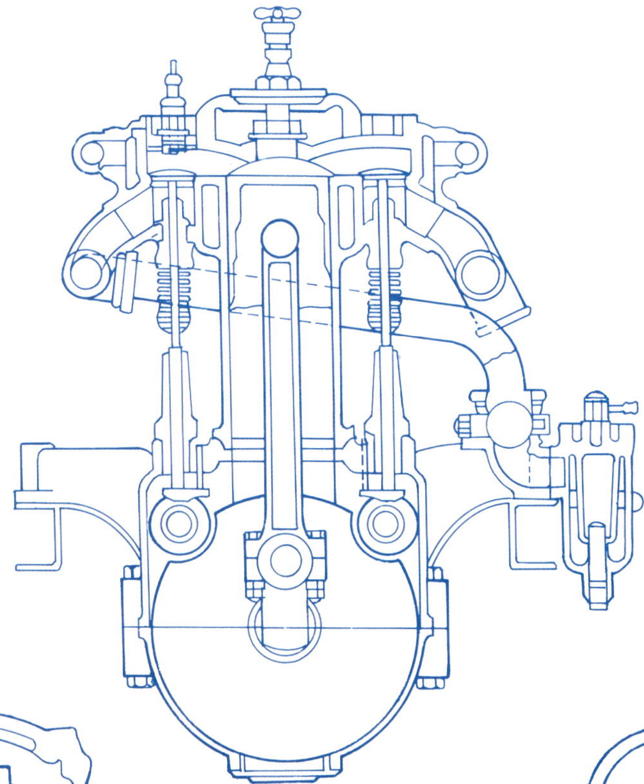

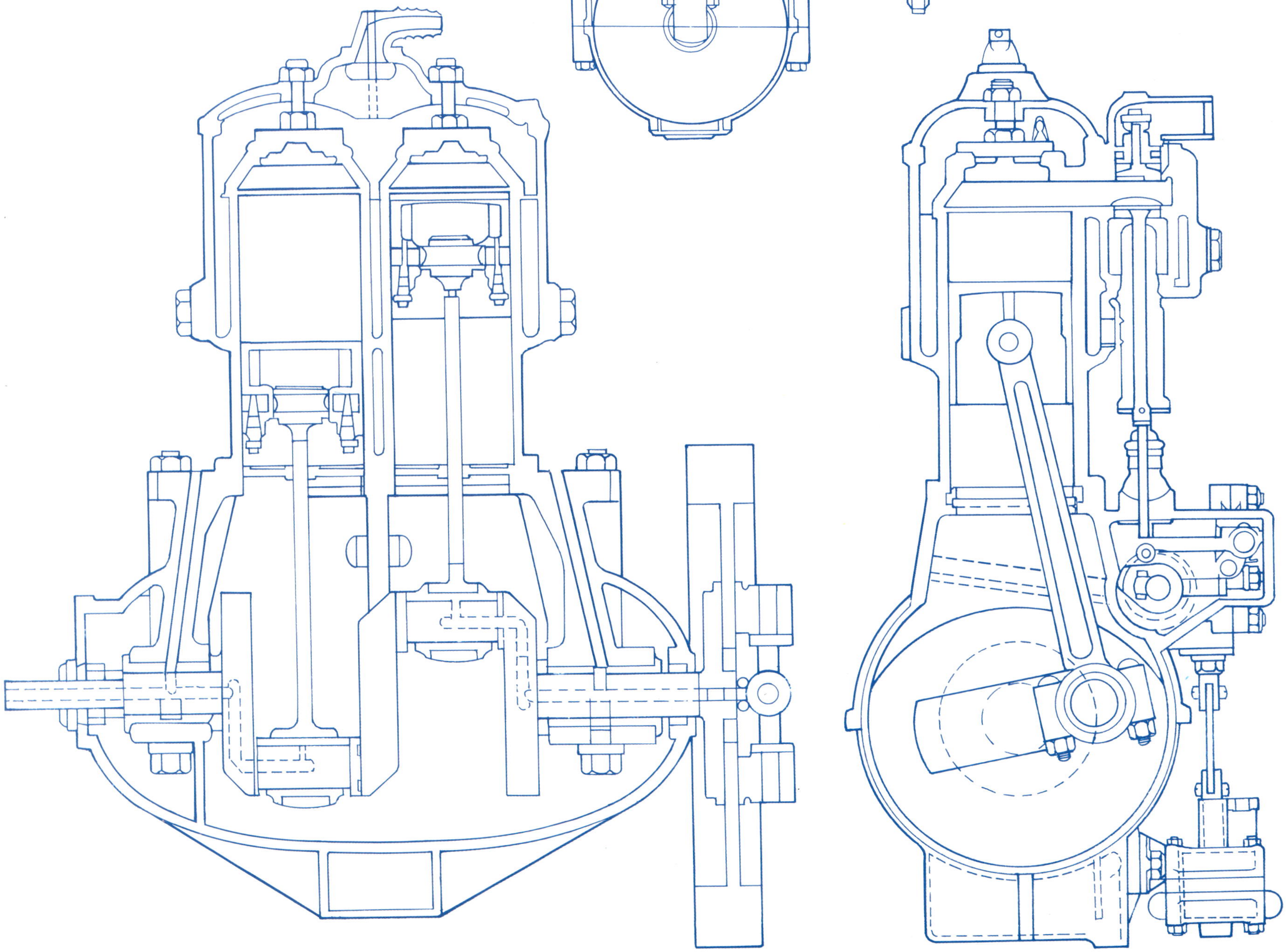

Eine Schnittzeichnung des ersten Minerva-Knight Muffenventil-Motors. Rechts vom Kolben sieht man die exzentrische Welle und die Pleuelstangen.

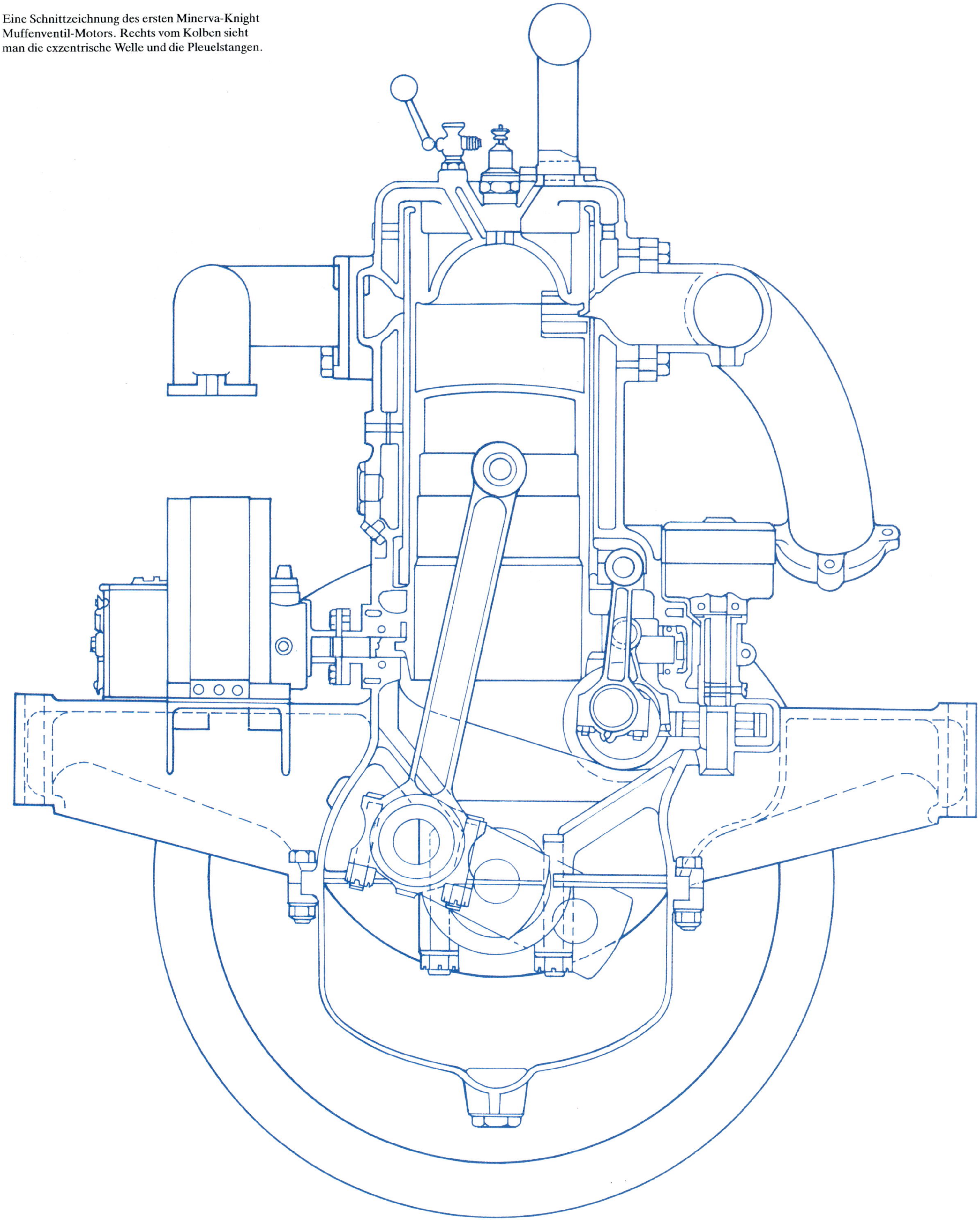

Für leichte Automobile und Dreiradfahrzeuge behielt man jedoch Rahmenkonstruktionen aus Stahlrohren oder armierte Holzrahmenkonstruktionen noch einige Zeit bei. Unter den »Dreirädrigen« besaßen einige bis hinein in die frühen 1920er Jahre noch Holzrahmen, z. B der britische »Whitehead« und der deutsche »Slaby-Beringer«, der eine integrierte Chassis/Karosserie-Einheit aus Holz besaß. Unter den größeren Automobilen bildete der »Franklin« aus Amerika die Ausnahme, indem er seinen Holzrahmen bis 1927 beibehielt.

Bei den meisten Chassiskonstruktionen aus Stahl verwendete man angenietete gepreßte oder gewalzte Querverstärkungen. Die Firma Darracq ging von 1903 an einen völlig eigenständigen Weg, indem sie die gesamte Chassis-Bodenplatte mit Ausnahme des hinteren Querträgers aus einem einzigen Stück Stahl preßte. Der holländische »Spyker« besaß ein zusätzliches Bodenblech aus leichtem gepreßtem Stahl, das sich über die ganze Länge des Chassis erstreckte und dadurch alle laufenden Teile vor Staub und Schmutz schützte. Diese Besonderheit erbrachte dem Wagen seinen Beinamen »Der staubfreie Spyker«.

Ebenso wie die Rahmenkonstruktionen stammten auch die Räder direkt von der Pferdekutsche oder vom Fahrrad ab. Tatsächlich lieferte die als Fahrradhersteller bekannte Firma Adler auch die Drahtspeichenräder, die Karl Benz von 1893 bis 1899 an seinem »Velo« verwendete. Dadurch animiert, baute man bei Adler später eigene Autos. Benz griff auch auf den anderen Typ von Rädern zurück, denn sein größerer Wagen, der »Viktoria« (1893–1899), besaß Holzspeichenräder, wie man sie von den Kutschen her kannte.

In der Regel fuhren die größeren Automobile bis ungefähr 1907 auf Holzrädern, dann aber kam das abnehmbare Drahtspeichenrad der Firma Rudge-Whitworth in Gebrauch. Dies bedeutete einen unschätzbaren Segen für den Automobilisten, denn damit fiel die gefürchtete Aufgabe weg, einen Reifen mit einem Plattfuß von der Felge eines festmontierten Rades mühselig abzumontieren. In einer Zeit, in der ein Plattfuß zur Tagesordnung gehörte, war diese Prozedur das Schreckgespenst eines jeden Autofahrers und die Ursache für weit mehr unfreiwillige Stops und größeren Zeitverlust als mechanische Defekte.

Das Rudge-Whitworth-Rad sah nicht nur schmuck aus, sondern ließ sich auch leicht handhaben und so gehörte es bald zur Standardausrüstung qualitativ höherwertiger Automobile in Großbritannien und auf dem europäischen Kontinent. Andere Hersteller wie Riley nahmen ebenfalls die Produktion von Drahtspeichenrädern auf, um sie an viele Automobilfirmen zu verkaufen. In Amerika überlebte das Holzrad sehr viel länger, wenn auch häufig mit abnehmbaren Felgen. Selbst die abnehmbaren Räder verblieben jenseits des Atlantiks bei den dicken Speichen aus Holz oder Metall (Kanonenräder), anstatt sie durch Drahtspeichen zu ersetzen. Der Grund dafür lag darin, daß Drahtspeichen wesentlich schwieriger saubergehalten werden konnten und so wahrscheinlich die geringe Zahl bediensteter Chauffeure in Amerika gegen ihre Einführung sprach.

So blieben Drahtspeichenräder als Standardausrüstung eine Seltenheit an amerikanischen Automobilen, auch wenn sie eine Reihe von Herstellern als aufpreispflichtige Extras anboten. Zu den wenigen Ausnahmen gehörte Chevrolet, deren 1915er Modelle »Amesbury Special« und »Royal Mail Roadster« beide Drahtspeichenräder besaßen, und die Firma Jeffery, die sie ab 1914 anbot.

Bremsen

Die Bremsen an den ersten Automobilen folgten der Praxis bei den Pferdekutschen. Sie besaßen einen einfachen Bremsschuh, der direkt auf die Hinterreifen wirkte. Solche Bremsschuhe waren nur von geringem Wert, insbesondere bei nasser Straße, da sie dann nur eine sehr geringe Reibung erzeugten. Außerdem eigneten sie sich nur für Vollgummireifen. Der nächste Schritt bestand in der Handbremse mit Selbstverstärkung, die auf die Hinterräder wirkte. Wie bei den frühen Panhard und anderen Fabrikaten bestand diese Bremse aus einem einfachen Bremsband, das sich in Vorwärtsfahrt immer fester zuwickelte, in Rückwärtsfahrt wickelte es sich jedoch auf und war daher praktisch wertlos. Um diesem Problem zu begegnen, waren diese Wagen mit einem speziellen Bremseisen ausgerüstet. Ein starker Eisenpfahl mit einer Spitze wurde so auf den Boden geworfen, daß das Bremseisen in der Straßenoberfläche steckenblieb und den Wagen zum Halt brachte, wenn er rückwärts zu rollen begann.

Etwa vom Jahre 1900 an rüstete man die höherwertigen Automobile mit Trommelbremsen aus, in denen innen Bremsbeläge auseinander- und gegen die Trommel gedrückt wurden. Diese Trommelbremsen wurden im allgemeinen von Hand betätigt, wohingegen Fußbremsen, die meist auf die Kraftübertragungswelle wirkten, häufig noch nach dem Prinzip des selbstfestzurrenden Bremsbandes arbeiteten. Ein weit verbreitetes Problem bei den Bremsen bestand in ihrer Neigung zum Überhitzen. Deshalb baute man bei einigen Automobilen wie dem

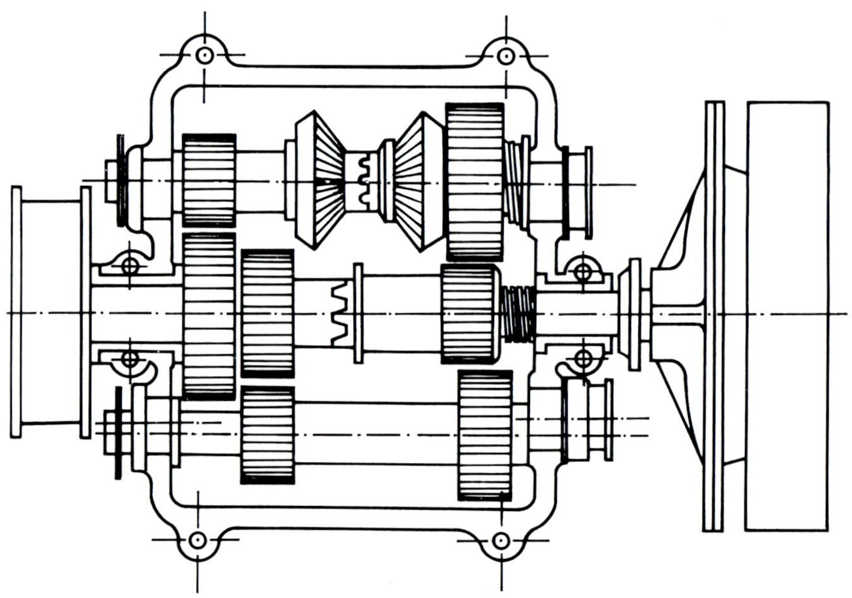

Acetylen-Scheinwerfer an einem 7 PS-Panhard aus dem Jahr 1902.
Seite 58 Mitte
bei Seiten- und Rückleuchten blieb man bis in die zwanziger Jahre dieses Jahrhunderts bei Öl, bei Taxen und Lieferwagen sogar noch länger. Hier sieht man eine Seitenleichte an einem De Dion Bouton von 1904.
Seite 58 unten
Das Getriebe von Louis Renault aus dem Jahr 1898 war das erste Getriebe mit einem direkten Durchtrieb für den höchsten Gang. Renault erreichte diesen direkten Durchtrieb, indem er die beiden Hälften der Hauptwelle mit einer Klauenkupplung versah und in dieser Stellung die Nebenwellen nicht eingreifen ließ. Benötigte man einen anderen Gang, wurde eine der beiden Nebenwellen so weit zur Seite bewegt, bis ihre Zahnräder in die der Hauptwelle eingriffen. Für den Rückwärtsgang verzahnten die Kegelräder mit einem dritten Kegelrad, das auf dieser Schnittzeichnung nicht dargestellt ist.

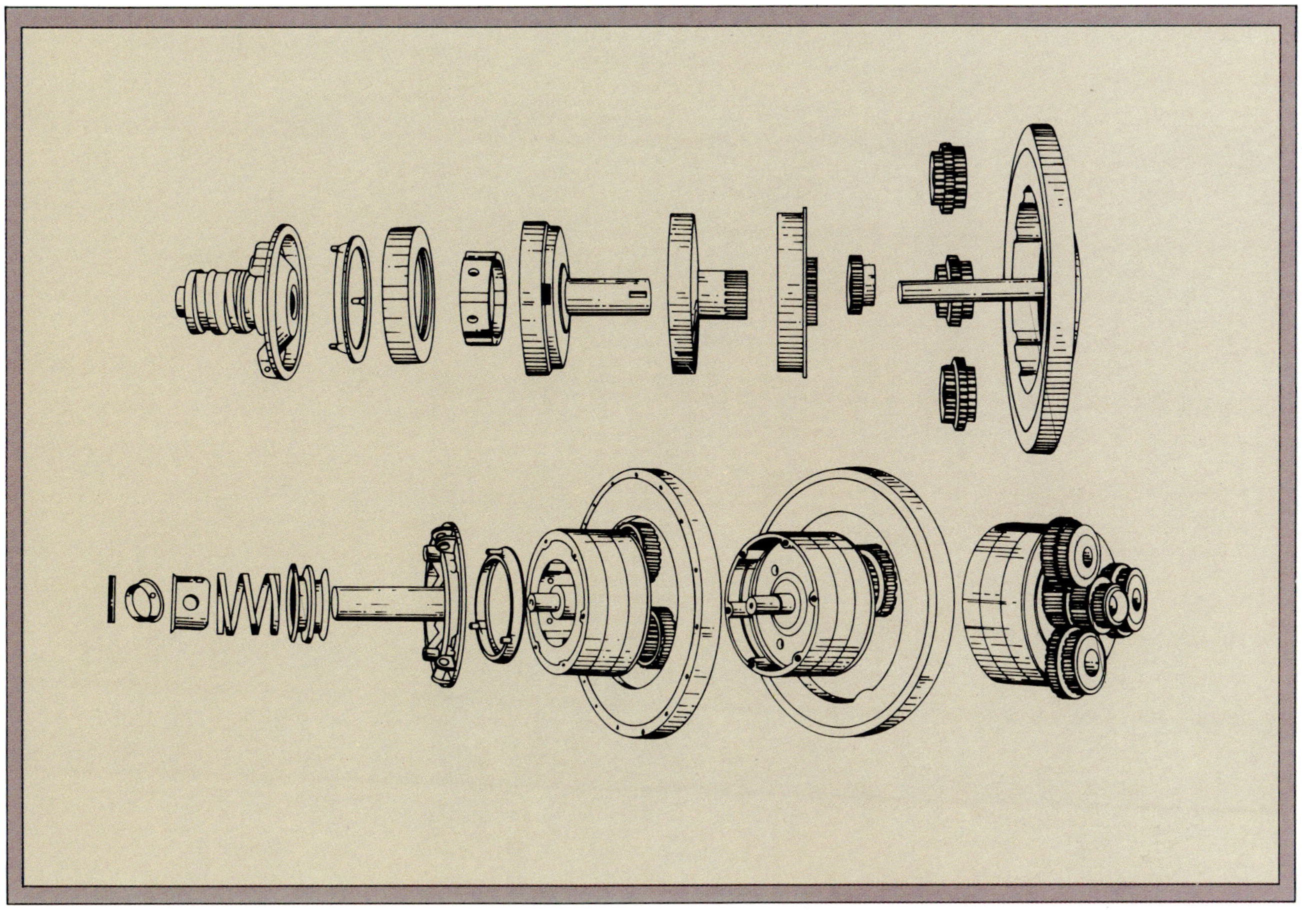

Seite 59 oben
Das Planetengetriebe, wie es bei seinem berühmtesten Vertreter, dem Model T Ford verwendet wurde.
Seite 59 unten
Zweifacher Kettenantrieb, hier an einem 30 PS Mercedes aus dem Jahre 1904. Diese Methode der Kraftübertragung galt bis ungefähr 1908 allgemein als die beste für leistungsstarke Automobile.

Mercedes oder dem italienischen Milano eine Berieselungsanlage ein, mit der die auf die Kraftübertragungswelle wirkende Bremse gekühlt wurde.

Andere Hersteller, zu denen zum Beispiel Delaunay-Belleville und Gobron-Brillié gehörten, verwendeten zwei voneinander unabhängige Fußbremssysteme, jedes mit einem eigenen Pedal, die auf jeweils andere Teile der Kraftübertragung wirkten. Dadurch, daß man sie abwechselnd betätigte, verringerte man die Gefahr des Überhitzens. In der Praxis der Automobilisten ergab es sich jedoch bald, daß diese Art von Bremssystem die Kraftübertragungswelle und die Kreuzgelenke ganz erheblich beanspruchten und so bemühte man sich im wesentlichen mit der Handbremse auszukommen, die auf die Hinterräder wirkte.

Die naheliegende Lösung, wie sie heute allgemein üblich ist, kam den Konstrukteuren noch einige Zeitlang nicht in den Sinn: die Lösung, daß die Fußbremse auf die Räder wirkte. Verschiedene amerikanische und deutsche Hersteller führten diese Lösung von ungefähr 1910 an ein, viele französische und britische Fahrzeuge blieben jedoch bis in die 1920er Jahre beim Bremspedal, das seine Wirkung auf die Kraftübertragungswelle übertrug.

Im Jahre 1909 bot die schottische Firma Arrol-Johnston ein Vierrad-Bremssystem an. Hierbei betätigte das Fußpedal Trommelbremsen an den Vorderrädern, während die Handbremse für die Hinterräder sorgte. Zwei Jahre später trat eine andere schottische Firma, die Firma Argyll, ebenso wie Isotta-Fraschini in Italien mit einer ähnlichen Idee auf. Der Nachteil bestand bei diesem Lösungstyp darin, daß die beiden Bremssysteme in keinerlei Verbindung standen und gleichzeitige Betätigung erforderten, wenn sie angemessen arbeiten sollten.

Besonders gefährlich wurde es dann, wenn man die Vorderräder vor den Hinterrädern bremste. So wog der mögliche Vorteil des doppelten Bremssystems die damit verbundenen Risiken nicht auf, insbesondere in einer Zeit, in der niedrige Geschwindigkeiten und geringe Verkehrsdichte nur äußerst selten eine Notbremsung erforderlich machten.

Die Hinterradbremse an einem Panhard Wagonette von 1899 (*oben*) zeigt deutlich die Übereinstimmung mit der althergebrachten Kutschentechnik: Ein Bremsschuh, der auf den Reifen wirkt. Schon im Geburtsjahr dieses Wagens gehörte dieses Bremssystem zu den altmodischen Verfahren, Zeitgenossen wie Daimler (sowohl in England als auch in Deutschland), Peugeot und Renault boten bereits Riemenbremsen mit sich festzurrenden Lederriemen – oder noch besser Trommelbremsen mit inneren beim Bremsvorgang auseinandergehenden Bremsbacken an. Die Zeichnung (*unten*) zeigt das Beispiel von Renault.

DIE MOTORISIERUNG DES MITTELSTANDES

Praktisch jede historische Darstellung der Automobilgeschichte beschreibt die ersten selbstangetriebenen Wagen als »Spielzeug der Reichen«. Tatsächlich aber gab es seit Beginn dieses Jahrhunderts auf dem Markt auch leichte Automobile zu einem moderaten Preis. Im Februar 1904 veröffentlichte die britische Zeitschrift »The Autocar« einen Führer, in dem nicht weniger als 38 Modelle mit einem Preis von unter 200 £ aufgeführt wurden, die zu dieser Zeit in England erhältlich waren. Der billigste Wagen, ein Einzylinder-3,5 PS »New Orleans«, kostete nur 80 t. Natürlich lagen auch solche Beträge weit außerhalb des Bereichs der Möglichkeiten für einen Durchschnittsverdiener aus der Arbeiterklasse, für den 2056 £ bereits einen ansehnlichen Wochenlohn darstellten. So gehörte ein neuer Wagen eben nicht zur üblichen Ausstattung eines britischen Haushalts in der Arbeiterklasse und so sollte es auch bis weit nach dem Zweiten Weltkrieg bleiben. Dagegen konnten sich Mittelstandsfamilien mit einem jährlichen Einkommen von rund 400–500 £ durchaus ein leichtes Automobil leisten, zumal dieses einen geringeren Aufwand für die Unterhaltung und weniger Platz beanspruchte als ein Pony und eine kleine Kutsche.

Die erste Berufsgruppe, die sich aus offensichtlichen Gründen dem Automobil zuwandte, waren die Ärzte. Um das Jahr 1905 herum füllten ganze Serien von Artikeln über »Motorwagen für Mediziner« und deren Vorteile die Seiten der Motorzeitschriften. Wenn aus einem Landarzt erst einmal ein überzeugter Automobilist geworden war, dann wuchs die Wahrscheinlichkeit enorm, daß er seine Patienten im gleichen Sinn beeinflußte. So wurde diese Berufsgruppe fast zu einer Schar wertvoller Werbeträger und Verkäufer für leichte Fahrzeuge.

Unter den frühen Automobilen gehörten der De Dion Bouton und der Renault zu den populärsten. De Dion hatte seit 1895 Dreirad-Fahrräder mit Benzinmotor hergestellt, bevor man 1899 das erste benzingetriebene echte Automobil der Öffentlichkeit vorstellte. Dieses bot vier Passagieren Platz in der klassischen »vis-à-vis«-Anordnung. Hierbei saßen die beiden vorderen Mitfahrer mit dem Rücken zur Fahrtrichtung gegenüber dem Fahrer und seinem daneben sitzenden Beifahrer. Diese Anordnung war ideal für die Konversation, wenn es den Stimmen gelang, den Motor zu übertönen, auf jeden Fall aber besaß der Fahrer nur eine sehr eingeschränkte Sicht auf der Fahrbahn. Dieser Nachteil zählte jedoch nur selten, da man die vorderen Sitze nicht gerade häufig benutzte, da das Gewicht von vier Mitfahrenden die Fahrleistungen des Wagens erheblich beeinträchtigte.

Der Einzylindermotor saß unter dem Sitz des Fahrers und trieb die Hinterräder über einen einfachen Gangschaltmechanismus an, bei dem je eine getrennte Kupplung für die beiden Gänge vorhanden war. Die Wahl des Ganges erfolgte über ein Rad an der Lenksäule. Eine Drehung entgegen dem Uhrzeigersinn betätigte die Kupplung des niedrigen Ganges, mit dem der Wagen in Fahrt gesetzt wurde, während eine entgegengesetzte Drehung die Kupplung des niedrigen Ganges löste und den Kraftschluß über die Kupplung des Schnellganges in Aktion setzte.

1903 wanderte der Motor unter einer Haube an der Wagenfront, während man gleichzeitig die vis-à-vis-Anordnung aufgab. Das neue Modell erhielt den Namen »Populaire«, was sich – nomen est omen – als geradezu prophetisch erwies, da man sich mit 200 verkauften Exemplaren pro Monat sich offensichtlicher Popularität erfreute. Der Wagen war mit zwei Motorversionen erhältlich, ein 6 PS-Motor gehörte üblicherweise zu einer zweisitzigen Ausführung, während man die 8 PS-Version häufig mit einer offenen viersitzigen »tonneau«-Karosserie sah. Dabei war der 8 PS-Motor durchaus leistungsstark genug, um eine geschlossene Limousine, ein Landaulett oder einen kleinen Lieferwagen anzutreiben.

Der Einzylinder-De Dion Bouton wurde bis zum Jahr 1912 hergestellt, wobei die Gesamtproduktion sicherlich in der Größenordnung von 20000 Exemplaren liegt. Viele davon haben überlebt und allein im Veteran Car Club of Great Britain sind 132 Modelle registriert. Sie sind die populärsten Veteranen bei der jährlichen Schnauferl-Fahrt von London nach Brighton.

Neben der Herstellung ihrer eigenen Fahrzeuge verkaufte die Firma De Dion ihre Motoren an andere Automobilhersteller und wurde so weltweit bekannt. Ungefähr 100 Firmen in Frankreich, Deutschland, Italien, Großbritannien und in den Vereinigten Staaten brachten Fahrzeuge mit De Dion-Motoren auf den Markt. Auch wenn auf der einen Seite sicherlich einige wahre Klitschen darunter waren, gehörten zu dieser Gruppe auch berühmte Namen wie Delage, Renault, Peerless und Pierce-Arrow.

Die größeren Automobile orientierten sich zunehmend am Mercedes, dagegen fand man bei den kleineren Wagen am unteren Ende der Skala wesentlich weniger Uniformität. So setzte Louis Renault von Anfang an auf eine Königswelle und trotzdem überlebte das System der Kraftübertragung mit Riemen oder Ketten bei den leichteren Wagen eine erheblich längere Zeit. Besonders auffällig ist der Unterschied bei den leichten Wagen zwischen Amerika und Europa und jenseits des Atlantiks selbst herrschte eine noch größere Konstruktionsvielfalt. Peerless und Pierce-Arrow verwendeten einen De Dion-Motor, dessen einziger Zylinder einen Hubraum von 402 cm^3 besaß und eine Drehzahl von 1500 Upm erlaubte.

Für amerikanische Verhältnisse wesentlich typischer war der Oldsmobile »Curved Dash«. Dieser besaß einen deutlich größeren Zylinder mit einem Hubraum von 1565 cm^3, der mit einer Drehzahl von 500 Upm eher im Bereich des Benz lag. Die Kraftübertragung erfolgte über ein Zweigang-Planetengetriebe, eine einfache Kette in der Mitte der Hinterachse den besorgte Antrieb. Die Höchstgeschwindigkeit lag bei 20 Meilen pro Stunde (32 km). Zur Charakterisierung des langsam drehenden Motors hieß es damals oft, bei dieser Geschwindigkeit »rumple er gerade einmal zwischen zwei Telegrafenmasten«. Die ungewöhnliche Aufhängung bestand aus zwei Blattfedern, die über die ganze Länge des Rahmens liefen und ihn dadurch auch verstärkten. An ihren Enden bogen sich diese Federn nach unten und boten so den Achsen einen elastischen Halt.

Dieser Curved Dash Oldsmobile war das erste quasi in Serienfertigung und hoher Stückzahl gebaute Automobil der Welt. Trotz einer verheerenden Feuersbrunst zu Beginn des Jahres verließen 1901 400 Exemplare das Werk. Die Produktionsziffer von 1902 mit 2500 Stück lag doppelt so hoch wie die Gesamtzahl aller im Staate New York zugelassenen Wagen. Die ständige Steigerung der Produktion bewirkte, daß nach fünf Jahren fast 19000 Oldsmobile gebaut worden waren.

Im Werk von Oldsmobile praktizierte man noch nicht den Zusammenbau am Fließband, wie ihn Ford zehn Jahre später einführte, trotzdem unternahm man erste Schritte in Richtung Massenproduktion. Dazu schob man die Wagen von Montagestation zu Montagestation, wo jeweils verschiedene Baugruppen von der dazu benötigten Anzahl an Arbeitern eingebaut wurden. Dieses Verfahren stand im Gegensatz zur sonst üblichen Praxis, bei der der Wagen an einem festen Ort blieb und die Arbeiter die jeweiligen Bauteile nacheinander herantrugen.

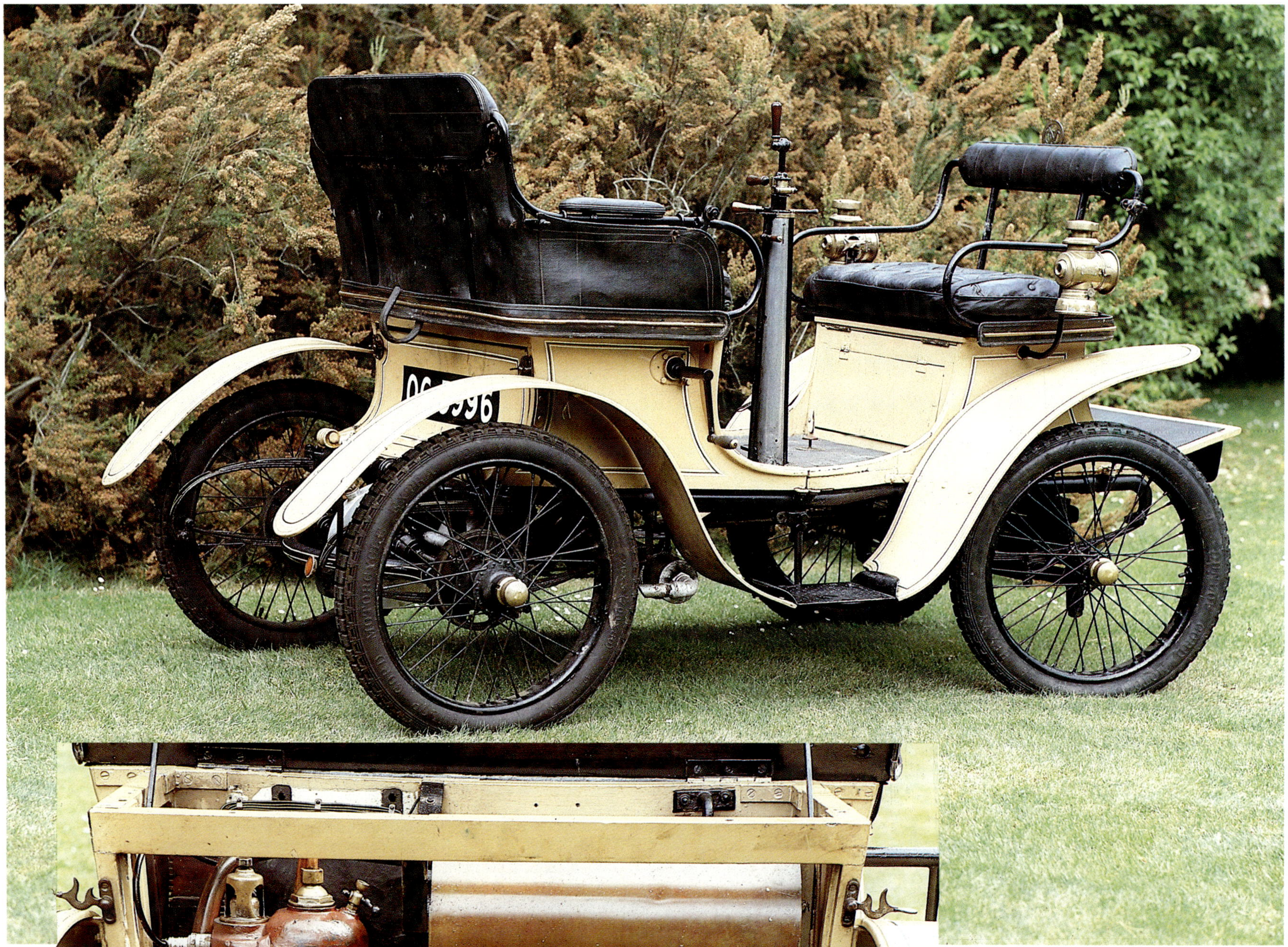

Der führende frühe Hersteller von leichten Wagen, sogenannten »voiturettes« (eine Bezeichnung, die von Léon Bollée für sein Dreirad-Modell von 1895 geprägt wurde, aber bald schon von Journalisten und anderen Herstellern benutzt wurde, wenn es um Kleinwagen im allgemeinen und ungeachtet der jeweiligen Marke ging) war zweifelsohne die Firma De Dion Bouton. Bei ihrem »vis-à-vis« von 1900 (oben) befand sich der 402 cm^3 3,5 PS-Motor unter dem Fahrersitz. An der Lenksäule erkennt man das Rad, mit dessen Hilfe der Gang gewechselt wurde. Bei der De Dion-Achse (*links*) sind die beiden Antriebswellen getrennt von der festmontierten Achse angeordnet. Im Jahr 1903 wurde der Motor nach vorne verlagert und die Wagen nahmen ein modernes Aussehen an. Der 6 PS-»Populaire« aus dem Jahr 1904 (*Seite 63*) wurde in England für 200 Pfund verkauft und erfreute sich einer großen Kundenzahl. Bei diesem Modell befindet sich hinter Fahrer und Beifahrer ein zusätzlicher »Spyder«-Sitz, ein Vorläufer des Dienersitzes.

BY-509

Viele andere amerikanische Automobilhersteller folgten der Konstruktion von Oldsmobile, auch wenn sie mit halbelliptischen Federn an Vorder- und Hinterachse eine konventionellere Aufhängung wählten. Zu den bekannteren Beispielen dieser ähnlichen Konstruktionen gehörten der Cadillac Modell A und der »Rambler«. Der Ford, Modell A, besaß seinerseits eine größere äußere Ähnlichkeit mit dem Cadillac, barg in seinem Innern jedoch einen Zweizylindermotor. Zu den weiteren Variationen desselben Themas gehörten der »Knox« mit seinem luftgekühlten Motor, der Zweitakt-»Elmore« und der »Union«, bei dem eine Reibungs-Kraftübertragung das übliche epizyklische System ersetzte.

Diese Reibungs-Kraftübertragung arbeitete mit zwei Scheiben, die im rechten Winkel zueinander rotierten. Über eine Welle ließ sich die angetriebene Scheibe quer über die Oberfläche der Antriebsscheibe bewegen. So ergab sich ein niedriger Gang, wenn die angetriebene Scheibe in der Nähe des Mittelpunktes der Antriebsscheibe rotierte, je mehr die Abtriebsscheibe zum Rand der Antriebsscheibe bewegt wurde, desto höher wurde der Gang. Bewegte man die Abtriebsscheibe auf die andere Seite des Mittelpunkts, so ergaben sich automatisch stufenlose Rückwärtsgänge.

Dieses System bot eine einfache Lösung für das Problem, das Verhältnis von Antriebs- zu Abtriebsdrehzahl zu ändern, also den »Gang« zu wechseln, was ja vielen Automobilisten erhebliche Kopfschmerzen verursachte. Allerdings ließ sich bei diesem System nur relativ wenig Leistung übertragen. Die Reibscheiben verlangten mit ihrem Kork- oder ihrem Naturfaserbelag ein häufiges Auswechseln, da sehr schnell abgewetzte Stellen entstanden. Trotzdem verwendete man bei leichten Wagen und Cyclecars bis 1914 ziemlich häufig eine Reibungs-Kraftübertragung, am britischen »G. W. K.« überlebte sie sogar bis 1931.

Die amerikanischen Leichtbau-Wagen oder »Runabouts«, wie man sie üblicherweise nannte, erschienen möglicherweise im Lichte europäischer Maßstäbe als ziemlich primitiv. Und doch waren sie für die außerhalb der großen Städte herrschenden »Niemandsland«-Bedingungen recht gut geeignet. Sie ließen sich leicht unterhalten und auch Leute, deren bisherige Erfahrung sich auf leichte

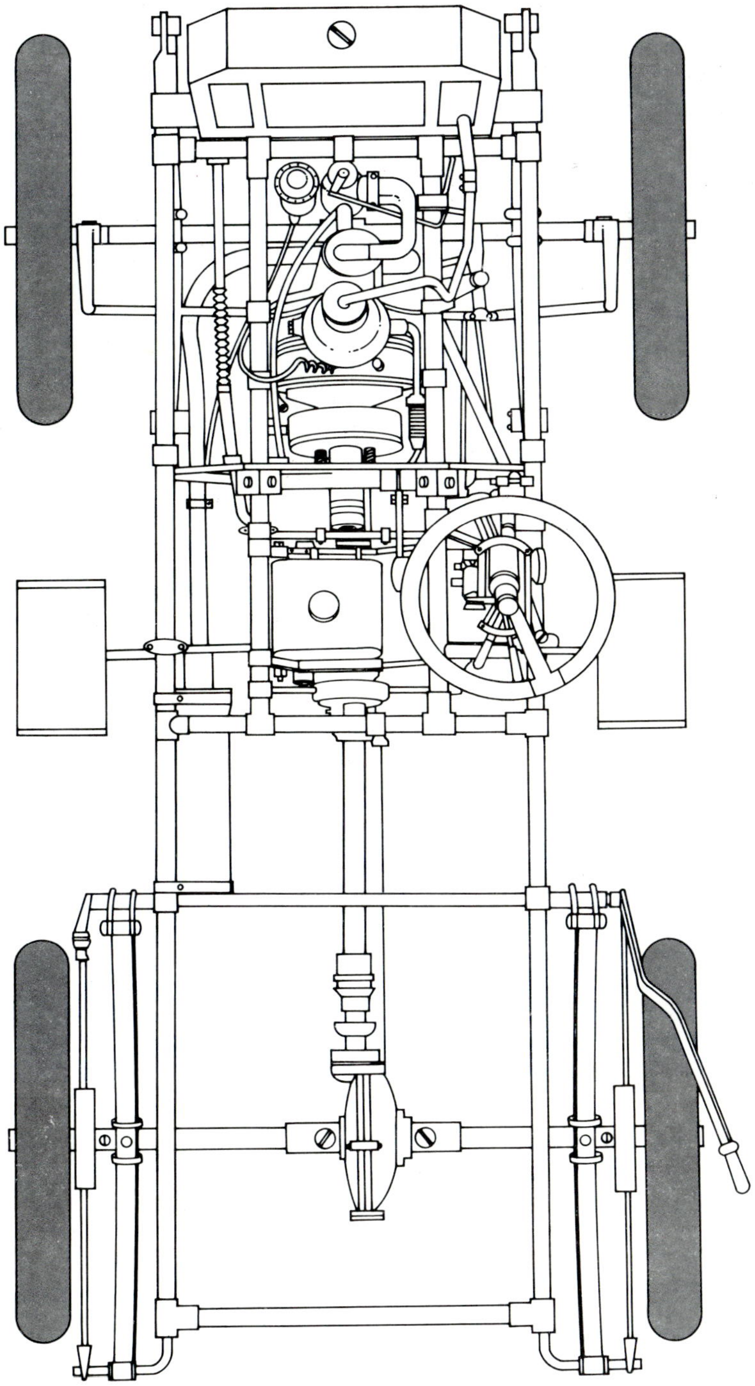

Unter den vielen leichten Wagen, die sich in den ersten Jahren dieses Jahrhunderts um Käufer auf dem britischen Markt bewarben, war auch der Humberette, von dem wir hier ein Modell aus dem Jahr 1903 sehen (*Seite 64*). Bei diesem 5 PS-Modell handelte es sich um den ersten erfolgreichen Wagen eines bekannten Fahrradherstellers. Mit einem wassergekühlten Einzylindermotor, der im Vorderteil des Rohrrahmens eingebaut war (*Seite 65 links*) folgte er dem Vorbild des De Dion Bouton. Der Wagen verfügte über Wellenantrieb auf die Hinterräder und kostete 125 Pfund. Ebenfalls zu dieser Klasse von leichten Wagen gehört der Zweizylinder Alldays & Onions (*Seite 65 oben*), der von einem Ingenieurbetrieb in Birmingham gebaut wurde, dessen Firmengeschichte bis ins Jahr 1650 zurückreicht. Für ganze 175 Pfund bekam der Käufer einen viersitzigen Wagen, obwohl die Tonneau-Karosserie mit ihrem rückwärtigen Einstieg doch ziemlich beengt ausfiel.

Pferdekutschen beschränkte, konnten sie gut fahren.

Ungefähr ab 1906 verlangte die Mode von einem akzeptablen Automobil eine Motorhaube, selbst wenn der Motor in Wirklichkeit noch unter dem Sitz lag. So sprossen an Marken wie Oldsmobile, Cadillac und Rambler Fronthauben hervor und erst viel später setzte sich der Motor nach vorne in Bewegung, um die Hauben zu füllen.

Für diejenigen, die dem alten Typ der kleinen »Runabouts« nachtrauerten und denen an Aussehen und Mode nicht besonders gelegen war, entstand in Amerika eine neue Klasse von Automobilen: Hochrädrige Motor-Wagen (»buggies«), die ihrer pferdegezogenen Verwandtschaft weit mehr glichen als jede andere Version des Automobils. Diese Buggies erlebten zwischen 1907 und 1912 ihre populärste Zeit, obwohl sie für Uneingeweihte aussahen, als wären sie mit ihren Vollgummireifen, ihrem horizontal unter dem Sitz liegenden Motor und ihrer pferdekutschenähnlichen Karosserie weit vor der Jahrhundertwende gebaut.

Mehr als 75 Automobilmarken stellten solche hochrädrigen Konstruktionen her. Zu den bekanntesten Vertretern dieser Gattung gehörte der »Holsman« mit seinem Seilantrieb, der »I. H. C.«, den die berühmte Landmaschinenfabrik International Harvester in Chicago herstellte und der »Sears«. Dieser letztere war im Versandhandel über die führende Firma auf diesem Gebiet, Sears Roebuck in Chicago erhältlich. Dieser Sears ist typisch für diese Art von Fahrzeugen: 10/12 PS starker Motor mit zwei gegenüberliegenden Zylindern, Reibscheiben-Kraftübertragung und zwei Antriebsketten. Die Spitzengeschwindigkeit lag bei 40 km/h (25 Meilen pro Stunde), was die Hersteller veranlaßte, ihr Produkt mit dem Slogan anzupreisen »der Sears leistet alles, was ein 5000 Dollar-Wagen leistet mit der Ausnahme, daß seine Höchstgeschwindigkeit auf 25 mph beschränkt ist«. Dabei lag sein Preis bei weitem nicht so hoch, sondern blieb mit seiner Spanne von 325 Dollar für den einfachen Zweisitzer-Buggy bis 485 Dollar für ein »schnuckeliges Coupé« in einem moderaten Rahmen.

Sears verkaufte zwischen 1908 und 1912 ungefähr 3500 dieser Hochrad-Buggies. Danach brach die Nachfrage praktisch ab. Den Todesstoß für den Sears

Zwei Vertreter aus der großen Familie der amerikanischen »Runabouts«: Der Curved Dash Oldsmobile (*Seite 66*) aus dem Jahr 1903 war gut verarbeitet, leicht zu bedienen und bot für seinen Preis von 600 Dollar einen ausgezeichneten Gegenwert. Der große Einzylindermotor drehte bei nur 500 Upm und ermöglichte damit eine Spitzengeschwindigkeit von 32 km/h. Der 9 PS-Model B Cadillac, den wir hier aus dem Jahr 1905 sehen (*Seite 67*), glich in vielerlei Hinsicht dem Oldsmobile, obwohl die im Vorjahr eingeführte Motorhaube – eine Attrappe übrigens – dem Wagen ein moderneres Aussehen verlieh. Diese beiden Kleinwagen-Vertreter besaßen jeweils einen liegenden Einzylindermotor, der in der Rahmenmitte saß und ein zweistufiges Planetengetriebe, die Kraftübertragung zur Hinterachse erfolgte über eine einzelne Kette. Der hintere Karosserieaufbau beim Cadillac war abnehmbar und kostete zusätzliche 100 Dollar.

Cadillac

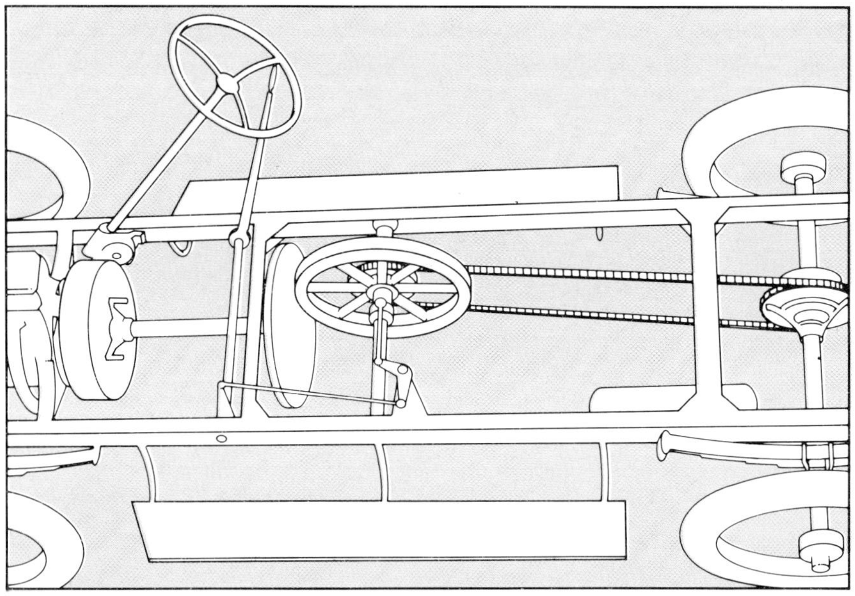

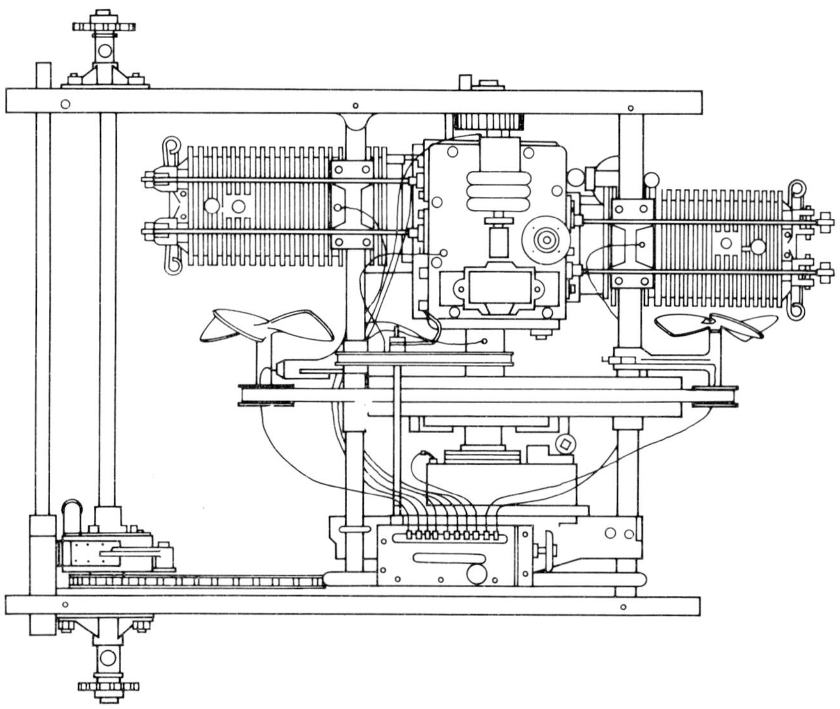

Seite 68 oben: Eine Kraftübertragung mit Reibscheiben und Reibrädern bot eine einfache Lösung für das Problem, das Übersetzungsverhältnis von Motordrehzahl zu Achsdrehzahl zu ändern. Diese Methode funktionierte hervorragend, solange die zu übertragende Kraft nicht zu groß wurde, sie besaß allerdings den Nachteil, daß man die Reibscheiben häufig auswechseln mußte. Die Firma G. W. K. aus Datchet (später aus Maidenhead) blieb dem System der Reibscheibenkraftübertragung am längsten treu. In Amerika verwendeten Union, Lambert, Metz und der Carter Car ebenfalls diese Methode, die Abbildung zeigt das Beispiel des Carter Car von 1910.
Die Holsman Automobile Co., die ihren Hauptsitz in Chicago hatte, gilt als Pionier bei der Herstellung hochrädriger Automobile. Ihr Erfolg in den Jahren 1902 bis 1906 veranlaßte zahlreiche andere Firmen, ebenfalls in dieses Feld einzusteigen. Die meisten der anderen wichtigen Hersteller hochrädriger Fahrzeuge saßen ebenfalls in Chicago, einige wenige jedoch auch in St. Louis, deren Creationen dann auch unausweichlich als Autos »im Stil des Mittleren Westens« bezeichnet wurden. An der Ostküste sah man nur sehr wenige dieser hochrädrigen Automobile und auch nach Europa wurde nur eine winzige Zahl exportiert. Immerhin aber fanden einige ihren Weg nach Indien und Australien. Das Farbfoto auf Seite 60 zeigt einen Kiblinger aus dem Jahre 1908, während man auf der Zeichnung oben das Triebwerk des I. H. C. von 1911 erkennt. Dieser Wagen mit seinem horizontal montierten Zweizylinder-Boxermotor, seinem Planetengetriebe und seiner aus einer einzigen Kette bestehenden Kraftübertragung war als »Buggy« mit zwei Sitzreihen für mitfahrende Personen oder als kleiner Lieferwagen erhältlich. Der Holsman besaß eine ungewöhnliche Kraftübertragung eigener Konstruktion: den Vorwärtsantrieb übernahmen Seile von der Gegenwelle auf große Rollen, die mit den Hinterrädern fest verbolzt waren. Der Rückwärtsgang ergab sich dadurch, daß die Gegenwelle soweit rückwärts bewegt wurde, bis an ihren Enden montierte Räder direkt auf die Hinterräder wirkten. In späteren Modellen ersetzte man das Hanfseil durch ein Drahtseil und versah die Gegenwellenräder mit tieferen Kanälen, sodaß sie auf die Felgen und nicht mehr auf die Reifen der Hinterräder einwirkten.

versetzte ohne Zweifel das Ford Modell T (siehe Kapitel 7), das mit den armseligen Straßenverhältnissen genauso gut fertig wurde, aber größere Geschwindigkeit und eine bessere Ausstattung bot und dabei trotzdem nicht mehr kostete. Auch wenn in England Oldsmobile, Ford und Cadillac erhältlich waren, solche hochrädrigen Konstruktionen wurden dorthin nicht verkauft. Einige Exemplare jedoch fanden ihren Weg nach Schweden und einige wurden sogar nach Südafrika und Indien exportiert.

Zweizylinder-Kleinwagen

Die Firma De Dion baute 1903 ihren ersten Zweizylindermotor und bald schon verdrängte das De Dion-Beispiel bei den meisten Kleinwagen den Einzylindermotor. Einer der bekanntesten Zweizylinder war der Renault, der zwischen 1905 und 1914 unter verschiedenen Bezeichnungen hergestellt wurde. Unter diesen erreichte der »AX« (1908–1912) die höchste Stückzahl. Seine beiden Zylinder waren in einem einzigen Block gegossen. Der Motor saß senkrecht unter der gewohnten »Kohlekasten«-Haube, der Wärmetauscher stand hinter dem Motor. In seinen übrigen Merkmalen wich dieser von der konventionellen Bauweise nicht ab: Seitliche Ventile, die in einen L-förmigen Brennraum führten, Hochspannungs-Magnetzündung, Kraftübertragung über eine Welle und halbelliptische Federn an allen Rädern.

Seine Zuverlässigkeit und die vergleichsweise hohe Laufruhe des Motors machten den Renault ziemlich populär. Damit trug dieser Wagen unter allen Renault-Modellen am meisten dazu bei, daß die Firma bis zum Jahr 1914 zum führenden Automobilhersteller in Frankreich aufgestiegen war. Obwohl zunächst als Zweisitzer konzipiert, mußten der AX und seine Nachfolger häufig vier Mitfahrer transportieren. Der Motor diente auch als Triebwerk in der berühmten Renault Taxi-Droschke. Schon im Jahre 1909 war dies die bekannteste Taxi-Marke in Paris und London. Das Renault-Taxi erwarb sich unsterblichen Ruhm, als General Galiêni in den Straßen von Paris 600 dieser Fahrzeuge requirierte, um seine Truppen zur Schlacht an der Marne vom September 1914 zu transportieren.

Andere Automobilhersteller folgten dem Beispiel von Renault und bald schon tummelten sich eine Reihe zuverlässiger Zweizylinder-Kleinwagen auf dem Markt, zu denen z. B. die Firmen Darracq, De Dion Bouton und Peugeot aus Frankreich, Alldays, Humber und Swift aus Großbritannien sowie Adler und Opel aus Deutschland bekannte Vertreter beisteuerten. Eine kurzlebige Mode brachte zwischen 1904 und 1907 einige Dreizylinder-Reihenmotoren hervor und so bekannte Firmen wie Rolls-Royce, Panhard und Vauxhall folgten diesem Trend.

Im großen und ganzen aber favorisierten die Hersteller von leichten Automobilen bis ungefähr 1910 den Einbau von Zweizylinder-Reihenmotoren, dann traten jedoch in der Kleinwagen-Kategorie mit 10–14 PS zunehmend Vierzylindermotoren auf, deren Motorblock häufig in einem Stück gegossen war. Die deutsche Firma Stoewer gehörte zu den ersten in der Welt, die einen solchen Vierzylinder-Monoblock-Motor herstellten, als man das Jahr 1907 schrieb. Bald schon eiferten ihr ihre heimischen Konkurrenten Adler, NSU und Opel nach.

Die Firma Bugatti, die als Folge der Besetzung des Elsaß durch das Deutsche Kaiserreich bis 1918 »deutsch« war, baute mit dem Typ 13 einen wunderschönen kleinen Wagen, der einen Vierzylindermotor mit 1327 cm³ Hubraum und eine obenliegende Nockenwelle besaß und ab 1910 geliefert wurde. Mit 855 cm³ fiel der von Bugatti entworfene »Bébé Peugeot« noch kleiner aus. Der schweizer »Martini« besaß hängende Einlaßventile und seitlich angeordnete Auslaßventile, wogegen der in Deutschland hergestellte Wanderer nur über hängende Ventile verfügte. Die meisten der leichten Vierzylinder vertrauten jedoch auf seitlich in einen L-förmigen Brennraum hineinragende Ventile.

Auf diesem Gebiet leisteten deutsche Hersteller bahnbrechende Arbeit, aber auch Fiat brachte schon 1912 den 1,8 Liter »Tipo Zero« heraus, der den erfolgreichen Eintritt der Firma in die Gilde der Hersteller von Kleinwagen darstellte. In Großbritannien wandte sich William Morris von der Herstellung von Fahrrädern ab und stieg 1913 mit dem »Oxford« in die Produktion von Automobilen ein. Dieser Oxford, ein leichter Zweisitzer, besaß einen Motor von White & Poppe mit 1018 cm³ Hubraum und seitlich angeordneten Ventilen. Wie seine Konkurrenten, zu denen »A. C.«, »Calthorpe«, »Singer« und »Standard« gehörten, gehörte auch der Oxford zu den einigermaßen komfortabel ausgestatteten und technisch hinreichend ausgereiften Kleinwagen mit einer Spitzengeschwindigkeit von rund 70 km/h, deren Preis im Bereich zwischen 150 £ und 200 £ lag.

RIDGEWAY
J 1907

Zu den populären leichten Wagen mit Zweizylindermotor zählten in der Zeit König Edwards der De Dion Bouton Typ AV von 1907 (*Seite 70*) und der Renault AX (*Seite 71 links*) von 1911. Beide Wagen wurden in ziemlich großen Stückzahlen hergestellt und wurden außer im privaten Bereich auch gerne als Taxi eingesetzt. Der 10 PS-Renault kostete 380 oder 410 Pfund, je nach Chassisgröße. Im Gegensatz dazu verkaufte sich der herrlich gearbeitete 10 PS Rolls-Royce von Henry Royce aus dem Jahr 1904 (*Seite 71 oben*) nur 16 Mal, bevor seine Konstrukteure entschieden, sich größeren Automobilen zuzuwenden. Das Chassis war im übrigen mit seinen rund 200 kg nicht sonderlich teuer.

Der leichte Vierzylinder-Wagen fiel in Amerika bedeutend größer aus als in Europa, wo 1,5 Liter als Obergrenze für die Klassifizierung als leichter Wagen galten. Der Buick Model 10 von 1910 (*Seite 72 oben*) besaß einen 2,7 Liter-Motor und hängende Ventile wie die meisten Buick seit ihrem Erscheinen im Jahr 1903 bis zum heutigen Tag. Dieser »Model 10«, einer der erfolgreichsten frühen Buick, gilt als der Wagen, der Buick bekannt machte. Mit seinem Zweigang-Planetengetriebe kostete er je nach Karosserie zwischen 1050 Dollar und 1150 Dollar. Der Regal (*Seite 73*) aus dem Jahr 1911 war mit einem 3,2 Liter-Motor und mit einem konventionellen Dreiganggetriebe bestückt. Sein ungewöhnliches Chassis war umgekehrt herum montiert, sodaß die Rahmenteile unter den Achsen hindurch verliefen.

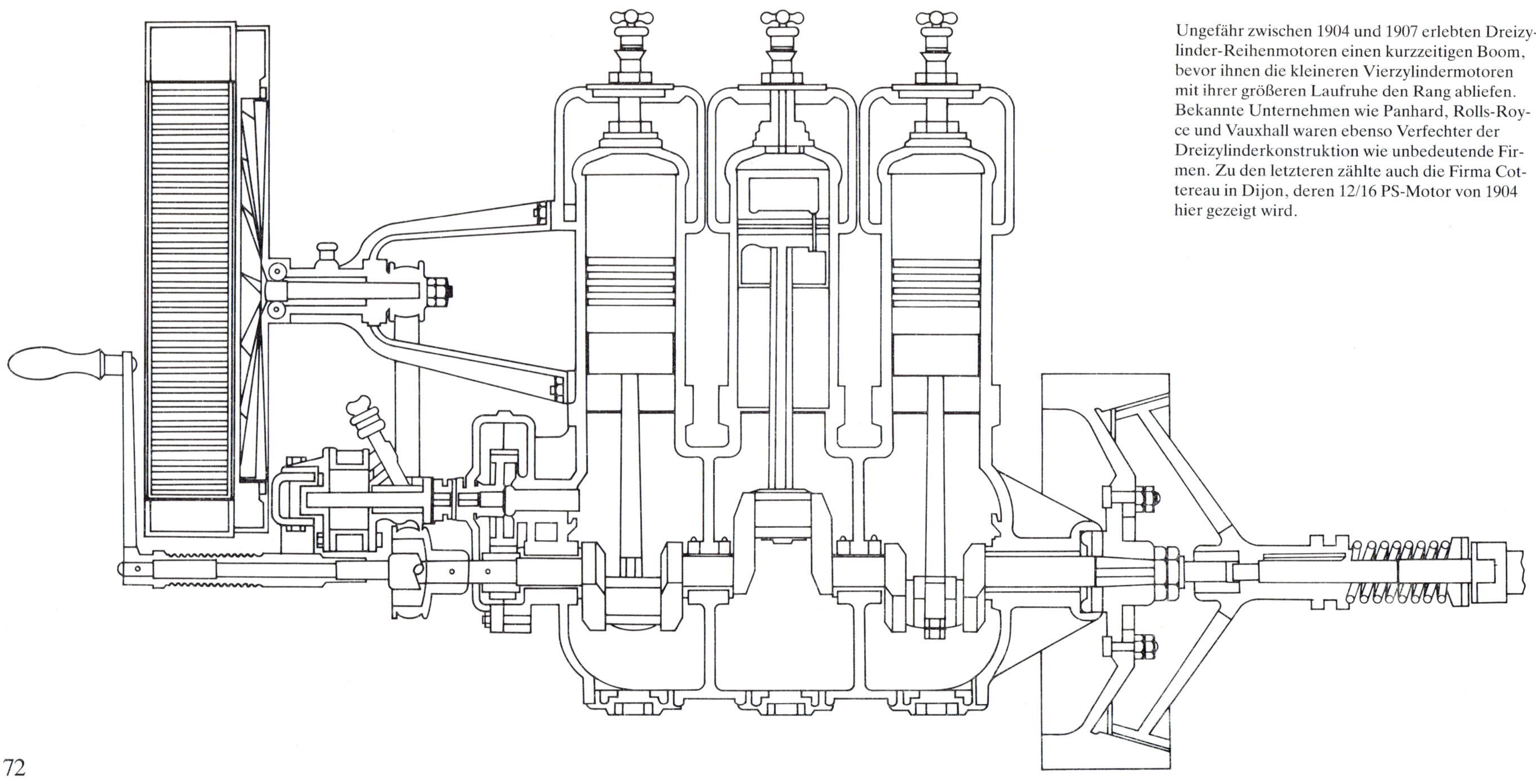

Ungefähr zwischen 1904 und 1907 erlebten Dreizylinder-Reihenmotoren einen kurzzeitigen Boom, bevor ihnen die kleineren Vierzylindermotoren mit ihrer größeren Laufruhe den Rang abliefen. Bekannte Unternehmen wie Panhard, Rolls-Royce und Vauxhall waren ebenso Verfechter der Dreizylinderkonstruktion wie unbedeutende Firmen. Zu den letzteren zählte auch die Firma Cottereau in Dijon, deren 12/16 PS-Motor von 1904 hier gezeigt wird.

REGAL

Ein typischer Vertreter britischer Kleinwagen aus der unmittelbaren Vorkriegszeit war der Morris Oxford aus dem Jahr 1914 (*Seite 74*). Er wurde aus Zulieferelementen zusammengebaut und so stammten beispielsweise sein Motor von White & Poppe, die Achsen und die Lenkung von E. G. Wrighley, die Räder von Sankey, die Lampen von Powell & Hanmer und die verschiedenen Karosserieversionen von Raworth. Der Zweisitzer bot für 175 Pfund einen guten Gegenwert. In seinem ersten Produktionsjahr verkaufte Morris 393 Exemplare und steigerte sich auf 909 Exemplare im Jahr 1914 als auch noch weitere, teurere Karosserien zur Wahl standen.
Die meisten Humber-Teile entstanden im Werk selbst, das zu den besteingeführten Großbritanniens gehörte und auch zu den zwölf größten Automobilherstellern Europas zählte. Der 1593 cm^3 Humber Ten aus dem Jahr 1914 (*Seite 75*) war das kleinste Vierzylinder-Modell und kostete als viersitziger Tourenwagen 250 £.

Das »Cyclecar«

Für diejenigen, die sich keinen leichten Wagen, wie Kleinwagen damit oft auch bezeichnet wurden, leisten konnten, gab es noch die Klasse der »Cyclecars«, eine Rasse von Fahrzeugen, die im wahrsten Sinne des Wortes einer Kreuzung von Fahrrad und Auto entsprach. Zu ihren Ahnen gehörten die Dreiradkonstruktionen und die vierrädrigen Fahrräder, die man um die Jahrhundertwende herstellte. Die ersten Dreiradkonstruktionen dieser Art, die »Tricars« erschienen 1902 und hatten zwei Räder an der Vorderachse. Der Mitfahrer saß zwischen den Vorderrädern in einem Sitz aus Weidengeflecht. Von der Lenkstange an nach hinten waren diese Tricars jedoch identisch mit Motorrädern: ein richtiger Sattel für den Fahrer, der Benzintank unter dem Rahmenträger und ein ziemlich großer Motor, gewöhnlich ein Zweizylinder-V-Motor, der das Hinterrad über einen Riemen oder eine Kette antrieb. Diese Tricars wurden in England von den Firmen Century, Humber und besonders von Phoenix bekannt gemacht. Unter den vielen anderen Firmen, die solche Tricars herstellten, wurden später zwei sogar berühmt für ihre »echten« Automobile, Lagonda und Riley.

Obwohl die frühen Tricars fast ausschließlich Motorradbauteile verwendeten, ergab sich bald zunehmend die Notwendigkeit für einen stabileren Rahmen, eine Kupplung und ein zweistufiges epizyklisches Getriebe. So machten die Tricars allmählich eine Metamorphose in Richtung Auto durch, ein richtiger Sitz ersetzte den Sattel und die Lenkstange verschwand zugunsten eines Lenkrads. Schon 1905 schmückten sich die Tricars der Firma Riley in ihrer 6 PS- und in ihrer 9 PS-Version mit diesen Automobilkomponenten, ja sie benutzten sogar einen wassergekühlten V2-Motor mit ausgewachsenem Kühler. So ergab sich das Dilemma, daß diese autoähnlichen Gebilde dadurch genauso schwer und teuer wurden wie ein zweisitziger Kleinwagen. Dieser aber fand beim Publikum mit seiner Seite-an-Seite-Sitzordnung wesentlich mehr Anklang.

Man kann auch heute noch nachempfinden, daß der vorne sitzende Mitfahrer in einem Tricar (meistens die Ehefrau oder die Freundin des Fahrers) sicherlich nie ganz glücklich war, wenn man bedenkt, daß man dort nicht nur Wind und Staub ausgesetzt war, sondern direkt in der »Schußlinie« saß, falls der Fahrer durch mangelndes Geschick einen Unfall heraufbeschwor. Nach dem Jahr 1907 – der letzten Saison für Tricars – produzierten ihre Hersteller entweder richtige Automobile, wie etwa Riley und Phoenix, oder gaben den Bereich der Fahrzeugherstellung gänzlich auf. Von nun an mußten sich diejenigen, die sich keinen Wagen leisten konnten, mit einem Motorrad mit Beiwagen zufriedengeben.

Der Reiz ultraleichter Fahrzeuge hielt jedoch an und im Jahre 1910 erschien das erste Beispiel einer neuen Rasse, die man »Cyclecars« nannte. Für diese verwendete man weitgehend Baugruppen von Motorrädern wie Motoren, Getriebe und Riemen- oder Kettenantrieb, die man mit einfachen Holzrahmen, Karosserien aus Holzfaserplatten und einer Seilzuglenkung kombinierte.

Die ersten Exemplare dieser Rasse, die innerhalb weniger Monate auf den Markt kamen, waren der britische G. N. – genannt nach seinen Herstellern H. R. Godfrey und Archie Frazer-Nash – und der französische Bédélia, gebaut von Henri Bourbeau und Robert Devaux. Dieses Quartett war extrem jung, Godfrey brachte es auf 23 und Frazer-Nash auf 21 Jahre, während die beiden Franzosen gerade ihren 18. Geburtstag gefeiert hatten. Die ganze Cyclecar-Bewegung schwebte auf einer Wolke aus naiver Begeisterung und jugendlichem Optimismus. In diesem Zusammenhang muß man auf die bedeutsame Tatsache hinweisen, daß kaum einer der größeren Hersteller »echter« Automobile oder Motorräder sich der Konstruktion eines Cyclecars zuwandte.

In seiner ursprünglichen Form besaß der G. N. einen luftgekühlten V2-Motor von J. A. P., während die Produktionsmodelle einen V2-Motor auf Peugeot-Basis verwendeten, bei dem Godfrey und Nash eigene Zylinderköpfe einbauten. Hierin waren die Einlaßventile über den Auslaßventilen angeordnet. Die Kraftübertragung erfolgte über Riemen, der Rahmen des Wagens bestand aus Eschenholz, Godfrey und Frazer-Nash nahmen die Produktion ihrer Cyclecars mit einer wöchentlichen Stückzahl von zwei Exemplaren im Jahre 1911 auf und konnten bis zum Jahre 1916 ihre Verkaufszahlen auf gleichbleibender Höhe halten. Dann erzwang der Krieg die Einstellung der Produktion. 1919 stiegen sie jedoch mit einem neuen Modell, das über einen Rahmen aus Stahl und Kettenantrieb verfügte, und höheren Produktionszahlen wieder in die Automobilherstellung ein.

Auch der Bédélia wurde von einem Holzrahmen getragen und von einem V2-Motor angetrieben. Seine schmale Karosserie bot zwei Personen in Tandem-

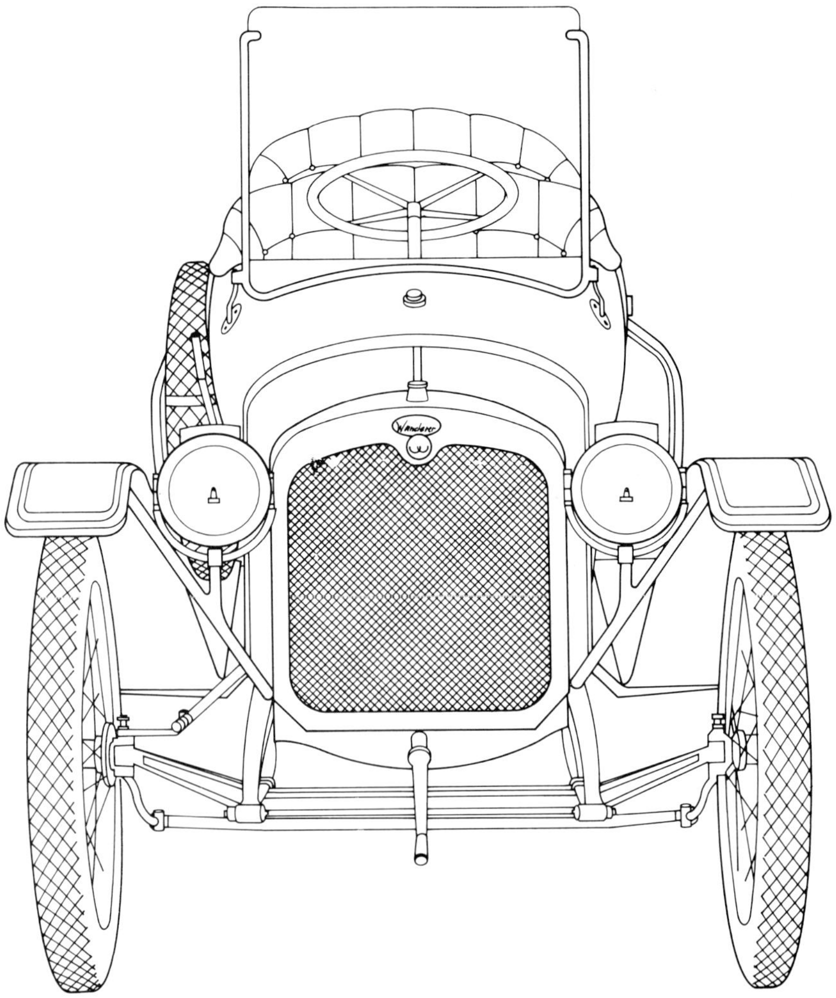

(*Seite 76, links*) Der Wanderer »Puppchen«, der zwischen 1912 – aus diesem Jahr stammt unsere Abbildung – und 1914 in Schonau/Sachsen gebaut wurde, war eine Kreuzung zwischen einem leichten Wagen und einem Cyclecar. Elemente eines leichten Wagens waren der Vierzylindermotor, das konventionelle Dreiganggetriebe, der Wellenantrieb und die angetriebene Hinterachse, während die Tandem-Sitzanordnung stark an ein Cyclecar erinnerte. Das Auto verkaufte sich gut und seine Abkömmlinge – inzwischen allerdings mit nebeneinander angeordneten Sitzen – wurden noch bis 1922 gebaut.

Die Blütezeit des dreirädrigen Wagens lag zwischen 1902 und 1907 und der 9 PS Doppel-V-Riley aus dem Jahr 1904 (*auf Seite 76 unten abgebildet*) zeigt diese Art eines Fortbewegungsmittels im Übergangsstadium. Der Sattel ist durch einen Sitz abgelöst worden, die Lenkstangen durch das Lenkrad, während ein vom gewöhnlichen Automobil übernommener Kühler gleich hinter dem Sitz des Mitfahrers zu sehen ist. Solche Vehikel waren für 136 Pfund zu haben und kosteten damit weniger als praktisch jeder vierrädrige Wagen. Die Kauflust wurde trotzdem erheblich gehemmt durch das Fehlen von jeglichem Wetterschutz und durch das kommunikationsfeindliche Sitzarrangement.

(*Seite 77, oben*) Dem internationalen Verkauf von Cyclecars stand auch der Atlantik nicht im Wege. Der G. N. von 1914 war der erfolgreichste britische Wagen dieses Typs. Er bot ein sportliches Fahrverhalten, war sparsam und einigermaßen zuverlässig. Der McIntyre Imp (*Seite 77, unten links*) wurde von einem Hochrad-Hersteller in Auburn, Indiana gefertigt. Er besaß einen kraftvollen Zwillingsmotor in V-Form, ein Reibungsgetriebe und eine Art Treibriemen, der über die halbe Länge des Wagens verlief. Der A. V. Monocar von 1919 (*Seite 77, unten rechts*) dürfte die denkbar einfachste Konstruktion eines Motorfahrzeugs gewesen sein. Abgeleitet von einem Vorkriegsentwurf, der von John Carden stammte, besaß er einen im Heck eingebauten J. A. P.-Zwillingsmotor in V-Form und eine hauchdünne Karosserie aus Sperrholz, Mahagoni oder gepreßtem Papier.

GN 1867

UB 5357

Anordnung Platz. Der Fahrer saß hinten und lenkte das Fahrzeug mit Hilfe eines komplizierten Systems aus Drähten um Umlenkrollen, mit dem die mit einem mittigen Drehzapfen ausgestattete Vorderachse bewegt wurde. Der Beifahrer durfte sich nicht einfach zurücklehnen und den Ausblick auf die Gegend genießen. Ihm oblag die Aufgabe, Die Spannung der Transmissionsriemen mit einem Hebel zu regulieren und – bei den früheren Modellen – die Antriebsriemen von der Rolle für die Geschwindigkeit auf die für die hohe Geschwindigkeit hinüberzuschieben.

W. G. McMinnies, der Herausgeber der britischen Zeitschrift »Motor Cycling« bekam 1910 in Paris einen der frühen Bédélia zu Gesicht und war von diesem so beeindruckt, daß er Arthur Armstrong, Direktor bei Temple Press, überzeugte, daß die Welt unbedingt eine Zeitschrift benötigte, die sich ausschließlich mit diesem neuen Fahrzeugtyp auseinandersetzen sollte. Unter dem Namen »The Cyclecar« erschien eine solche Zeitschrift im November 1912 und schon das erste Heft (148 Seiten, Preis 1 Penny) brachte es auf 100000 verkaufte Exemplare. In ihm wurden 35 Modelle beschrieben und das Spektrum reichte vom »Rollo Monocar«, den man schon für 73,5 Pfund erhielt, bis zum »Singer Ten« für 185 Pfund, der eher ein echter Leichtbau-Wagen als ein Cyclecar war. Die Definition des Begriffs »Cyclecar« war nie besonders präzise. Unter einem Cyclecar verstand man normalerweise jedes Auto mit weniger als vier Zylindern und mit einem beliebigen Kraftübertragungssystem mit Ausnahme des normalen Gleitzapfengetriebes kombiniert mit einer Kardanwelle. So fielen auch dreirädrige Fahrzeuge darunter, zu denen die ersten Morgan gehörten, eine Marke, die sich bis in die Mitte der dreißiger Jahre auf Dreiradkonstruktionen spezialisierte.

Aus heutiger Sicht nicht überraschend aber doch bemerkenswert ist die Vielfalt an Konstruktionen und Konstruktionsideen im Bereich der Cyclecars. Nicht überraschend deswegen, da es auf diesem Gebiet weder allgemein akzeptierte Vorbilder gab noch das Ziel langfristiger Produktionsreihen angestrebt wurde. Die Vielfalt der Cyclecar-Angebotspalette umfaßte zum Beispiel im Jahr 1913 stolze 107 verschiedene Modelle auf dem britischen Markt. Darunter befanden sich fünf »Monocars«, einsitzige Fahrzeuge, 32 Zweisitzer mit Kettenantrieb, 30 Zweisitzer mit Riemenantrieb und 40 Zweisitzer mit Kardanwelle. Unter diesen letzteren gab es jedoch einige, die man eher in die Kategorie der leichten Wagen einreihen mußte, wie zum Beispiel den Calthorpe Minor und den Morris Oxford. Fast alle Cyclecar-Hersteller griffen auf Motoren fremder Fabrikation zurück, wie z. B. von der Firma J. A. P., von der Firma Precision und der Firma Fafnir. Bei diesen Motoren handelt es sich fast immer um Einzylinder-Konstruktionen, stehende Zweizylinder-Motoren oder auch um V2-Zylinder Motoren. In den Jahren unmittelbar nach dem Ersten Weltkrieg bauten einige Hersteller auch Zweizylinder-Boxermotoren in ihre Cyclecars ein und vertrauten dabei hauptsächlich auf Firmen wie Douglas und BMW.

Einige Cyclecars waren als Bausatz erhältlich, ja, die damalige Situation besaß eine starke Ähnlichkeit mit der heutigen Welt der »Kit Cars«. In großer Zahl entstanden ständig neue Firmen, von denen einige schon nach zwölf Monaten oder weniger von der Bildfläche verschwanden. Andere versuchten sich durch Fusionen am Leben zu halten oder änderten ihre Firmenbezeichnung mit verwirrender Häufigkeit. Es war eine hektische Welt, in der man nur mit geringem Eigenkapital operierte. So gelang es auch nur wenigen Unternehmern, aus ihren Aktivitäten nennenswerte Gewinne zu erzielen und doch blieb ihr Optimismus ungebrochen. Das »Cyclecar-Fieber« kannte keine Grenzen. Auch in Frankreich fand der Bédélia viele Nachahmer.

In Spanien, wo es nur eine kleine eigenständige Automobilindustrie gab, entstand die Cyclecar-Bewegung aus einer Art »Seifenkisten«-Rennsport. Zu dieser Rennerei verwendete man ursprünglich Fahrzeuge ohne Motoren, die eine starke Ähnlichkeit mit Rodelschlitten besaßen und mit denen man die steilen Straßen von Barcelona hinunterjagte. Dieses Vergnügen wurde als »reizvoller Freizeitsport voll von Emotionen« beschrieben, den »man ohne großen Aufwand betreiben konnte«.

Es bedeutete jedoch ein wesentlich geringeres Vergnügen, die motorlosen Straßenflitzer wieder den Berg hinaufzuziehen. Bald schon bauten die Konkurrenten daher kleine Motorradmotoren als Aufstiegshilfe ein. Jetzt war es nur noch ein kleiner Schritt, bis auch aus der Bergauffahrt eine Rennsportkonkurrenz wurde, jetzt aber mit Motorantrieb. Es dauerte nicht lange und man konnte diese Konstruktionen käuflich erwerben. Firmen wie David, Ideal und Diaz y Grillo wurden zu bekannten Herstellern solcher kleiner Rennfahrzeuge und konnten sich in den Jahren 1914 bis 1922 viele Sporterfolge an ihre Fahnen heften. Danach aber starb auch in Spanien wie in den meisten anderen Ländern die Cyclecar-Bewegung relativ schnell aus.

Cyclecars in Amerika

Man dürfte sich nicht wundern, wenn in Amerika niemals ein Cyclecar aufgetaucht wäre, schien dieses doch für die großen Entfernungen und die rudimentären Landstraßen denkbar ungeeignet. Und doch gab es auch in Amerika eine kometenhaft aufsteigende Cyclecar-Bewegung. Mindestens drei Zeitschriften bewarben sich um die Gunst ihrer Leser und versorgten die Anhänger der Cyclecars mit Informationen: »Cyclecar Age«, »The American Cyclecar« und »Cyclecar and Motorette«. Im Januar 1914 wurde die Vereinigung Amerikanischer Cyclecar-Hersteller, die »American Cyclecar Manufacturers Association«, gegründet. Der allgemeine Optimismus übertraf den in Europa. »Wir glauben, daß jede der 1125000 im Jahre 1913 verkauften leichten Pferdekutschen in allernächster Zukunft durch leichte zweisitzige Automobile ersetzt wird«, trompetete der Cyclecar-Hersteller Charles Coey.

Die erste weibliche Cyclecar-Händlerin der Nation, die 21jährige Anna Sheeley aus Passaic in New Jersey, behauptete »... und so scheint es, daß die Zahl der Automobile, die ich verkaufen kann, an keine Grenze stößt«. Automobile vielleicht, nicht jedoch Cyclecars – denn schon Ende 1915 war der Boom zusammengebrochen und hatte die schönen Zeitschriften und den Herstellerverband mit sich in die Vergessenheit gerissen.

Noch fünfzig Jahre lang waren die Amerikaner einem ausgesprochenen Kleinwagen gegenüber äußerst reserviert. Außerdem wirkten sich die regelmäßigen Preisrücknahmen des Ford Modell T geradezu katastrophal für den Verkauf von Cyclecars aus. 1913 kostete ein Ford Zweisitzer 550 Dollar im Vergleich zu 350 Dollar bis 400 Dollar, für die man ein Cyclecar erhielt. Diese beträchtliche Differenz stützte das Cyclecar und seinen Verkauf. Aber schon zwei Jahre später rangierte der Ford bei 440 Dollar, während Cyclecars im Preis gleich blieben. Die zusätzlichen 40 Dollar bedeuteten nur noch ein Mehr von 10 %, und wer wollte die nicht aufbringen, wenn man dafür ein ausgewachsenes Automobil mit einem Vierzylindermotor bekam, das nicht nur die rauhen Landstraßen bewältigte, sondern bereits eine weit verbreitete Reputation genoß und über ein weitverzweigtes Service-Netz verfügte? Während sich das Cyclecar in Europa noch bis in die Mitte der zwanziger Jahre schleppte, war es in Amerika bereits ausgelöscht, als die USA 1917 in den Krieg eintraten.

KAROSSERIEBAU

Man beschreibt die frühen Automobile häufig als »Kutschen ohne Pferd«. Eine treffendere Charakterisierung der echten Automobilpioniere wäre sicherlich, sie als »Motoren auf Rädern« zu bezeichnen, denn von Karosserie- oder Wagenaufbauten konnte lange Zeit nicht die Rede sein. Dies trifft sicherlich auf die Dreirad-Konstruktion von Karl Benz aus dem Jahre 1886 und Gottlieb Daimlers »Stahlradwagen« von 1889 zu, auch wenn Daimlers erster Motorwagen von 1886 eine umgebaute Pferdekutsche war.

Bis hinein in die Mitte der 1890er Jahre, als die Hersteller allmählich ein gewisses Spektrum an Karosserieversionen anboten, hielt sich der charakteristische Kutschenstil, erst dann wandelte er sich zunehmend und nahm automobile Züge an. Zuerst trat das Auto nur mit offener Karosserie auf, da die Motoren nur über eine geringe Leistung verfügten und kein vernünftiger Hersteller sie mit dem zusätzlichen Gewicht einer geschlossenen Karosserie beladen wollte.

Den einfachen Zweisitzer nannte man manchmal einen Phaeton oder, wenn er mit einem Verdeck ausgestattet war, eine Viktoria. Zuweilen installierte man dahinter noch einen zusätzlichen Sitz, den man unter der Bezeichnung Spider oder Spyder (nach der amerikanischen Bezeichnung für einen Dreifuss) kannte – ein Name, der in den 1950er Jahren bei offenen Sportwagen seine Wiedergeburt erleben sollte. Es dauerte nicht lange bis die Automobilwelt vier Sitze verlangte und man oft diese in einer Vielfalt verschiedener Formen und Anordnungen an.

Der konventionelle Tourenwagen mit seitlichen Türen für die rückwärtigen Passagiere ließ sich nicht vor ungefähr 1902 verwirklichen, da der Radstand allgemein zu kurz war und die weit verbreiteten Antriebsketten für die Hinterräder den Zugang zu hinteren Sitzen fast unmöglich gemacht hätten. Die Lösung lag darin, zwei Sitze entgegen der Fahrtrichtung einzubauen, entweder in »vis-à-vis«-Anordnung vor dem Fahrer wie beim Benz Viktoria oder bei der De Dion Bouton Voiturette, oder mit Rücken-an-Rücken (»dos-à-dos«)-Anordnung wie bei Daimler, Panhard und anderen schweren Automobilen.

Die dritte Alternative bestand darin, den Phaeton mit einer Karosserievariante auszurüsten, die man in Kutschenkreisen als »Governess Cart« oder »Tub Cart« (tub = Badewanne oder Faß) bezeichnete. Diese Karosserie besaß eine Hecktür zwischen den beiden Sitzen und der sich daraus ergebende Viersitzer erwarb sich den Namen »Tonneau« mit Heckeinstieg, wobei das französische Wort »tonneau« wie das englische Wort »tub« eine Badewanne, ein Faß oder eine Tonne bedeutet. Als seltenere Variante kam der »Siamesische Phaeton« vor, bei dem die Bank für die Rücksitze identisch war mit der Bank für die Vordersitze. Dies bedeutete jedoch, daß die Fond-Passagiere über die Vordersitze klettern mußten, sofern nicht die halbe Bank zur Seite geschwungen werden konnte, um Zugang nach hinten zu schaffen.

Die Karosserievariante »Brake« bot eine weitere Lösung. Hier waren längsseits angeordnete Sitzbänke, bei denen sich die Passagiere gegenüber saßen, für die Mitfahrer vorgesehen. Außer dem Fahrer und dem neben ihm sitzenden Beifahrer fanden so mindestens vier weitere Personen Platz. Im allgemeinen empfand man diese Variante jedoch eher für den Transport von Dienern geeignet, oder auch zum Abholen von Wochenendgästen von der nächsten Bahnstation, nicht aber für den persönlichen Bedarf des Besitzers. Sie mochte auch für eine Jagdgesellschaft ein geeignetes Vehikel darstellen, wodurch sich der Name »Shooting Brake« erklärt, der so lange Verwendung fand, bis er in jüngerer Zeit durch die Bezeichnung »Estate Car« ersetzt wurde. In Amerika kennt man diesen Typ auch heute noch unter der Bezeichnung »Station Wagon«.

Wie bei vielen Verbesserungen und Entwicklungen, die das Automobil erfuhr, war es auch hier die Firma Mercedes Benz, die als erste ein genügend langes Chassis baute, um eine viersitzige Karosserie mit seitlichen Türen unterzubringen. Unter den ersten Fahrzeugen dieser Art befand sich dasjenige, das auf Anordnung von König Leopold von Belgien bei der Pariser Karosseriebaufirma Rothschild & Cie. hergestellt wurde. Man erzählt sich, daß der König und seine berühmte Geliebte, Cléo de Mérode, mit einem Vertreter des Hauses Rothschild die stilistischen Feinheiten der Karosseriegebung für den neuen Wagen diskutierten. Bei dieser Unterredung nahm die Lady zwei elegant geschwungene leichte Sessel, stellt sie zusammen und schlug vor, diesen Stil bei der Karosserie nachzuempfinden. Infolgedessen gab man unter Automobilinteressierten dieser Karosserie, die man auf den Mercedes des Königs montierte, viele Jahre lang den Namen »Roi-des-Belges« – zur Abwechslung auch mal »Tulpen-Phaeton«, da ihre ausladenden Kurven stark an Tulpen erinnerten.

Einfache Viersitzer mit seitlichem Eingang wurden zunächst als Doppel-Phaetons bezeichnet, dieser Ausdruck wurde jedoch bald durch die Bezeichnung »Tourer« (in Amerika: »Touring«) = Tourenwagen ersetzt, die sich bis zum allmählichen Verschwinden dieses Fahrzeugtyps Mitte der 1930er Jahre hielt.

Geschlossene Karosserien

Die ersten Fahrzeuge mit geschlossenen Karosserien erschienen gegen Ende des 19. Jahrhunderts in Frankreich auf Chassis von Mors und Panhard. Einige dieser letzteren glichen kleinen Bussen mit rückwärtigem Eingang und zu den Seiten hin orientierten Sitzen. Der Fahrer thronte über dem Motor und hielt ein horizontales Lenkrad in der Hand, sodaß möglichst viel Raum innerhalb des Radstandes für die Unterbringung von Passagieren genutzt werden konnte.

Im Jahre 1900 bot Louis Renault eine geschlossene Coupé-Karosserie auf seinem kleinen Einzylinder-Chassis an. Diese ließ er sich von der bekannten Firma Labourdette in Paris herstellen. Sie besaß ein recht merkwürdiges Aussehen, da ihre Länge kleiner ausfiel als ihre Höhe. Immerhin aber entstand so das erste Auto, in dem Fahrer und Beifahrer vor den Elementen vollständig geschützt waren. Hierzu trugen nicht nur das Dach, sondern auch eine Windschutzscheibe und seitliche Fenster bei. Diese Karosserie fand nicht sofort Nachahmer, aber sie wurde zum Ahnherrn der »Doktor-Coupés«, die man von 1906 an auf vielen Kleinwagen-Chassis montierte.

Wegen seines Gewichts und seiner nicht gerade gewinnenden Form brauchte das geschlossene Automobil einige Zeit, bis es sich durchsetzte. Ein erstaunlich hoher Anteil an dem zusätzlichen Gewicht entfiel auf Glas, insbesondere auf das Glas der Windschutzscheibe. Wegen der niedrigen Motorhaube und den hoch montierten Dächern, wie sie zu jener Zeit üblich waren, erreichte die Windschutzscheibe Höhen bis zu 110 cm und Breiten von 120 cm.

Die ersten geschlossenen Wagen besaßen selten eine Windschutzscheibe für den Fahrer, der ja meist ein bezahlter Chauffeur war, aber im Bereich des »Faßes« waren sie vollständig geschlossen. Als Zugang zum tonnenförmigen Passagierraum diente entweder eine rückwärtige Tür oder eine Tür neben dem Fahrersitz. Als man den Radstand und das Chassis der Fahrzeuge verlängerte, um Raum für einen seitlichen Einstieg zu gewinnen, stand endlich der Weg offen für aufwendigere und geräumigere Karosserien.

In Schottland gab es viel großflächigen Grundbesitz und die beiden hier vorgestellten schottischen Automobile waren deshalb auch so gebaut, daß sie schweren Lasten und holprigen Straßen gewachsen waren. Der Albion (*Seite 80, links*) von 1901 war die konventionellere Konstruktion mit seinem im Heck liegenden Zweizylindermotor, seinem Dreiganggetriebe und dem einfachen Kettenantrieb. Seine Karosserie in Tonneau-Form mit rückwärtigem Einstieg wirkte schlicht und einfach.
Der Arrol-Johnston (*Seite 80, unten*) aus dem Jahre 1902 besaß einen ungewöhnlichen Gegenkolbenmotor, bei dem sich in jedem Zylinder zwei Kolben bewegten, zwischen denen der Verbrennungsraum lag. Hier ist der Wagen mit »dos-àdos«-Karosse abgebildet mit zwei weiteren Sitzen vor dem Fahrer. Diese Konstruktion war schon bei ihrer Einführung alles andere als zeitgemäß und befand sich im Jahr 1905 immer noch im Programm, dann allerdings hoffnungslos veraltet.

Seite 81, oben)
Dies ist ein typischer Vertreter der Tonneau-Karosse mit Einstieg von hinten, dieses Mal auf einem Zweizylinder Scania-Chassis aus dem Jahr 1903. Im späteren Verlauf des gleichen Jahres brachte die Maskinfabriks AB Scania in Malmö ein neues Modell heraus, zwar wiederum ein Tonneau mit rückwärtigem Einstieg, aber mit modernerer Motorhaube, die an den Mercedes erinnerte. Einer dieser frühen Scania-Wagen wurde von Kronprinz Gustaf von Schweden erworben, der ihn viele Jahre gefahren hat.
(*Seite 81, unten*)
Tonneau-Karosse mit Einstieg von hinten auf einem 20 PS-Winton Chassis aus dem Jahr 1903. Bemerkenswert der einfache Kettenantrieb zur Mitte der Hinterachse, ungewöhnlich für ein so gewaltiges Automobil wie dem 4,5 Liter Winton. Die meisten Wagen dieser Größe verwendeten einen doppelten Kettenantrieb.

Eines der ausladendsten und voluminösesten Exemplare wurde 1902 für den Schah von Persien gebaut und auf ein Gardner Serpollet-Chassis montiert. Das Innere war als Diwan ausgelegt und unter den großzügig eingebauten Accessoires befanden sich ein Tisch, den man aus der Seitenwand hochklappen konnte, eine Uhr, ein Thermometer – und ein geladener Revolver! Ähnlich luxuriös zeigte sich auf dem Pariser Automobilsalon von 1903 ein »Salon-Tourenwagen«, der mit vier pompösen drehbaren Sesseln, einer Himmelverkleidung aus weißer Linkrusta und mit Gardinen aus dunkelgrünem Samt mit weißen Stickereien ausgestattet war. Das Interieur beherbergte hier außerdem eine Uhr, ein Thermometer, ein Barometer und eine Einrichtung, die als »Maschinenraum-Telegraph« zur Kommunikation mit dem Fahrer beschrieben wurde. Der bedauernswerte Chauffeur saß völlig ungeschützt in seinem luftigen »Maschinenraum«, ohne Windschutzscheibe, ohne Türen und ohne Dach.

Die beiden beschriebenen Fahrzeuge bilden sicher Kulminationspunkte pompöser Ausstattung und wurden ohne Zweifel von den meisten Automobilisten für übertrieben protzig gehalten. Trotzdem hatte um das Jahr 1905 herum die geschlossene Karosserie einen hohen Grad am Komfort erreicht. Das geschlossene Automobil setzte sich in Frankreich einige Jahre früher durch als in England, wo die Frischluft-Enthusiasten in der Überzahl blieben. Der Geist von Charles Kingsley

Tis the hard grey weather Breeds hard Englishmen –

gelobt sei, was hart macht!, lebte in den englischen Motoristen uneingeschränkt weiter. Erst 1926 wurden im Vereinigten Königreich mehr geschlossene Automobile als offene verkauft.

Im Jahre 1902 schrieb Sir Max Pemberton, Romancier und Autor des Buches »The Amateur Motorist«: »Die Freuden des motorisierten Fahrens bestehen im Genuß freier Natur. In einem offenen Auto kann man die Landschaft genießen, wie man es aus einem Zug, auf einem Fahrrad oder zu Fuß niemals kann. Die tiefe Freude, die eine höhere Geschwindigkeit an offener Luft bereitet, hat mehr als alles andere zu den positiven Gefühlen der Menschen gegenüber dem Automobil beigetragen. Wenn wir dieses Freiluftfahren aufgeben sollen, wenn wir uns in dumpfe und muffige Limousinen verpacken sollen, dann, so behaupte ich, sind wir in jedem beliebigen Eisenbahnzug, selbst im schlechtest ausgestatteten, bei weitem besser dran...«

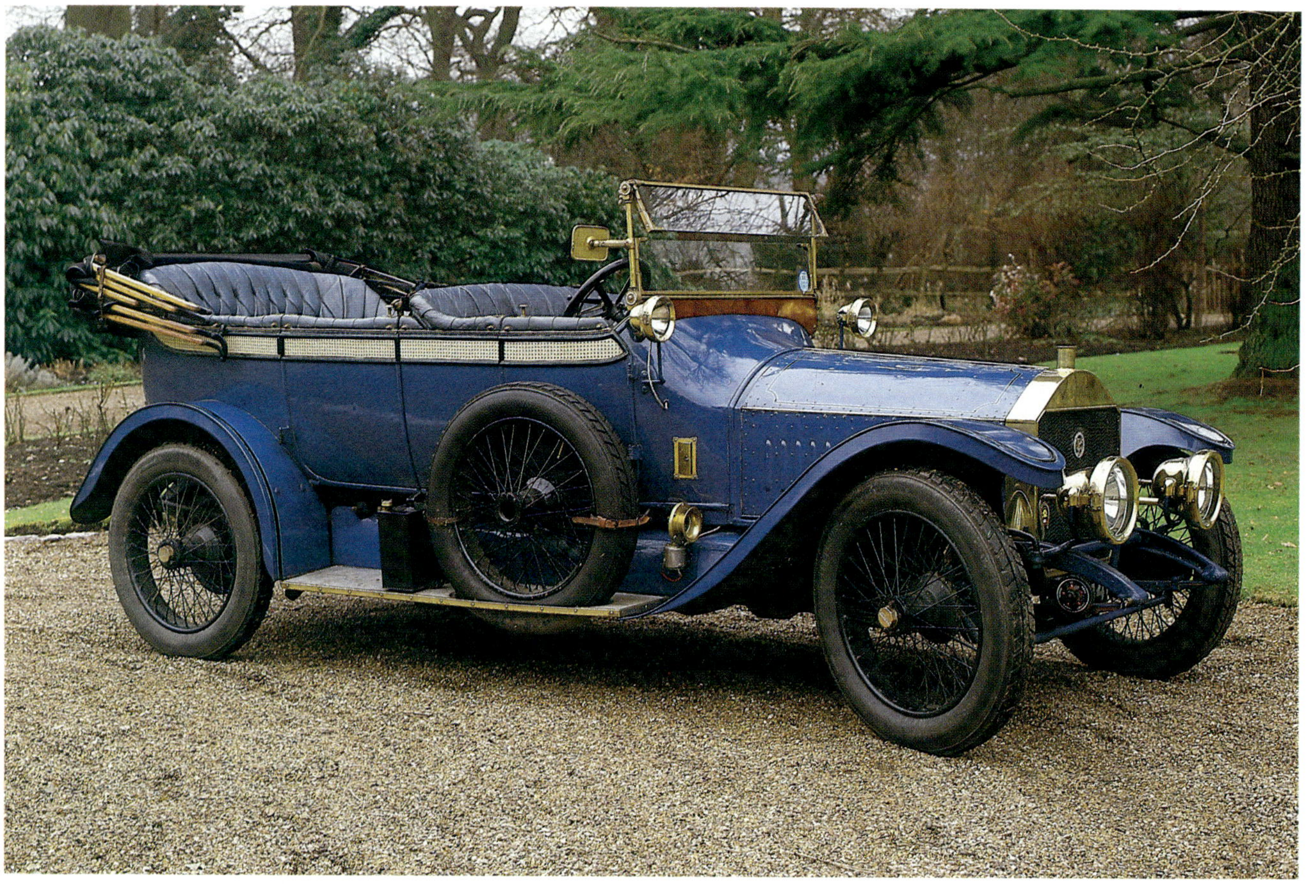

Eine Alternative zu der genannten »muffigen Limousine«, die sich überall großer Beliebtheit erfreuen sollte, war das Landaulett. Bei diesem Auto bestand der rückwärtige Teil des Dachs aus Leder und ließ sich zusammenfalten, im Bedarfsfall konnte man aber geschlossen fahren. Es gab drei Versionen: Das einfache Landaulett, bei dem nur die Rückseite der Karosserie faltbar war, das Doppel-Landaulett, bei dem sich auch ein Teil des Dachs öffnen ließ, und das Dreiviertel-Landaulett, das sich durch ein Fenster zwischen dem Faltdach und der Tür auszeichnete. Landaulett-Karosserien traten selbst auf sehr kleinen Chassis auf, um nicht nur Rolls-Royce und Napier zu nennen, und sie erfreuten sich für Stadt-Taxen großer Beliebtheit.

Vor dem Ersten Weltkrieg war praktisch jedes Taxi in der Welt ein Landaulett und bis zum Jahre 1939 wurden solche Fahrzeuge auf einem Austin-Chassis für den Londoner Taxibetrieb hergestellt. Solche Taxen waren offensichtlich ideal für die Promenade im Park, sei es der Hyde Park oder der Bois de Boulogne, boten sie den Mitfahrenden doch eine ausgezeichnete Aussicht und viel frische Luft und machten es außerdem möglich, daß die Insassen in ihrer ganzen Eleganz von der Bevölkerung gebührend bewundert werden konnten. Und in jenen Tagen verschwendete niemand auch nur einen Gedanken an die Gefahren eines Mordanschlags oder einer Entführung.

Ein besonders schönes Beispiel einer Roi-des-Belges Tourenwagen-Karosserie im Stil Henri Binders ist (*auf Seite 83*) mit einem 25 PS-C. G. V.-Chassis von 1904 zu sehen. Bis 1913 waren die fast barokken Formen des Roi-des-Belges einer geraden Linienführung gewichen, für die als Beispiel der 30/35 PS Napier (*Seite 82*) steht. Diese Art von Tourenwagen-Karosserie behauptete sich mit einer noch weiter nach oben gezogenen Motorhaube durch die ganzen 1920er Jahre hindurch.

Metalle verdrängen Holz

Die Strukturen im Karosseriebau für Automobile änderten sich in der Zeit von 1990 bis 1914 tiefgreifend. Das traditionelle Material war Holz, die übliche Struktur ein Rahmen aus Eschenholz mit Tafeln von 5 mm Dicke aus Mahagoni. Ausladende Kurven, wie sie die Linien eines Roi-des-Belges verlangten, ließen sich in Holz nur sehr schwer verwirklichen. So kam das Aluminium in Gebrauch – nicht ohne Grund zum ersten Mal von der französischen Karosseriefirma Rothschild eingesetzt. Nach 1900 übernahmen viele andere Firmen dieses Konzept. Zunächst baute man jedoch Seitenteile mit einer einfachen Krümmung, wie sie für weniger teure Wagen verwendet wurden, weiterhin aus Holz, weil dieses zum einen billiger als Aluminium war und zum anderen die Probleme vermied, die sich ergaben, wenn man Metallteile mit der Holzrahmenkonstruktion verband. Aber bis zum Jahre 1912 waren auch bei billigeren Autos die Seitenteile aus Holz zugunsten von Stahlblechteilen verschwunden.

6394 D

(*Seite 84, rechts*)
Das außergewöhnliche »Pillenschachtel-Coupé« von Louis Renault aus dem Jahr 1900. Die Karosserie stammte von dem berühmten Pariser Carrossier Henri Labourdette und war auf ein Renault-Norm-Chassis vom Typ B montiert, das von einem 2,75 PS de Dion Bouton-Motor angetrieben wurde. Bei diesem Coupé handelte es sich vermutlich um ein Einzelstück, aber im weiteren Verlauf des gleichen Jahres wurde ein anderes Coupé gebaut, dann allerdings auf dem etwas längeren Renault-Chassis des Typs C.

Der Karosserieaufbau mit rückwärtigem Einstieg trat, wenn auch in den ersten Jahren des zwanzigsten Jahrhunderts relativ selten, nicht nur bei offenen Fahrzeugen, sondern auch bei geschlossenen Wagen auf. Die hier abgebildete (*Seite 84 unten*) Limousine stammt von einem Wagenbauer aus einer ländlichen Gegend: W. T. Edwards aus Ashford in Kent. Auf einem Mors-Chassis mit 10 PS-Motor aufgebaut, verfügte diese Limousine sogar über eine elektrische Innenbeleuchtung im Gegensatz zu den »Scheinwerfern«, die immer noch mit Acetylen betrieben wurden. Das integrierte Dach konnte sehr leicht abmontiert werden, indem man einfach vier Schrauben herausdrehte. Dadurch verwandelte sich die Limousine in eine »Wagonette« für den Sommer.

Eine dauerhaftere Lösung bot die kurvenreiche geschlossene Karosse (*Seite 85*), die von der Firma Neuss in Berlin für Kaiser Wilhelm II auf einem 28/32 PS-Mercedes aus dem Jahr 1904 aufgebaut wurde.

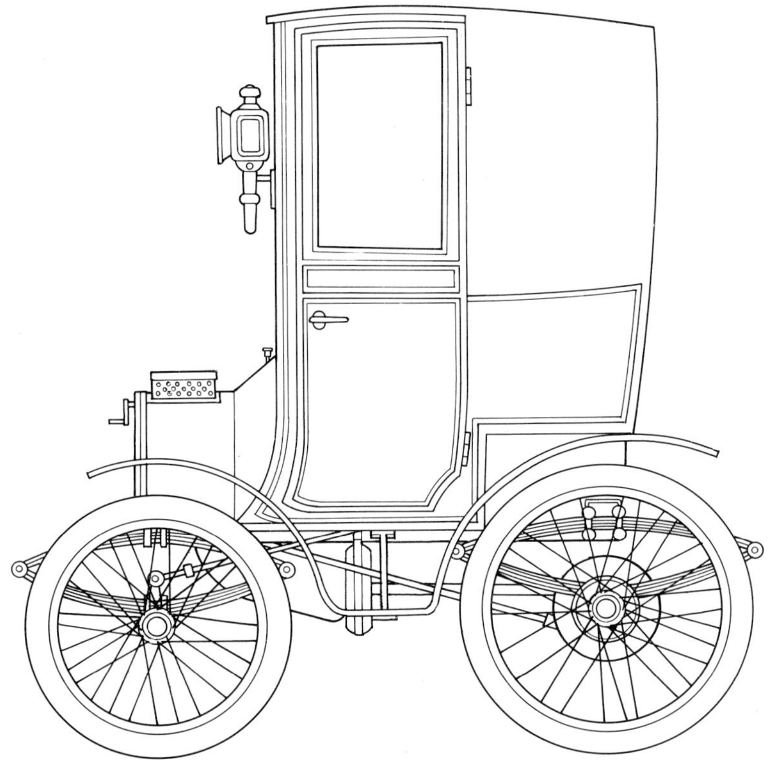

Eine interessante Karosserieversion, bei der weiterhin nur Holz eingesetzt wurde, bildete der »Skiff«, ein offener bootsförmiger Viersitzer mit einem kupferbeschlagenen Mahagoni-Rumpf. Sein nautisches Flair ging manchmal so weit, daß man Bullaugen an der Motorhaube für den Lufteinlaß installierte (eine Idee, die bei Buick 1949 wieder auflebte), anstelle von Türgriffen Ruderklampen verwendete und die Motorhaube mit Fallen und Klampen befestigte. Jean-Henri Labourdette baute im Alter von 24 Jahren das erste Exemplar dieses Typs auf einem Panhard-Chassis. Dieses 1912 hergestellte Automobil war für den Chevalier René de Knyff bestimmt, den Direktor von Panhard et Levassor, gleichzeitig ein bekannter Rennsportpionier.

Dieser hatte angeregt, eine Karosserie ohne Türen zu entwerfen, was den jungen Labourdette zur Frage herausforderte, wie man dann wohl einsteigen könne.

»Einfach hineinklettern«, antwortete de Knyff.

»Und die Damen?«

»Die müssen eben auch klettern – dann wird man wenigstens einmal ihre Beine sehen und einmal herzhaft lachen können«.

Das Auftreten des modebewußten de Knyff in seinem Panhard Skiff rief eine Reihe von Imitationen zum Pariser Automobilsalon von 1913 auf den Plan. Labourdette selbst stellte einige Nachbauten auf Chassis von Abadal, Peugeot und Rolls-Royce her und mit Alin et Liautard stieg ein weiteres Karosseriebau-Unternehmen in diese Domäne ein.

Der Tourenwagen in seinem klassischen Kleid

Der Skiff gehörte zu den seltenen Karosserie-Varianten und wurde fast ausschließlich in Frankreich hergestellt. Unterdessen modernisierte sich auch die Karosserie des normalen Tourenwagens und integrierte sich mehr und mehr in sein Gesamtbild. Die niedrige Motorhaube mit dem eingeschlossenen Kühler aus der frühen Ära der Zeit König Edwards wurde angehoben, sodaß die hohe Stufe zwischen Haube und Karosserie allmählich verschwand. Um das Jahr 1906 wurden Türen als Zugang zu den Vordersitzen ebenso eingeführt wie zu den hinteren Sitzen. Ungefähr gleichzeitig räumte die Ansammlung von Kurven wie im Fall des Roi-des-Belges das Feld für gerade Linien zwischen Windschutzscheibe und Heck. Lange Zeit ragten die Rückenlehnen der Vorderseite steil aus dieser Linie heraus und erst in den späten 1920er jahren hatte sich diese Linie vollständig geglättet, zu einer Zeit, zu der der offene Tourenwagen allmählich von der Bildfläche verschwand.

An den teureren Automobilen besaßen die hinteren Sitze ihre eigene Windschutzscheibe. Dies führte bis zum Beginn der zwanziger Jahre zu einem Zwei-Hauben Phaeton, eine modern aussehende Konstruktion, bei der die Hintersitze nicht nur über eine separate Windschutzscheibe verfügten, sondern mit einer eigenen Haube von den Vordersitzen getrennt waren.

Manchmal traten auch die Instrumente wie z. B. das Tachometer zugunsten der Fond-Passagiere doppelt auf. Das Zwei-Hauben-Phaeton war eine Spezialität der Firma Le Baron Inc. in New York, die diese Karosserieform auf grandiose Chassis wie dem des Duesenberg Model J und auf ganz bescheidene Chassis wie dem des Ford Model A aufbaute. Auch andere amerikanische Karosseriefirmen wie die Firma Murphy aus Pasadena und die Firma La Grande (Union City Body Co.) in Union City, Indiana, stiegen in den Markt des Zwei-Hauben-Phaetons ein.

Die Pariser Karosseriebaufirma Kellner trieb mit dem »Scaphandrier« die Zwei-Hauben-Phaeton-Bauweise ins Extrem. Meist aufgebaut auf einem Renault 45-Chassis, besaß der Scaphandrier (französische Bezeichnung für »Taucher«) ein ziemlich kleines Cockpit mit separater Windschutzscheibe, dafür aber

De Dietrich voiture de route

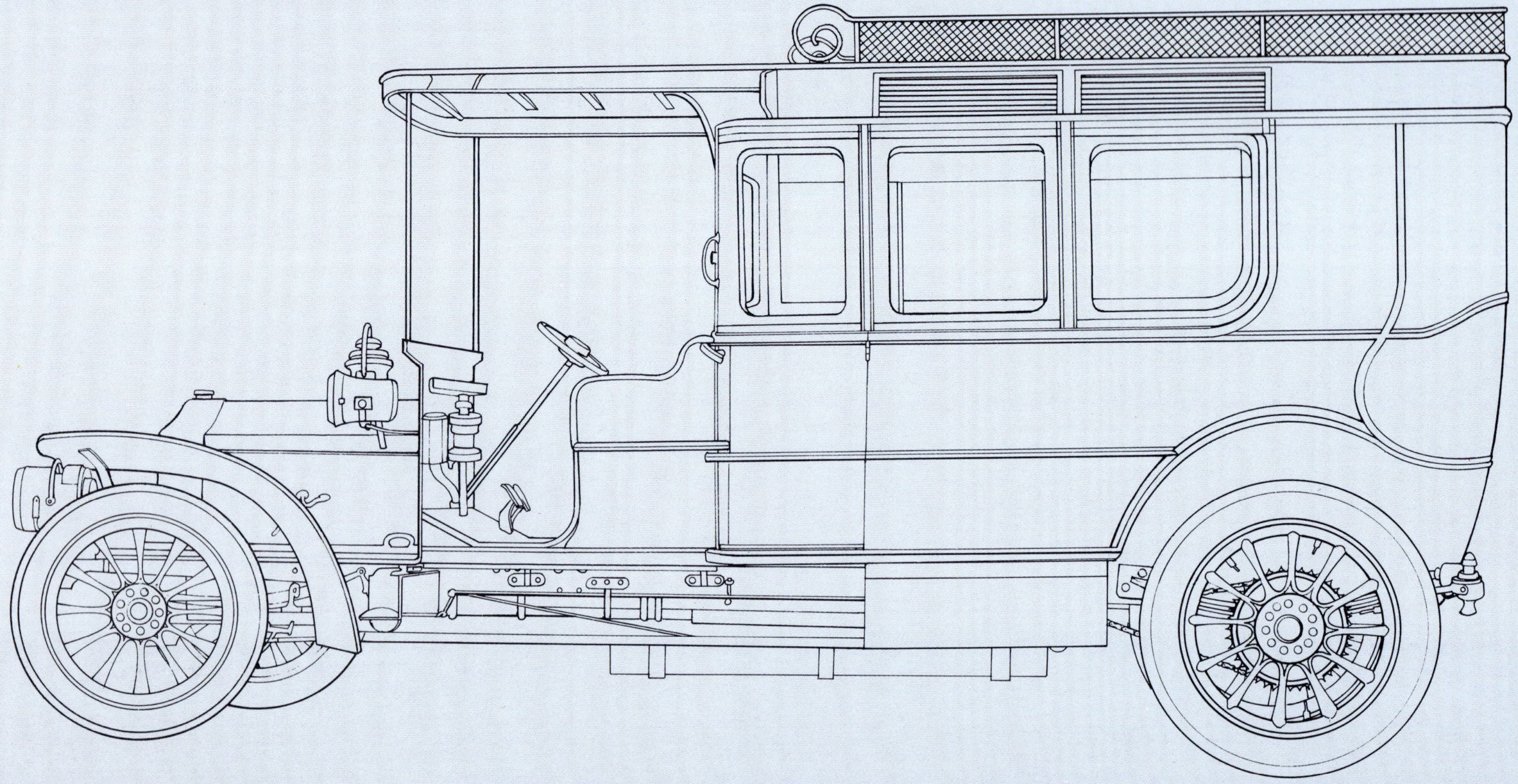

Wolseley landaulette

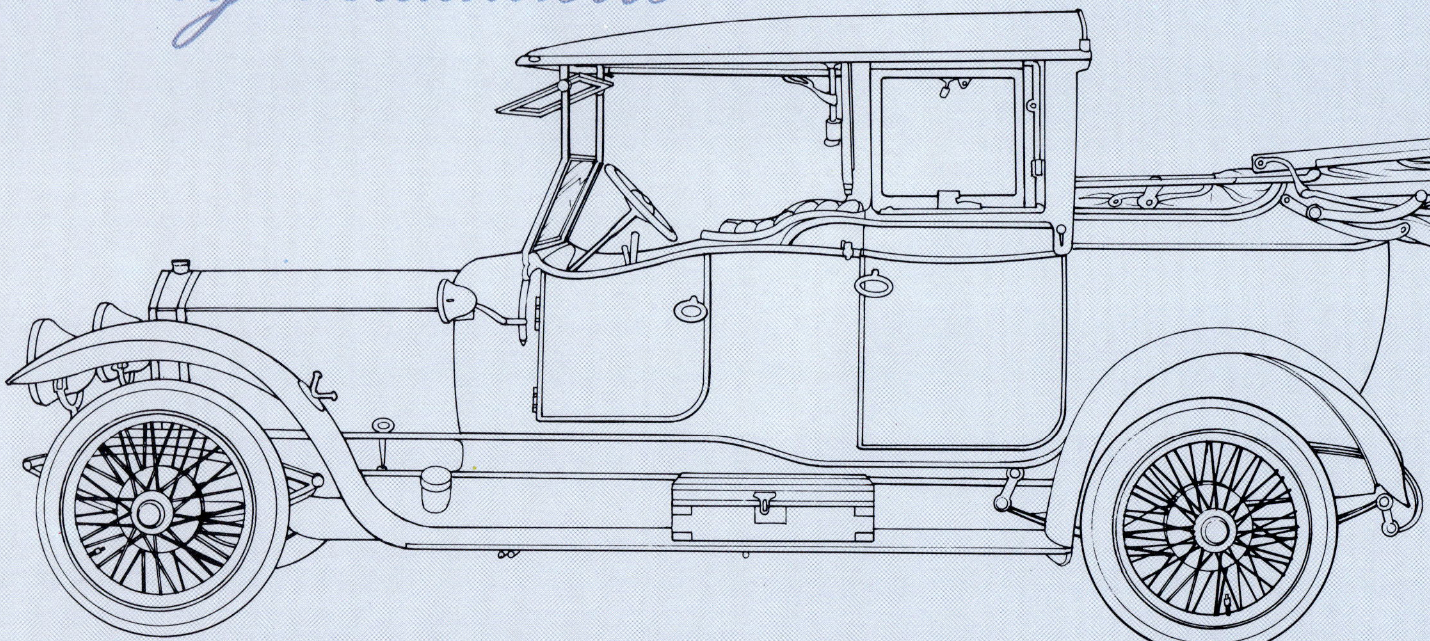

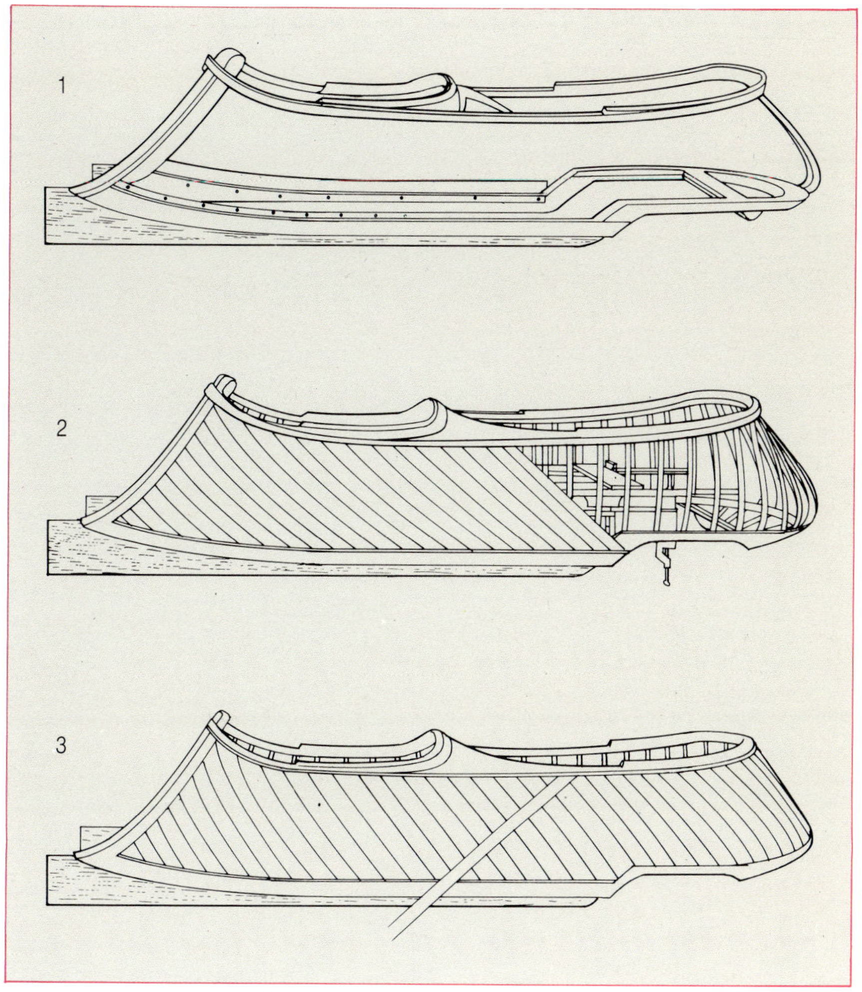

Seite 86 oben: Sobald es durch die Vergrößerung des Radstandes möglich wurde, aufwendigere Karosserien zu bauen, gingen die Carrossiers mit Feuereifer zur Sache. Der hier abgebildete 40 PS De Dietrich »Voiture de Route«, der im Dezember 1904 auf dem Pariser Automobilsalon gezeigt wurde, besaß einen Tisch für vier Personen wie in einem Eisenbahn-Coupé. für die Nacht ließ sich das Innere umbauen, um Platz zu schaffen für ein Doppelbett.

Seite 86 unten: Eine Dreiviertel-Landaulett-Karosserie auf einem 16/20 PS Wolseley aus dem Jahre 1913. Zwischen der hinteren Tür und dem Faltdach ist gerade noch der untere Teil des Fensterrahmens für das hintere Fenster sichtbar. Der Bereich um den Fahrersitz ist typisch für die von Chauffeuren gefahrenen Automobile dieser Epoche: Keine Seitenfenster und eine Windschutzscheibe, deren obere Hälfte sich öffnen ließ.

Seite 87: Drei Phasen beim Bau einer dreifach beplankten Skiff-Karosserie: (1) Der Grundrahmen aus Eschenholz, (2) nach Montage der Rippen, von denen ein Teil schon mit Mahagonibrettern verkleidet ist, (3) die zweite Schicht der Mahagoni-Beplankung, die im rechten Winkel zur ersten Schicht montiert wurde. Die gekrümmten Rippen und die entsprechend gebogenen Mahagoni-Brettchen erforderten geschickte und erfahrene Handwerker, da sie von Hand über Dampf erhitzt und entsprechend geformt werden mußten.

ein voll ausgebautes Dach für die Fond-Passagiere. Diese saßen damit im einzigen vollkommen geschützten Teil des Wagens, wenn dieser auch einer Klaustrophobie erzeugenden Schachtel glich. Dagegen blieben der Chauffeur und der Frontpassagier, wenn es einen gab, den Unbilden der Natur ausgesetzt, denn die Windschutzscheibe fing wenig ab. Auch die Firma Labourdette baute ein Fahrzeug nach diesem Muster und nannte es den »Cab Skiff«, wobei sie ein Chassis von Hispano-Suiza oder Panhard verwendete.

Geschlossene Automobile und neue Fertigungstechniken

Die Oberklasse im Karosseriebau nahm in den 1920er Jahren in Bezug auf die Produktionsmethoden den Faden dort wieder auf, wo er vor dem Ersten Weltkrieg abgerissen war, allerdings nicht im Design (siehe auch Kapitel 9). Bei den weniger teuren Fahrzeugen jedoch ergaben sich zwei größere Entwicklungstendenzen, die Ganzstahl-Karosserie und die Kunststoff-Karosserie. Untrennbar verbunden mit diesen neuen Materialien und weitgehend von ihnen abhängig, ergab sich ein weltweiter Trend in Richtung geschlossener Karosserie.

Mit Ausnahme des »Doktor-Coupés« gab es vor 1911 praktisch nirgendwo ein geschlossenes Besitzer-Fahrer-Auto. In jenem, Jahr jedoch brachte die etwas obskure Firma Speedwell Motor Car Co. in Dayton, Ohio, ein geschlossenes zweitüriges Fahrzeug auf den Markt, das sie einen »Sedan« nannte, zum ersten Mal, daß dieses Wort offiziell dokumentiert ist. Zwei Jahre später brachten die Firmen Hudson, Kissel und Studebaker eigene Sedan-Modelle heraus, denen bald weitere von den Firmen Franklin, Ford und Dodge folgten. Bei all diesen Modellen handelte es sich um zweitürige Konstruktionen mit sogenannten Zentraltüren: diese boten von beiden Seiten Zugang zum Vorder- bzw. Rücksitz, man mußte sich jedoch in beiden Fällen ziemlich verrenken, um einzusteigen. Bei manchen Modellen gab es eine Tür neben dem Fahrersitz, während auf der anderen Fahrzeugseite eine Zentraltür eingebaut war.

Keines dieser Fahrzeuge mit Zentraltüren erwies sich als besonders praktisch und so verschwand der Sedan mit Zentraltüren allmählich von der Bildfläche, nachdem Hudson 1922 den »Essex Coach« mit zwei Türen in der heute konventionellen Anordnung herausbrachte. Im Bereich der weniger teuren Fahrzeuge waren aus Kostengründen viertürige Sedan-Modelle weniger üblich und folgten erst allmählich.

Dieser Essex Coach stellte aus mehreren Gründen ein bedeutsames Auto dar. Die Essex-Modellreihe war 1919 von Hudson aus der Taufe gehoben worden, um als Vierzylinder-Fahrzeug mit niedrigem Preis in den Markt der Ford und Chevrolet einzudringen. Diese Strategie rettete die Firma Hudson vor größeren finanziellen Schwierigkeiten. Der Wagen erwies sich als großer Erfolg und hob die Marke auf der amerikanischen Verkaufs-Bestsellerliste vom 10. auf den 7. Platz – im Jahre 1925 sogar auf den 3. Platz.

Die ersten Essex-Modelle kamen als offene Tourenwagen auf den Markt, aber als 1922 der Essex Coach erschien, bot er für einen Aufpreis von nur 100 Dollar gegenüber der offenen Tourenwagen-Version vier Sitze mit dem Komfort einer geschlossenen Karosserie mit vernünftig angeordneten Türen. Dieser geringe Preisaufschlag galt in einer Zeit, in der die meisten Hersteller bei der Preiskalkulation für ihre Sedan-Modelle heftig zuschlugen, als geradezu revolutionär. So machte Hudson mit dem Essex Coach zunächst keinen Gewinn.

Die Verkaufsziffern stiegen jedoch so rasch, daß man bei Hudson schon bald den Break Even-Point erreichte, jene magische Stelle in der Bilanz, von wo aus ein neues Produkt Gewinn einfährt. Von nun an fuhr der Essex Coach in ansehnlichen schwarzen Zahlen, im Sommer 1922 betrug der Verkaufsanteil der Hudson Essex Modelle 55 % am Gesamtabsatz und wies so auch anderen Automobilherstellern den Weg in die Zukunft. Auch sie sollten nur wenig später mehr geschlossene Fahrzeuge produzieren als offene.

Der Essex Coach stellte zwar in seiner stilistischen Konzeption eine wahre Revolution dar, aber weder in Bezug auf sein Chassis noch in Bezug auf die Art des Karosseriebaus gab er sich besonders fortschrittlich. Die Karosserie bestand nach wie vor aus einer Verbundstruktur, bei der Walzstahlbleche einen Holzrahmen verkleideten. Ein anderer größerer amerikanischer Automobilhersteller, die Firma Dodge, stieß dagegen in neues Terrain vor und bot ab 1916 eine Tourenwagen-Karosserie an, die nur aus Stahlblech bestand. Dodge ließ diese Karosserie von der Budd Company in Philadelphia herstellen und brachte 1919 dazuhin einen viertürigen Sedan mit Ganzstahl-Karosse heraus.

Ford folgte mit seiner ersten Ganzstahl-Karosserie im Jahre 1923, Chevrolet und andere General Motors-Töchter zögerten beim Übergang zu Aufbauten ganz

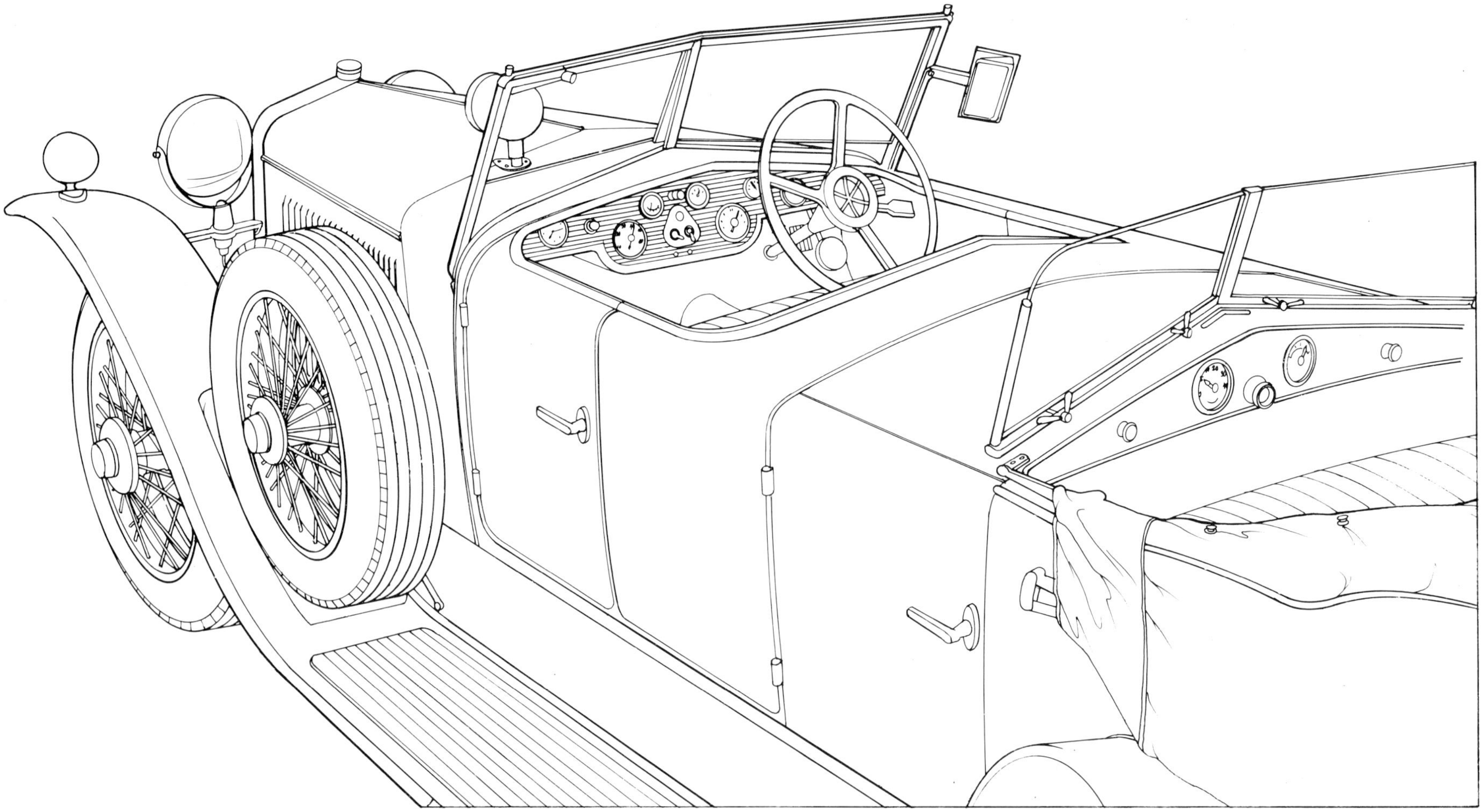

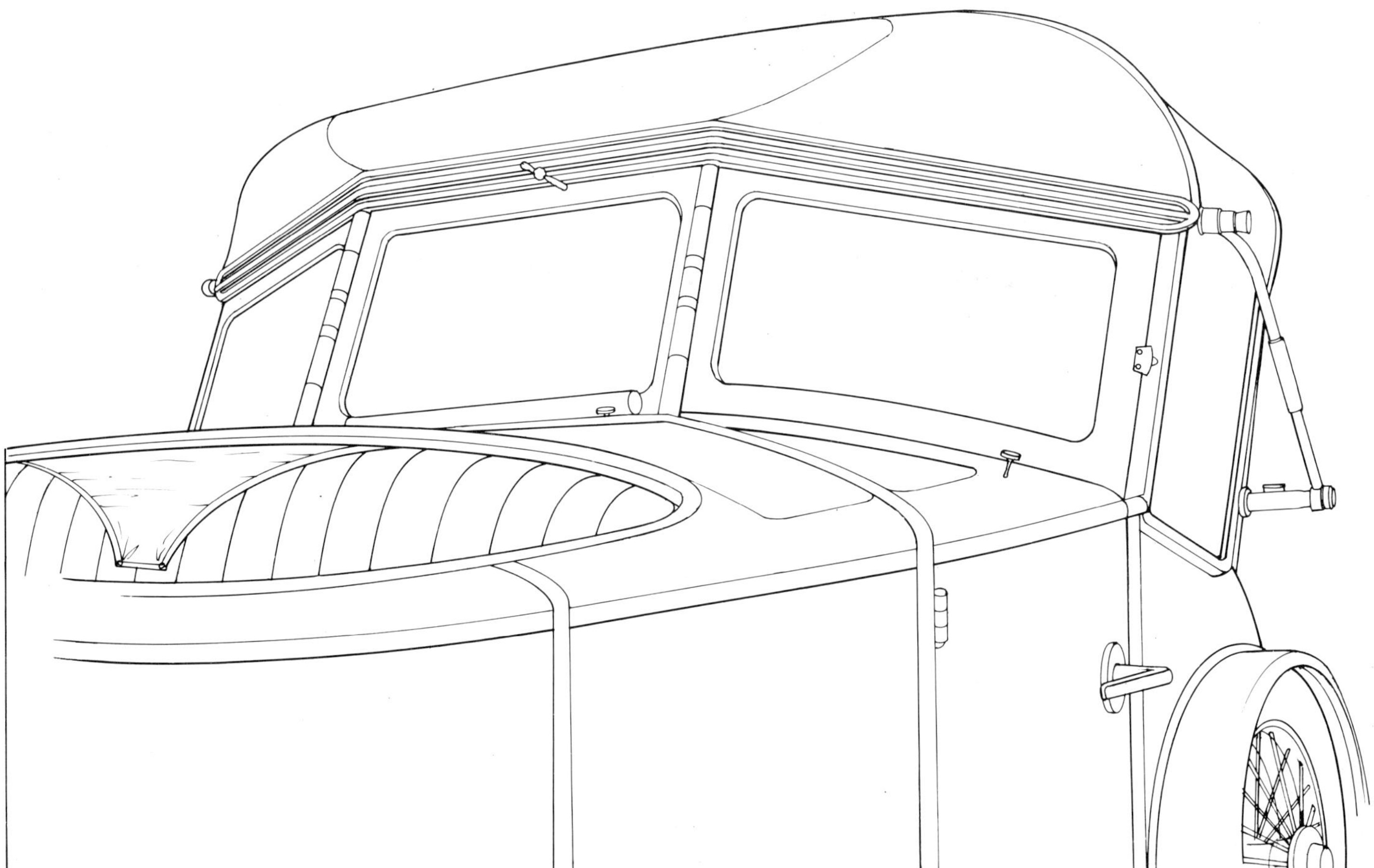

Drei Beispiele für die Doppel-Phaeton-Karosserie: Die Zeichnung auf *Seite 88 oben* zeigt eine von den Bligh Brothers in Canterbury auf einem H6B Hispano-Suiza aus dem Jahr 1924 aufgebaute offene Doppel-Phaeton-Karosserie, *unten* ist ein Scaphandrier von Kellner auf einem 45 PS-Renault von 1925 zu sehen, während auf *Seite 89* ein als Taxi benutzter Skiff von Labourdette auf einem Hispano-Suiza von 1925 abgebildet ist. Das oberhalb der hinteren Tür liegende Abdeckteil der Karosserie wurde mit Federn festgehalten und konnte daher elastisch nach vorne geöffnet werden, was einen komfortablen Einstieg ermöglichte, wenn die hinteren Türen geöffnet waren.

Drei Generationen von »Diener-Sitzen«. Der erste dieser Notsitze erschien an einem De Dion Bouton von 1904 (*Seite 63*) und wurde meistens als »spyder seat« bezeichnet. Dies geschah in Anlehnung an jene leichten Pferdekutschen, deren rückwärtiger Hilfssitz für eine Begleitperson gedacht war. Der Dienersitz am Rover aus dem Jahr 1914 (*Seite 90 oben*) bot zwar zwei Personen Platz, allerdings mit äußerst dürftigem Wetterschutz. Um 1930 herum gehörte zum Ford Model A (*Seite 90 unten*) ein raumsparend eingepaßter Notsitz, den seine amerikanischen Hersteller »rumble seat«, »Gepäckraum«-Sitz nannten. Solange man ihn nicht benötigte, klappte man diesen Sitz zurück und erhielt eine normal geschlossene Heckpartie mit glatter Linienführung.

aus Stahl beträchtlich länger. Diese Firmen gaben erst nach dem Jahr 1937 die Verbund-Bauweise endgültig auf, obwohl man sich dort mit dem vielgerühmten »Turret Top« auf dem »La Salle« aus dem Jahr 1934 brüstete, das doch lediglich ein einteiliges Dach aus Stahl über einem Verbundrahmen darstellte.

An dieser Stelle ist darauf hinzuweisen, daß viele der »Ganzstahl«-Karosserien aus den zwanziger Jahren Holzteile enthielten, die man insbesondere für den Rahmen des Daches und für die Befestigungskonstruktion der Polsterung verwendete. Der Karosseriebau nach traditionellen Methoden stellte eine schwierige und oft recht unerfreuliche Arbeit dar. Die daraus resultierenden Probleme in der Industrie bildeten einen wesentlichen Grund für die Automobilhersteller, auf Karosseriebauten aus Stahl überzugehen. Ein anderer Faktor bestand in einer rasch wachsenden Knappheit an Hartholz von hoher Qualität und dem daraus resultierenden Preisanstieg. Diese Umstellung in der Industrie gereichte einer speziellen Branche zur besonderen Freude: die Möbelhersteller wurden nun deutlich entlastet, die früher bei der Versteigerung hochwertigen Holzes von der reicheren Automobilindustrie meist deutlich überboten wurden.

Die Ganzstahl-Karosserie erobert Europa

Das Konzept der in Pressen hergestellten Karosserie aus Stahl ist nur lebensfähig bei großen Stückzahlen. Zu Beginn der zwanziger Jahre stellte keine europäische Automobilfirma Modelle in ausreichend hoher Auflage her, um damit die Anschaffung der notwendigen großen Stahlpressen zu rechtfertigen, die bei einem Anschaffungspreis von 12000 Pfund Sterling und mehr einen Gegenwert von manchmal 200 bis 300 gängigen Automobilen darstellten.

Der erste, der den Kauf von Pressen als eine lohnende Investition ansah, war André Citroën. Er stellte in seiner Firma einen Maschinenpark auf, der in Frankreich von der in amerikanischem Besitz befindlichen »Bliss Company« hergestellt worden war. Gleichzeitig mußte er Lizenzgebühren an die Firma Budd in Philadelphia bezahlen, die über die Patentrechte verfügte. Aber selbst unter Berücksichtigung dieses Aufwands kostete die 11,4 PS Limousine mit vier Türen aus dem Jahr 1925 bei Citroën nur 100 Pfund mehr als der Tourenwagen. William Morris folgte dem Beispiel von Citroën zwei Jahre später, kaufte aber seine Karosserie bei der Firma Pressed Steel in Cowley, die ihrerseits ihre Pressen aus den Vereinigten Staaten bezog.

Die Firma Budd besaß Anteile an Pressed Steel und eine Filiale in Deutschland, die Firma Ambi-Budd in Berlin. Zu den deutschen Automobilherstellern, die Karosserien dieser Firma verwendeten, gehörten Adler, Audi, BMW, Ford, NAG und Wanderer. Ford in Großbritannien zählte zunächst auch zu den Kunden von Pressed Steel, wechselte aber bald zur Firma Briggs über, ebenfalls eine amerikanische Firma, die ein großes Karosseriewerk baute, um die neue Fabrik von Ford in Dagenham zu versorgen. Die Firma Fiat schloß sich 1929 der Gilde der Presstahl-Karosseriebauer an, wobei ihr erster Versuch mit dem Tipo 514 nicht besonders erfolgreich verlief. Dann aber folgte der äußerst erfolgreiche 508 »Balilla« (1932–1937). Wie man es bei einer solchen selbstversorgenden Firma erwarten würde, die sogar über ein eigenes Elektrizitätswerk verfügte, stellte Fiat die Preßteile für seine Karosserien selbst her.

Die »Stoff-Karosserie«

Als die Geschwindigkeiten des Autos allmählich schneller stiegen als man im Straßenbau die Straßenoberfläche verbessern konnte, entstand ein ernstes Problem. Jetzt verformten sich sogar die Chassis-Rahmen, wodurch erhebliche Spannungen auf die Karosserieaufbauten übertragen wurden. Der französische Carrossier Jacques Kellner klagte, daß »erhebliche Spannungen und Kräfte auf die Karosserien übertragen werden und diese derart beanspruchen, daß sie gezielt verstärkt werden müssen, um das Chassis bei der Aufnahme der äußeren Lasten zu unterstützen«. Dabei lag in der bloßen Verstärkung der Karosserie keine Lösung, da sie im wesentlichen zu einer Erhöhung des Gewichts führte.

Auf dem Pariser Automobilsalon von 1921 trat zum ersten Mal ein neuer Konstruktionstyp einer geschlossenen Karosserie auf, den sich Charles T. Weymann hatte patentieren lassen. Dieser bestand aus einer Gewebe-Bespannung über einem Rahmen aus gelenkig verbundenen Holzträgern. Dabei waren diese Träger untereinander durch dünne Metallplatten oder mit Spanndrähten so verbunden, daß sie sich gegenseitig nicht berührten. Die Gelenkstellen ermöglichten es dem Karosserierahmen, sich mit einer gewissen Verformung der Bewegung des Chassis anzupassen und so die quietschenden, klopfenden oder trommelnden Geräusche zu unterbinden, die bei den konventionell gebauten

Der Dodge Sedan mit zentraler Tür aus dem Jahr 1919 (*Seite 91 oben*) und der Essex Coach von 1922 (*Seite 91 unten*) waren die beiden Automobile, die beim amerikanischen Publikum die geschlossenen Fahrzeuge einführten. Die Drahtspeichenräder, die zur Standardausrüstung des Dodge Sedan gehörten, verliehen seinem sonst eher schachtelartigen Aussehen ein gewisse Vornehmheit. Vor 1919 traten in der Produktionspalette von Dodge keine Ganzstahl-Sedan-Aufbauten auf, dann aber kamen sie in der praktischeren Vier-Tür-Version. Der Essex bot für seinen Preis von 1295 Dollar einen äußerst respektablen Gegenwert und so verkaufte man 1922 trotz seines kantigen Aussehens 36222 Exemplare.

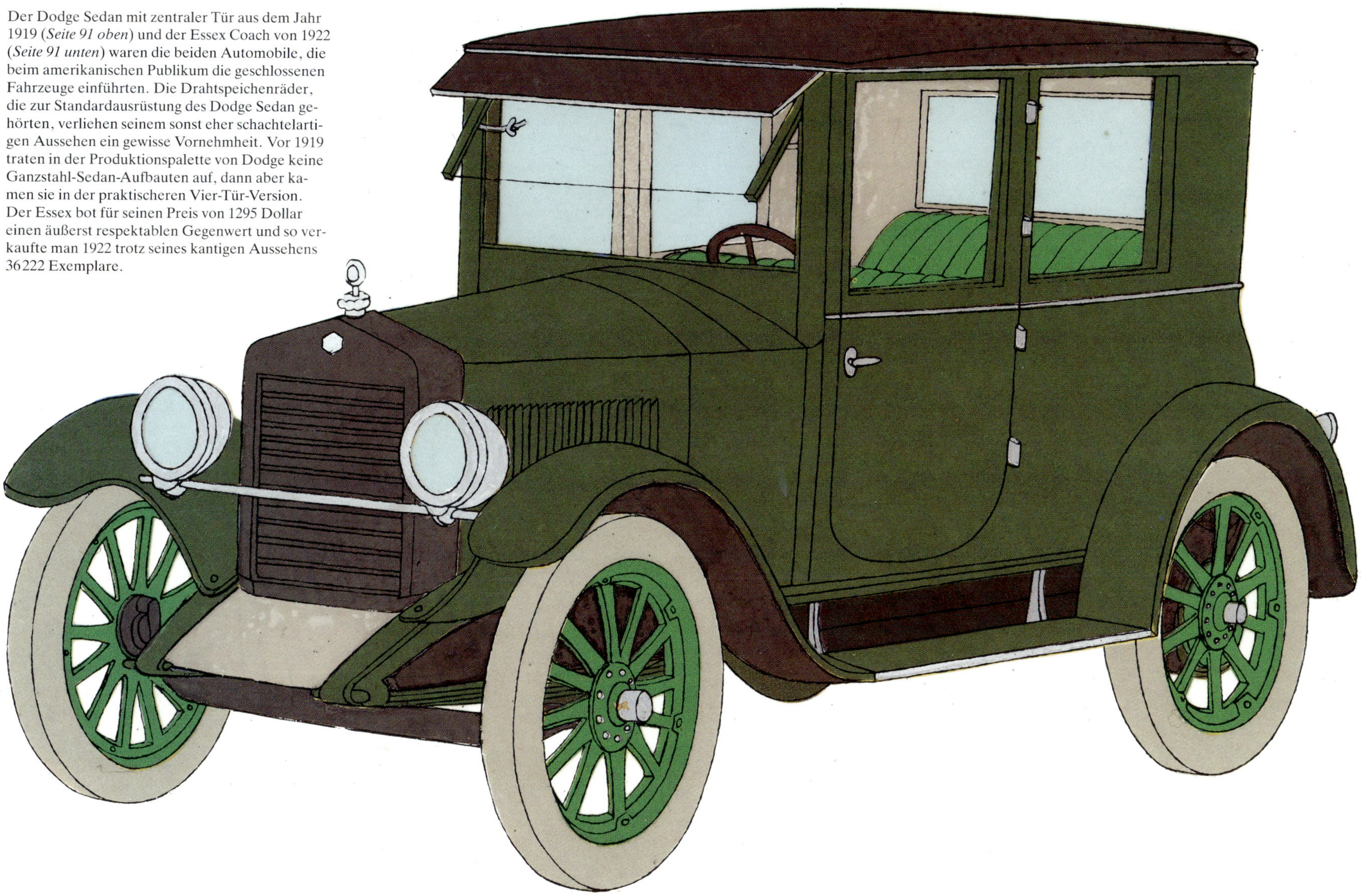

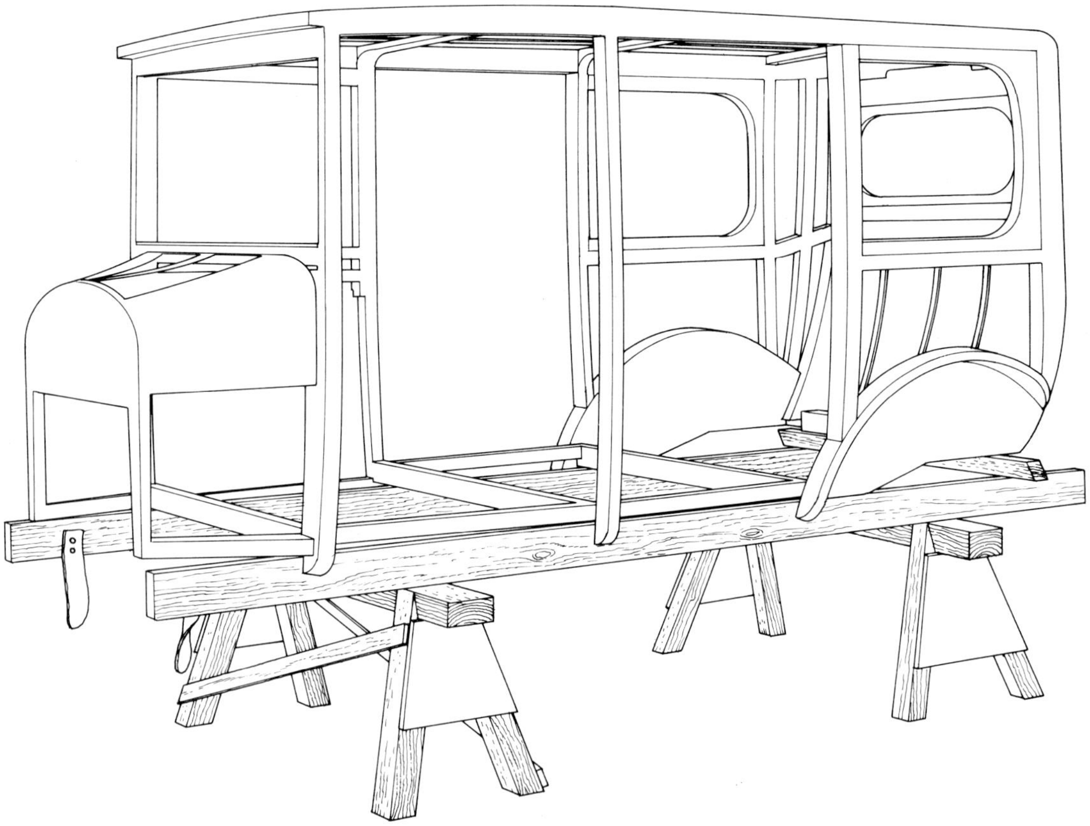

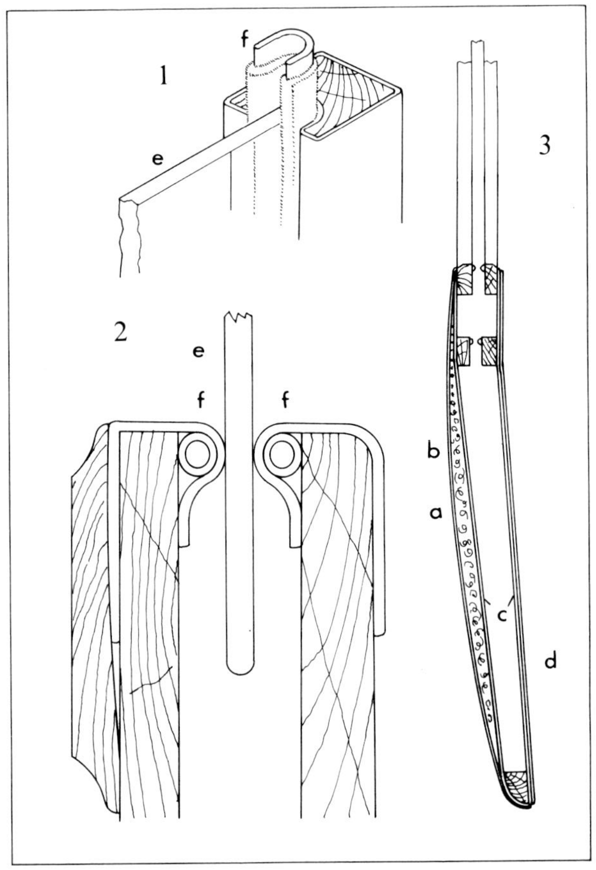

Die Firma Triumph bot 1929 zwei Typen einer textilbespannten Limousinen-Karosse an: eine Version nach dem Weymann-Prinzip für 152 Pfund und den Gordon England (*unten*) mit einer strömungsgünstigeren Form für 200 Pfund. Im Unterschied zu Weymann war die Gordon England-Konstruktion steif, da sie jedoch mit Gummiblökken am Chassis befestigt war, wurden nur wenige Kräfte auf die Karosse übertragen. 1928 hatte die Weymann-Karosse 5 Pfund weniger gekostet als die Kutschen-Karosse der Triumph-Limousine, 1929 zogen die beiden Preise jedoch gleich.

(*gegenüberliegende Seite oben*) Zu den britischen Firmen, die sich die Lizenz für die Herstellung von Weymann-Karossen erwarben, gehörte auch Rover. Die Abbildung zeigt eine 14 PS-Limousine aus dem Jahr 1924. Rover favorisierte die Textilkarosse bis 1932. Auf der Zeichnung lassen sich verschiedene Einzelheiten der Weymann-Konstruktion gut erkennen: (1) Der Fensterrahmen, (2) eine Tür mit dem Fenstermechanismus, (3) ein Querschnitt durch die komplette Tür mit (a) der äußeren Textilbespannung, (b) der Baumwoll-Auswattierung, die zur Wärmeisolierung diente, mit (c) einer wasserdichten Textilauskleidung auf beiden Seiten, (d) der Innenauskleidung, mit (e) dem Fensterglas und (f) den tuchüberzogenen Gummiröhren, zwischen denen sich das Glas absenkte.

Der»Jagdwagen»/Kleinlieferwagen o. ä. war vor den dreißiger Jahren ein äußerst seltener Vogel, aber hier sind zwei Beispiele für seine Entwicklung. Der 16 PS Napier von 1913 (*rechts*) bot keinerlei Wetterschutz für die Passagiere und diente vermutlich zum Transport einer Jagdgesellschaft, deren Mitglieder ohnehin reichlich mit Regenkleidung versehen waren. Mit ihren nach der Seite gerichteten Sitzbänken und der rückwärtigen Tür erinnerte dieser Typ sehr stark an die ersten Kombiwagen von Daimler aus den 1890er Jahren. Der Ford Model A Kombiwagen (*unten*) besaß wie ein Personenwagen nach vorne weisende Sitze, seine niedrigere Hecktür paßte jedoch eher zum Typ Lieferwagen. Das hier abgebildete Beispiel zeigt eine in Australien gebaute Karosserie auf einem kanadischen Chassis, es ist jedoch sehr ähnlich wie das Originalprodukt aus Detroit.

geschlossenen Karosserien durch deren Verformung auftragen.

Wenn auch im Vergleich mit einer in Grosserie hergestellten Stahlkarosserie nicht gerade billig, kostete die Weymann-Karosserie dennoch weniger als die traditionellen Stahl- oder Aluminiumverkleidungen auf einem hölzernen Karosserierahmen, wie es im allgemeinen dem französischen Karosseriebauer entsprach. Dies lag daran, daß man auf zwei Arbeitskräfte verzichten konnte, zum einen den Blechschlosser und zum anderen den Lackierer, da das Gewebe bereits mit einer farbigen Imprägnierung vom Hersteller geliefert wurde. Diese »Farbe« war traditionell schwarz, obwohl einige französische Karosseriebauer Stoffe mit Schottenkaro bzw. mit Weidengeflechtmuster bestellten.

Weymann, dessen Vater Amerikaner war, ließ das von ihm benötigte Gewebe in Stamford, Connecticut, von der Firma Zapon fertigen, später wechselte er zur französischen Société Française Zapon über. Die Karosseriehaut war unter dem Gewebe ausgekleidet, bei den teuren Modellen mit Pferdehaaren, bei den billigeren mit Baumwollabfällen.

Weymann-Karosserien erfreuten sich bald einer derartigen Beliebtheit, daß man in Addlestone, Surrey, eine britische Tochter gründete, die Weymann Motor Bodies Ltd., die im Jahre 1925 in das Handelsregister eingetragen wurde. Dort baute man Karosserien für eine Vielzahl unterschiedlicher Fahrgestelle, vom Rolls-Royce über den Daimler und den Hispano-Suiza bis zum 5 CV Citroën. Gleichzeitig verkaufte man Patentrechte für den Karosseriebau an die Firmen Jowett und Rover. Bei E. C. Gordon England baute man auf Austin Seven ebenfalls Karosserien nach dem Weymann-Prinzip.

Insgesamt verkaufte Weymann Lizenzen an dreißig Karosseriefirmen in Frankreich, an fünfzehn französische Automobilhersteller, an sechs Karosseriefirmen in Italien, an vier in Deutschland, zwei in Belgien und je eine Karosseriefirma in Österreich, in der Tschechoslowakei und in Ungarn. Darüber hinaus behielt Weymann seine eigenen Firmen in Paris und Addlestone, denen er 1926 noch eine weitere Filiale in Indianapolis hinzufügte. In Amerika wurden seine Karosserien von Stutz, selbst in Indianapolis ansäßig, abgenommen, sonst aber fanden sie bei den amerikanischen Automobilherstellern nur wenig Gegenliebe. Eine geringe Anzahl ging an Marmon und Peerless und ungefähr dreizehn Duesenberg Modell »J« erhielten eine Weymann-Karosserie.

Das System Weymann rief natürlich Nachahmer auf den Plan und so war in den zwanziger Jahren bei weitem nicht jede Karosserie mit Stoffhaut eine Weymann-Karosserie. Um Kosten bei der aufwendigen Konstruktion und gleichzeitig Lizenzgebühren zu sparen, verzichteten einige Karosseriebauer auf die flexiblen Gelenke und überzogen einen normalen Karosserierahmen aus Eschenholz mit einer Gewebehaut. Damit verzichteten sie gleichzeitig auf den größten Vorteil der Weyman-Konstruktion, das Unterbinden von Verformungsgeräuschen.

Die Firma Clyno verwendete bei ihrem Modell »Nine«, einer Preisbrecher-Limousine, normale Karosserieverkleidungen aus Metall, überzog aber den ganzen Wagen mit einer Lederhaut, um die Zeit und die Kosten für die Lackierungsarbeiten zu sparen. So wie es auch beim Cycle Car geschehen war, überschatteten auch bei den Stoffkarosserien die armseliger ausgefallenen Exemplare den Ruf dieser Idee. Zum schlechten Image trug auch die Tatsache bei, daß man inzwischen über Zellulose-Lacke mit leuchtenden Farben verfügte und das dumpfe Schwarz des Karosseriestoffes diesen Karosserien eine düstere Eintönigkeit verlieh. Weymann versuchte, dem Stoff einen metallischen Glanz zu geben, aber das Ergebnis erwies sich als teurer als Aluminium und es ließ sich nur sehr schwer mit dem entsprechenden Stoffmaterial arbeiten.

1931 schloß Weymann seine Fabrik in Amerika, die in Frankreich folgte kurz danach. Nur die Niederlassung in Addlestone blieb erhalten und produzierte zunächst Omnibus-Karosserien, um dann später mit der großen Maschinenbau- und Schiffsbaugruppe Metropolitan-Cammell zu fusionieren. Als »Metro Cammel Weymann« entwickelte sich diese Gruppe zum größten Hersteller von Omnibus-Karosserien in Großbritannien. 1971 brachte dieser Konzern einen Doppeldecker-Bus eigener Konstruktion heraus, bei dem man einen Motor und eine Kraftübertragung von Scania verwendete. Dieser Bus erhielt den Namen Metro-Scania und wurde später als »Metrobus« oder »Metropolitan« bekannt. Inzwischen aber waren Stoffkarosserien längst in Vergessenheit geraten.

Die »Hölzernen« (Der »Woody«)

Kombi-Wagen sind heute weitverbreitete und populäre Kraftfahrzeuge, aber dieser Fahrzeugtyp betrat erst relativ spät die Bühne der Automobil-Geschichte. »Kombis« wurden zum ersten Mal 1929 von einem amerikanischen Hersteller angeboten und erst nach dem zweiten Weltkrieg fanden sie Einzug in die Verkaufskataloge in Europa. In Amerika als »Station Wagon« geboren, gingen diese Kombis auf den Typ des Jagdwagens zurück, wie er um die Jahrhundertwende auf dem Chassis von einem Daimler oder einem anderen Zeitgenossen aufgebaut worden war.

Im Laufe der Zeit empfand man den Kombi mehr und mehr als einen Kleinlieferwagen. Tatsächlich rangierte der »Station Wagon« in Amerika unter dem Begriff »Lieferwagen« und wurde an der Seite von Lastwagen und großen Lieferwagen bis ungefähr 1941 verkauft.

Die ersten Kombi-Aufbauten auf einem PKW-Chassis entstanden bei der Firma Stoughton Wagon Company in Stoughton, Wisconsin auf der Basis des Modells T von Ford. Dieses Konzept wurde zwischen 1919 und 1923 beibehalten, dann verwendete man den »Star« als Ausgangsmodell, der das billigste Model aus der Produktionsreihe von W. C. Durant war. Zwangsläufig strahlte der Ford auf die Hersteller von Kombi-PKW eine größere Anziehungskraft aus als jedes andere Auto. Dies lag daran, daß der Ford gerade in ländlichen Gegenden viele Freunde besaß und so waren es auch die Farmer, die sich mit als erste dieser neuen Karosserie-Variante zuwandten.

Die ersten Exemplare dieses neuen Fahrzeugtyps wurden oft als »Depotwagen« oder »Droschke« bezeichnet, weil sie in dieser Form oft an Eisenbahn- oder Busbahnhöfen zu finden waren. Diese Art von Kombis besaß nur ein Dach und eine Sitzbank hinter dem Fahrer. Die allseits geschlossene Karosserie mit Holzverkleidung betrat 1924 die Automobilszene.

Die Firma Ford bot als erste einen »Hölzernen« als Teil ihres Serienprogramms an. Diese Variante kam 1929 heraus und besaß das Chassis des »Model A«, während die Karosserie bei der Firma Briggs in Detroit zusammengebaut wurde, die hierfür Holz aus Lieferungen der Mengel Company aus Louisville, Kentucky, verwendete. Jedes Exemplar kostete 695 Dollar im Vergleich zu 525 Dollar für einen Sedan und so ist es verständlich, daß sich unter den 1507132 verkauften Ford-Modellen nur 5251 »Hölzerne« befanden. In den frühen dreißiger Jahren fielen die Verkaufsziffern sogar noch hinter die Anfangsmarke zurück, die man bei Ford erst nach 1938 übertraf.

Schon durch die ganze Dekade der zwanziger Jahre waren Kombiwagen auf Chevrolet-Fahrgestellen gebaut worden. General Motors selbst brachte ein entsprechendes Serien-Angebot jedoch erst ab 1935 heraus und dann handelte es sich um einen metallverkleideten Achtsitzer, dem man den Namen »Suburban« gab. Auch die Firma von J. T. Cantrell in Huntington, New York, stellte von 1929 bis 1931 holzverkleidete Karosserien für Fahrzeuge auf Chassis der Chrysler Corporation her, die Stückzahlen dieser Fahrzeugtypen erreichten jedoch nie beeindruckende Größenordnungen. Zwar fanden diese »Holzkombis« bei Farmern, Entdeckern und Abenteurern, bei Filmstudios und Hotels große Liebhaber, als gewöhnliches Familientransportmittel war bis in die frühen fünfziger Jahre das Kombi-Konzept nicht sehr beliebt – und dann war der Kombi kein »Hölzerner« mehr.

Ganz offensichtlich hatten der Name und das verwendete Naturmaterial wenig zum Erfolg dieses Fahrzeugstyps beigetragen und er mußte erst auf die Massenmotorisierung warten bis – vielleicht nicht ganz zufällig – der Schriftzug »station« Nostalgiegefühle weckte und dem Kombi zu größerer Popularität verhalf.

DER SPORTWAGEN

Die Erfindung des Automobils führte die Menschen Schritt für Schritt an eine neue überaus faszinierende Erfahrung heran: Das Erlebnis, sich mit Hilfe einer Maschine mit Geschwindigkeiten über Land zu bewegen, die jenseits des bis dahin Vorstellbaren lagen. Ein von der Natur mitgegebener Hang zum Wettkampf veranlaßte sie, mit diesen Maschinen Rennen zu fahren, sobald sich mit dieser Erfindung überhaupt Rennen fahren ließen. An der Wettbewerbsfahrt Paris – Rouen von 1894 nahmen 21 Fahrzeuge teil, vom dampfgetriebenen Dreirad bis zum Dampf-Omnibus für zehn Personen. Mehrere Jahre lang gab es keine speziell für den Renneinsatz konstruierten Autos, nur die Automobile von Amédée Bollée erschienen von 1898 an im Stromlinienkleid an der Startlinie.

Nun dauerte es nicht lange, bis sich echte Rennwagen entwickelten, die sich durch ihre leistungsfähigeren Motoren vom Reisewagen jener Zeit deutlich unterschieden. Schließlich verschmolzen diese beiden Typen zu einer dritten Kategorie, dem Sportwagen, der nun auch einem breiten Publikum den Spaß und die Faszination der Geschwindigkeit und die Freude an besonderen Automobilen ermöglichte. Ohne Zweifel waren auch umgebaute Grand Prix-Wagen, wie sie manche Abenteuerlustige bis 1914 und darüber hinaus auch im Straßenverkehr verwendeten, äußerst sportliche Fahrzeuge. Aber sie zählten nicht zum Typ »Sportwagen« in seiner allgemein akzeptierten Definition: eine Automobil mit überdurchschnittlicher Leistungsfähigkeit, aber weit mehr für den Gebrauch auf Landstraßen als zum Einsatz auf Rennstrecken gebaut.

Die Anfänge des Rennsports in Europa

Der Ursprung des Sportwagens liegt in einer Reihe von Wettbewerben, die zwischen 1905 und 1911 in Deutschland durchgeführt wurden. Die Herkomer-Fahrt – oder, um ihren vollen Namen zu zitieren, die Internationale Tourenwagen Konkurrenz um den Herkomer-Pokal – führte über 800 Kilometer und umfaßte ein Bergrennen und einen Geschwindigkeitswettbewerb. Zur ersten Ausgabe 1905 traten nur Tourenwagen an, aber schon im folgenden Jahr, als für die Karosserie-Aufbauten keine Preise mehr verliehen wurden, verringerten die Teilnehmer das Gewicht ihrer Wagen, indem sie zum Beispiel Segeltuch-Abdekkungen anstelle der Türen oder rudimentäre, leicht gewölbte Kotflügel statt der üblichen schweren Versionen verwendeten.

Dr. Rudolf Stöss von der Firma Horch gewann den Pokal am Steuer eines 18/20 PS Vierzylinder Horch. Mit 2,7 Litern Hubraum gehörte der Motor zu den kleinsten Motoren aller Teilnehmer, aber er besaß einen wohldurchdachten Zylinderkopf mit hängenden Einlaß- und seitlichen Auslaßventilen. Dies gehört zu den grundlegenden und immer wiederkehrenden Themen und Problemen bei der Entwicklung sportlicher Fahrzeuge – der Versuch, dem Motor ein höheres Leistungsvermögen durch verbesserte Konstruktionsmerkmale zu geben und nicht durch die bloße bullige Kraft aus einem ständig wachsenden Hubraum.

1908 ersetzte man die Herkomer-Fahrt durch die Prinz-Heinrich-Fahrt, ein Wettbewerb, den der jüngere Bruder des deutschen Kaisers, Prinz Heinrich von Preußen, ins Leben gerufen hatte. Nun präsentierten sich die Wagen von Horch in einem noch radikaleren Gewand als zwei Jahre zuvor: keine Türen und eine Haube zwischen den Front- und Fond-Passagieren, etwa im Stil des Doppel-Phaetons, wie er zwanzig Jahre später auftreten sollte. Die vorderen Kotflügel glichen heutigen Surfbrettern und es gab weder eine Windschutzscheibe noch sonst einen Wetterschutz für Fahrer und Passagiere.

Dies war nicht nach jedermanns Geschmack. So schrieben zum Beispiel britische Journalisten ätzende Kritiken über diese »grotesken Autos mit ihrer verrückten Stromlinienverkleidung«, wobei sie nicht erkannten, daß hier den Zuschauern ein Blick in die Zukunft gewährt wurde. Interessanterweise baute man die Prinz Heinrich-Fahrzeuge so, daß man das Reglement bis zur äußersten Grenze umgehen konnte. Hätte man die Vorschriften für die Prinz-Heinrich-Fahrt in voller Strenge angewandt, der Name des preußischen Prinzen wäre niemals in Verbindung mit der Geschichte des Sportwagens verewigt worden.

Die Prinz-Heinrich-Fahrt von 1910 brachte zwei Autos, die wohl als die ersten Sportwagen gelten können, auch wenn dieser Begriff erst nach dem Ersten Weltkrieg in der Automobilwelt auftauchte. Bei diesen beiden »Sportwagen« handelte es sich um den 20 PS Vauxhall aus England und den 27/80 PS Austro-Daimler. Keiner der beiden markierte die obere Grenze der Produktpalette ihrer Firmen und doch verfügten sie über ein weit überdurchschnittliches Leistungsvermögen, das sie ihrer speziellen Motorkonstruktion und einer sorgfältig auf niedriges Gewicht ausgelegten Fahrzeugkonzeption verdankten.

Der Motor des Vauxhall leitete sich von einem 3 Liter Tourenwagen-Triebwerk aus dem Jahre 1908 mit L-förmigem Brennraum und 38 PS her. Durch seine Überarbeitung entlockte der Chefkonstrukteur Laurence Pomeroy diesem Motor für die Prinz Heinrich-Fahrzeuge stattliche 60 PS. Dies gelang ihm hauptsächlich durch den Einsatz leichterer Kolben, was eine höhere Drehzahl ermöglichte, und durch Verbesserung des Ventilbetriebs.

Die Karosserie des Vauxhall war mit ihrer durchgehenden Linie vom V-förmigen Kühlergrill bis zum Heck als offener Viersitzer ohne Türen für das Jahr 1910 ziemlich avantgardistisch. Die verhältnismäßig kleinen Vauxhall gehörten nicht zu den Siegern dieses Wettbewerbs. Während der nächsten drei Jahre aber schlugen sich die Prinz-Heinrich-Vauxhall bei Wettbewerben in Schweden und Rußland mit beachtlichem Erfolg.

Der Austro-Daimler war ein größeres Auto mit einer – in mancher Hinsicht – fortschrittlicheren Konstruktion. Er entstammte den Ideen von Ferdinand Porsche, der auch den Siegerwagen fuhr. Sein 5,7 Liter Vierzylinder-Motor besaß schräg montierte hängende Ventile, die über eine einzelne obenliegende Nockenwelle und gegabelte Kipphebel gesteuert wurden. Die Zündung erfolgte über zwei Bosch-Magnetos. Das ausgefeilte Schmiersystem umfaßte eine Reihe von Kolbenpumpen, die von der Nockenwelle angetrieben wurden.

Die viersitzige Karosserie lief vom Dach nach unten hin spitz zu, ein Trick, der das Reglement der Prinz-Heinrich-Fahrt ausnützte. Dieses schrieb nämlich eine gewisse Karosseriebreite vor, die allerdings nur in Dachhöhe gemessen wurde. Das einzige altmodische Element an Porsches Konstruktion bestand in seinem Kettenantrieb, der dann auch 1912 durch eine Kardanwelle ersetzt wurde.

Insgesamt nahmen elf Austro-Daimler an der Prinz-Heinrich-Fahrt von 1910 teil, am Ende belegten drei Fahrzeuge dieser Marke die ersten drei Plätze. So wie bei Vauxhall brachte man ein Jahr später diesen Wagen auf den Markt. Er war zwar nicht der größte aber der teuerste Wagen der Austro-Daimler-Palette und kostete mehr als das massige 50/60 PS Modell mit seinem Motor mit seitlichen Ventilen und seinem Kardanwellenantrieb. Zwischen 1911 und 1914 konnte Austro-Daimler 200 Exemplare dieses Typs verkaufen (der Prinz-Heinrich-Vauxhall brachte es in der gleichen Zeit auf 190 verkaufte Exemplare).

Austro-Daimler und Vauxhall setzten damit einen Trend, der von einer Reihe

(*links*) Die ersten stromlinienförmigen Karosserien, mit denen man versuchte, durch eine geeignete Form das Durchdringen der Luft so widerstandsarm wie möglich zu gestalten, stammten von Amédée Bollée, der sie für die Wagen entwickelte, die er beim Rennen Paris – Amsterdam – Paris im Jahre 1898 einsetzte.
Diese Karosserien sind auch deswegen bemerkenswert, weil sie aus Aluminium gefertigt waren. Prompt trafen zahlreiche Bestellungen privater Kunden ein, zu denen auch die hier abgebildete Konstruktion von 1899 gehörte, die von den Karosseriebauern Rheims & Auscher für den Comte de Paiva realisiert wurde. Da der Comte dieses Fahrzeug wohl auch für den normalen Straßeneinsatz verwendete, kann es auch als Sportwagen-Embryo angesehen werden. Die geneigte Windschutzscheibe tritt hier zum ersten Mal auf.
(*gegenüberliegende Seite*) Dieser Prinz Heinrich-Vauxhall der zweiten Serie (Baujahr 1914) ist wahrscheinlich der am meisten erträumte Sport-Tourenwagen der Vorkriegszeit gewesen. Im Vergleich zur ersten Serie brachte die zweite einen von 3 Liter auf knapp unter 4 Liter vergrößerten Hubraum und einen von Vauxhall selbst gebauten und mit Türen versehenen Karosserieaufbau. Mit seiner Spitzengeschwindigkeit von 120 km/h und seinen ungewöhnlich feinfühligen Fahreigenschaften bildete der Vauxhall Prinz Heinrich für 580 Pfund eine wahre Attraktion. Aber weniger als 200 verkaufte Autos in vier Jahren können als Indiz dafür gewertet werden, daß die Öffentlichkeit und die möglichen Käufer für einen richtigen Sportwagen noch nicht reif waren. Das hier abgebildete Fahrzeug befand sich viele Jahre im Besitz von Laurence Pomeroy Jr., dem Sohn des Konstrukteurs.

Der Horch 11/22 PS mit seinem 2,7 Liter Hubraum war einer der »verrückten stromlinienförmigen Wagen«, die den britischen Journalisten so sehr mißfielen, als die über die Prinz Heinrich-Fahrt von 1908 berichten sollten. Die ultraleichte viersitzige Karosserie dieses Horch (*unten*) stammte von der Firma Kathe und Sohn aus Halle, die surfbrettartigen ausladenden Flügel traten an einigen Wettbewerben der Prinz Heinrich-Fahrt auf und fanden auch in den zwanziger Jahren eine Reihe von Nachahmern.

von Automobilherstellern aufgenommen wurde. Von nun an war das schnellste Auto in der Produktionspalette nicht mehr notwendigerweise auch das größte. Sorgfältig überarbeitete hochdrehende Motoren und leichtgewichtige Karosserieaufbauten erwiesen sich weit mehr als bloße Hubraumgröße als Schlüssel zu Geschwindigkeit und Leistungsvermögen. Trotzdem überlebten einige der alten »Riesen«, z. B. der Mercedes 90 mit seinem 9.500 cm^3-Motor und seinem Kettenantrieb, der bis 1914 in den Verkaufslisten figurierte, oder auch der noch größere, ebenfalls kettengetriebene 10618 cm^3 Isotta-Fraschini Typ KM.

Während der Mercedes mit seinem L-förmigen Zylinderkopf noch alten Konstruktionsprinzipien huldigte, gehörte der Isotta trotz seiner Riesenhaftigkeit eher zu den fortschrittlichen Konstruktionen. Er besaß bereits vier Ventile pro Zylinder, die von einer einzelnen obenliegenden Nockenwelle gesteuert wurden. Außerdem verfügte dieser Wagen über Bremsen für alle vier Räder, eine Pedalbremse für die Hinterräder und die Kraftübertragung, sowie Vorderradbremsen, die von einem großen außerhalb der Karosserie angebrachten Hebel aus betätigt wurden.

Am anderen Ende der Skala rangierten kleine sportliche Automobile, die man für Wettbewerbsfahrten wie den »Coupe de l'Auto« in Frankreich entwickelte. Die Zeitschrift »L'Auto« trat als Sponsor dieses zwischen 1905 und 1914 durchgeführten Rennens auf, um die Konstruktion sportlicher kleiner Automobile zu fördern. Unter Ausnutzung des Reglements, das nur die Zylinderbohrung begrenzte, entstanden einige ungewöhnliche, ja fast verrückte Motortypen. Da nur die maximale Bohrung vorgeschrieben war, konnten die Konstrukteure durch extrem langen Hub einen möglichst großen Hubraum erzielen. Die Spitze dieser Philosophie erreichte der Peugeot »Lion« aus dem Jahre 1910 mit einem Zweizylinder-V-Motor, dessen Zylinder mit den Maßen 80 × 280 mm nur einen kleinen Winkel bildeten. Daraus resultierte eine derart hohe Motorhaube, daß sich Fahrer und Mechaniker weit aus dem Fahrzeug lehnen mußten, wenn sie um die Motorhaube herumsehen und erkennen wollten, wohin sie fuhren.

Es wurden jedoch durchaus auch praktischere Automobile für den »Coupe de l'Auto« gebaut. Dazu gehörte unter anderen auch der Einzylinder-»Sizaire-Naudin« mit seiner querliegenden unabhängigen Blattfederung für die Vorderachse. Der 10 PS-Isotta-Fraschini glich dem Sizaire-Naudin mit seinem 1327 cm^3-Motor, der mit einer obenliegenden Nockenwelle bis zu 3500 Upm erreichte, für das Jahr 1908 eine sehr hohe Zahl. Dieser Isotta war ein Prachtstück von Auto, das in seiner Straßenversion wie die kleinere Ausgabe des »Mercer Racebout« aussah. Mit einem Verkaufspreis auf dem britischen Markt von 285 Pfund gehörte er nicht zu den überteuerten Wagen, obwohl während seiner vierjährigen Produktionszeit nur überraschend wenige Exemplare verkauft wurden.

Isotta-Fraschini war sicherlich nicht der letzte Automobilhersteller, der entdecken mußte, daß ein hochkarätiger Kleinwagen nur sehr unsichere Profite einfuhr. Unter den anderen attraktiven Sportwagen mit kleinen Vierzylindermotoren findet man den schweizer Martini und den Typ 13 von Bugatti mit seiner einzelnen obenliegenden Nockenwelle und den gekrümmten Gleitstößeln, mit denen die hängenden Ventile betätigt wurden.

In der Zeit von 1910 bis 1914 schrieb man den »Coupe de l'Auto« für größere Fahrzeuge mit einem Hubraum bis zu 3 Litern aus. 1912 belegte Sunbeam die ersten drei Plätze und brachte im Anschluß daran einen schmucken Zwei- oder Viersitzer-Sport-Tourenwagen auf den Markt, der sich aus dem Siegerwagen im »Coupe de l'Auto« herleitete. Er besaß niedrigere Konturen als die gewöhnlichen Sunbeam, einen »Schnauzenkühler«, den er von der Rennversion geerbt hatte, und Drahtspeichenräder.

Der »Coupe de l'Auto« verursachte auch die Konstruktion des langhubigen Vierzylinder-Hispano-Suiza mit der Bezeichnung »Alfonso XIII« nach dem spanischen König, der mehrere Exemplare dieses Typs besaß. Ein zweisitziger Alfonso mit einem kurzen Chassis erreichte gut und gern 130 km/h und blieb mit seinem Preis von 545 Pfund unter dem des Vauxhall »Prince Henry«. In der gleichen Klasse konkurrierte auch ein sportlicher Tourenwagen, den eine britische Firma anbot, die selbst nicht an Rennen teilnahm – die Firma Crossley. Diese Firma stellte das 15,9 PS starke Modell »Shelsley« mit einem in einem Block gegossenen Motor und L-förmigem Brennraum her. Dieser Typ war mit attraktiven torpedoförmigen Karosserie erhältlich, ähnlich denen, die auf das Sunbeam-Chassis montiert wurden.

Neben den genannten Modellen gab es in den Jahren unmittelbar vor dem Ersten Weltkrieg eine Reihe anderer sportlicher Automobile von hoher Qualität in den kleinen Klassen. Als ein Beispiel möge der französische »D. F. P.« gelten,

RI-1223

Eine feine französische Lösungsvariante für den Sportwagen. Maurice Sizaire und Louis Naudin wählten für ihr Modell aus dem Jahr 1908 (*gegenüberliegende Seite*) einen liegenden Einzylindermotor in einem leichten Chassis – zusammen mit einem der ersten Beispiele für eine unabhängige Vorderradaufhängung an Teleskopstäben und querliegenden Blattfedern. Der Sizaire erwarb sich Ruhm und Lorbeer in Rennen wie dem »Coupe de l'Auto« und der »Coppa Sicilia«. Trotzdem lag sein Preis mit 178 Pfund nicht besonders hoch.

Der in Spanien hergestellte Hispano-Suiza erwarb sich internationalen Ruhm nach seinen Siegen im »Coupe de l'Auto« von 1910. Im folgenden Jahr kam ein Serienwagen auf den Markt, der von diesem Siegerwagen abstammte. Der hier abgebildete Typ 15 T, oder Alfonso XIII, aus dem Jahr 1912, besaß einen langhubigen Vierzylindermotor (80 x 180 mm), der dem Wagen in seiner Kurzchassis-Version eine Spitze von 130 km/h verlieh, und dies bei gemütlichen 2300 Upm. So bildeten auch lange Strecken keine ermüdende Angelegenheit und der spanische Monarch, dem dieser Wagen seinen Namen verdankte, legte Tausende von Kilometern über die nicht gerade perfekten Straßen seines Königreiches am Steuer einer Reihe von Alfonsos zurück.

V.C.C.
1911
DELAGE

Ein Rennwagen konnte sich durchaus in eine sportliche Straßenversion verwandeln, wie man am Beispiel dieses »Coupe de l'Auto«-Delage aus dem Jahr 1911 sieht. Mit Louis Bablot am Steuer gewann der Wagen das Rennen, das auch unter dem Namen »Coupe des Voitures Légères« bekannt war, wobei es mit all dem technischen und praktischen Zubehör ausgestattet war wie auf der Abbildung zu sehen. Hier handelt es sich um einen der wenigen frühen Rennwagen, die noch heute an Oldtimer-Straßenrennen teilnehmen. Ein anderes Beispiel dafür ist der berühmte Grand Prix Itala aus dem Jahr 1908. Als besonderes Merkmal ist das Fünfgang-Getriebe zu erwähnen, bei dem der vierte Gang mit 1:1 nicht untersetzt und der fünfte mit einem Übersetzungsverhältnis von größer 1 als overdrive ausgelegt war.
Der Rolls-Royce Silver Ghost war unter den Wagen aus der Zeit von vor 1914 wohl der, der das meiste Fahrvergnügen hat. Unter den verschiedenen Bauversionen des Silver Ghost war sicherlich der »Continental« oder »Alpine Eagle«-Tourensportwagen der beste. Dieser verdankte seine Entstehung der Schlappe, die James Radley mit einem privat gemeldeten Silver Ghost bei der »Österreichischen Alpenfahrt« des Jahres 1912 hatte hinnehmen müssen. Daraufhin bereitete Rolls-Royce 4 Werkswagen für das folgende Jahr vor, die über ein Vierganggetriebe und eine um 10 PS gesteigerte Leistung verfügten, wobei ein vergrößerter Vergaser und ein erhöhtes Verdichtungsverhältnis diese Leistungssteigerung ermöglichten.
Diese Werkswagen gewannen die Alpenfahrt von 1913 mit beträchtlichem Vorsprung und so nahm man baugleiche Replica in die Produktion auf und verkaufte sie unter der Bezeichnung Continental. Ernest Hives, Ingenieur bei Rolls-Royce, nannte sie jedoch immer Alpine Eagle (Alpenadler), ein Name, unter dem man sie im allgemeinen auch heute noch kennt. Hier ein Beispiel aus dem Jahre 1913.

Der Mercer Raceabout, dessen Abbildung hier der Bauweise der Jahre 1912/1913 entspricht, symbolisiert den amerikanischen Speedster von vor dem Ersten Weltkrieg. Die spartanische Ausstattung für die Insassen umfaßte Polstersitze auf dem Benzintank und eine Monokel-Windschutzscheibe. Der 4,9 Liter Motor brachte es mit seinem T-förmigen Zylinderkopf auf 58 PS. Dank seines leichten Gewichts und eines hohen Übersetzungsverhältnisses an der Hinterachse erreichte der Mercer Raceabout eine Höchstgeschwindigkeit von 120 km/h. Die ersten Exemplare verfügten über drei Vorwärtsgänge, die späteren über vier, wobei der höchste Gang als overdrive ausgelegt war. Normalerweise wurde der Mercer Raceabout in den Farben kanariengelb, azurblau mit weißen Streifen oder braun mit schwarzen und goldenen Streifen geliefert.

der sich zunächst nicht besonders sportlich gab, bis ihn seine englischen Importeure, H. M. und W. O. Bentley mit Aluminiumkolben ausrüsteten und dabei seine Leistung von 25 auf 40 PS anhoben. Auch manch anderes Automobil in sportlichem Kleid erblickte zwischen 1912 und 1915 das Licht der Welt, meist auf einem serienmäßigen Tourenwagen-Chassis. Mit einer torpedoförmigen Karosserie, entsprechend klaren Linien und mit Drahtspeichenrädern sahen selbst gesetzte, seriöse Vehikel wie der 15,9 PS »Belsize«, der 14 PS »Hurtu« oder der 14/20 PS »Spyker« recht unternehmungslustig aus.

Einige Hersteller gaben bei diesen Konstruktionen auch keinesfalls vor, daß die sportlichen Qualitäten weiterreichten als wenige Millimeter unter die Haut. So wurde zum Beispiel die sportliche Version des »Briton« folgendermaßen beschrieben: »ihr mechanischer Aufbau ist fast vollständig identisch mit dem des Standardmodells, sein äußeres Erscheinungsbild weicht jedoch beträchtlich davon ab. Von Herstellerseite möchte man damit, den Wünschen derjenigen Käufer nachkommen, deren Herz an einem Automobil im Rennkleid hängt.«

Die größten Wagen mit sportlicher Konzeption vor dem Ersten Weltkrieg verdankten ihre Entstehung einem anderen automobilsportlichen Wettbewerb, der Österreichischen Alpenfahrt, die von 1911 bis 1914 durchgeführt wurde. Zu den Firmen, die hier sportliche Viersitzer einsetzten, gehörten Austro-Daimler und Puch aus Österreich, sowie Horch, Audi und Benz aus Deutschland. Aus England nahm die Firma Rolls-Royce daran teil, deren überarbeitetes Modell 40/50, allgemein bekannt als der »Alpine Eagle« (Alpenadler), wohl das beste Beispiel der damaligen Zeit für einen schnellen und doch ruhigen Tourenwagen darstellte. Dieser Alpine Eagle wurde aus dem Standardmodell 40/50, dem »Silver Ghost«, aufgrund einer Entscheidung entwickelt, die im Anschluß an ein niederschmetterndes Ereignis während der Alpenfahrt 1912 getroffen worden war. Damals war es nicht gelungen, einen 40/50 mit Dreiganggetriebe auf den steilen Rampen des Katschbergpasses wieder in Gang zu bringen.

Die Modelle aus dem Jahre 1913 wurden speziell vorbereitet für die Anforderungen der Alpen und verfügten daher über ein Vierganggetriebe (das von diesem Jahr an serienmäßig für alle Rolls-Royce geliefert wurde) und einen Motor, dessen Leistung von 60 auf 75 PS angehoben worden war. Auf ihrem Kühler befand sich eine Ausdehnungskammer oberhalb des Verschlusses, die bald den Spitznamen »Wasserturm« erhielt. Mit vier Wagen beherrschte das Rolls-Royce-Team den Wettbewerb von 1913 und holte sich sechs Auszeichnungen, darunter den Pokal des Erzherzogs Leopold.

Die ersten amerikanischen Speedster

Jenseits des Atlantiks entwickelte sich der Sportwagen auf völlig andere Art. Aus Europa kamen praktisch keine Einflüsse hinüber und weder an der Prinz-Heinrich-Fahrt noch an der Alpenfahrt beteiligten sich amerikanische Konkurrenten. Allerdings nahmen am »Coupe de l'Auto« von 1913 zwei Buick teil. Viele

amerikanische Firmen versahen ihre serienmäßigen Fahrgestelle auf Wunsch mit einer leichten zweisitzigen Karosserie, ohne dabei den Motor zu modifizieren, im äußersten Fall wurde das Übersetzungsverhältnis an der Hinterachse angehoben. Fahrzeuge dieses Typs liefen unter Bezeichnungen wie »Runabout«, »Raceabout«, »Roadster« oder »Speedster«.

In einigen Fällen magerte auch ein Vertragshändler ein Modell seiner Firma ab und brachte es auf Renntrimm, um damit an Bergrennen oder Rundstreckenrennen teilzunehmen, nicht zuletzt mit dem Ziel, die Verkaufsziffern seiner Tourenwagen zu steigern. Nicht selten führten solche Erfolge zu einer gewissen Nachfrage nach Kopien, was zur Folge hatte, daß im nächsten Jahr im Katalog der entsprechenden Herstellerfirma ein Roadster erschien. Die Zahl solcher Roadster aus Amerika ist viel zu groß, um hier aufgeführt zu werden. Einige Marken erreichten jedoch auf diesem Gebiet überdurchschnittliche Erfolge und eine herausragende Reputation. Zu diesen gehörten die Firmen Apperson, Kissel, Marion, Marmon, Midland, National, Overland, Stoddard-Dayton und Thomas. Überragt wurden diese Firmen noch von den Herstellern, deren Produkte von vornherein als Sportwagen angesehen wurden: Chadwick, Mercer, Stutz und Simplex.

Der Mercer Raceabout und der Stutz Bearcat sind Objekt zahlloser Veröffentlichungen, Beschreibungen, Berichte und Kommentare gewesen, ja, man hat weit mehr über sie geschrieben als sie in Relation zu ihren Produktionszahlen oder zu ihrer zeitgenössischen Bedeutung verdienen würden. Beide Firmen stellten überwiegend Tourenwagen her, die Mercer Typ 35 – Limousine diente häufig als Taxi. Untersucht man die Zulassungslisten jener Zeit etwas genauer, so erkennt man, daß die Wahrscheinlichkeit, einen Stutz Bearcat zu sehen, ungefähr dreimal so hoch war wie das Auftauchen eines Mercer Raceabout.

Beide folgten dem gängigen Rezept mit einem großvolumigen Vierzylindermotor mit T-förmigem Brennraum, einem Dreiganggetriebe und einer hochübersetzten Hinterachse, die schon bei nur 1500 Upm eine Fahrgeschwindigkeit von 120 km/h ergab. Die Karosserieausstattung beschränkte sich auf zwei fast eimerförmige Sitze, denen der dahinter liegende Tank quasi als Rückenlehne diente. Hinter diesem Treibstofftank befand sich ein kleiner Werkzeugkasten in Gesellschaft von normalerweise zwei Ersatzreifen. Man verzichtete auf richtige Windschutzscheiben und baute höchstens ein Monokel ein, das an der Lenksäule befestigt wurde.

Der Chadwick gehörte zu den größeren und teueren Fahrzeugen, der Preis für die Runabout-Version lag bei 6500 Dollar im Vergleich zu 2000–2600 Dollar für einen Mercer oder Stutz. Dafür erhielt der Chadwick-Besitzer für sein Geld einen 11,2 Liter Sechszylindermotor, bei dem die hängenden Ventile über Stoßstangen betätigt wurden, und eine dreisitzige Karosserie mit einem kleinen Notsitz (Spyder) hinter dem Fahrer.

Die Marke Chadwick ist im Grunde genommen in erster Linie dafür bekannt, daß sie weltweit als erste ein Aggregat benutzte, das man später einen Kompressor nennen sollte. Dieses Aggregat diente offensichtlich dazu, die nicht gerade berauschende Leistung des ersten Chadwick Sechszylindermotors zu beleben, der zunächst weniger PS entwickelte als die Vierzylinder-Version mit gleichem Hubraum. Zunächst versuchte es Willy Haupt, der führende Werksrennfahrer von Chadwick, mit drei Vergasern, aber es zeigte sich bald, daß das Hauptproblem in der begrenzten Ventileinlaßöffnung bestand. Die Ventile ließen sich jedoch nicht vergrößern, da jedes Zylinderpaar von Kühlwassermänteln aus Kupfer umgeben war. Aus diesem Grund baute Haupt einen Kompressor ein, der das Brennstoffgemisch mit Überdruck in die Zylinder preßte. Zunächst versuchte er es mit einem Kompressor, später mit drei, die jeweils über Lederriemen von der Schwungradwelle angetrieben wurden. Dieses Kompressoraggregat verhalf Haupt zu einigen Siegen in Bergrennen, es erwies sich jedoch als ungeeignet für längere Fahrten. Im Gegensatz zu dem, was man in einigen Veröffentlichungen findet, verwendete Chadwick diese Kompressoraggregate nie in Fahrzeugen für gewöhnliche Kunden.

Nach dem Ersten Weltkrieg

Die zwanziger Jahre des 20. Jahrhunderts dürfen zu Recht als die wichtigste Dekade in der Geschichte des sportlichen Automobils bezeichnet werden. Der Sportwagen erfreute sich in allen Preiskategorien einer enormen Blüte und bis zur Weltwirtschaftskrise bestand auch für kleine Marken keinerlei Existenzbedrohung. In jener Zeit kümmerte sich auch niemand um irgendwelche Sicherheitsgedanken oder um das Problem der Luftverschmutzung, das in unserer heutigen Zeit das Grundkonzept des leistungsfähigen Sportwagens fast kastriert hat. In Großbritannien herrschte immer noch eine absolute Geschwindigkeitsbegrenzung von 20 mph (32 km/h), die erst im Jahre 1930 aufgehoben wurde – aber in Frankreich gab es offene Straßen mit langen einladenden Geraden. Den Geist jener Tage faßte ein Gemälde zusammen, das auf einer Ausgabe der »The Brooklands Gazette« (heute »Motor-Sport«) aus dem jahre 1924 prangte. Darauf jagen zwei Sportwagen eine gerade pappelgesäumte Landstraße in Frankreich entlang, wobei die Bildunterschrift verkündet: »Eine 15 km-Gerade, das Gaspedal hart durchgetreten, dem Konkurrenten Staub ins Gesicht gewirbelt – das ist das wahre Leben!«

Sportwagen der zwanziger Jahre zeigten mehr und mehr nationale Eigenheiten. Charakteristisch für Großbritannien der großvolumige, relativ niedrig drehende Motor in einem sportlichen Viersitzer, Bentley gehörte mit verschiedenen Typen ebenso wie der Vauxhall 30/98 und der 3 Liter Sunbeam zu den bekanntesten Vertretern dieser britischen Sportwagenphilosophie. Gegen Ende der Dekade zeigte C. Kimber mit seinem »MG Midget Typ M«, was man mit Komponenten des in Großserie gefertigten Morris Minor alles erreichen konnte.

Frankreich gelangte zu Ruhm mit seiner Version des kleinen Vierzylinder-Sportwagens – der Amilcar und der Salmson charakterisieren diesen Typ am besten – und mit seinen schnellen Tourenwagen wie dem Delage 14/40, dem Ballot 2 LTS, dem Hotchkiss, dem Chenard-Walcker und vielen anderen. Innerhalb der Grenzen von Deutschland kam ein ganzes Spektrum von Sportwagen auf den Markt, die einzige Marke jedoch, die zu internationalen Ehren gelangte, war Mercedes-Benz, die 1926 fusionierte Firma der beiden Automobilpioniere.

BIRTSMORTON
PARISH CHURCH
SUNDAY 9·30
YO 3595

Drei klassische britische Sportwagen der 1920er Jahre – zwei Bentley und ein Vauxhall. Als Ergebnis ihrer Erfolge in Le Mans – mit Siegen in den Jahren 1924 und 1927 bis einschließlich 1930 – und weil sie so illustre und wohlhabende Fahrer fanden (wie zum Beispiel Woolf Barnato, Sir Henry Birkin und Bernard Rubin), erwarben sich die Bentley den Ruf des archetypischen Sportwagens unter den Veteranen. Das 3 Liter Modell (*gegenüberliegende Seite/Seite 106*) wurde bereits 1919 angekündigt, seine Auslieferung an den ersten Kunden erfolgte jedoch erst im September 1921. Bis zum Jahre 1925, aus dem das hier abgebildete Modell stammt, hatte sich dieser Typ einen festen Platz auf dem Automobilmarkt erobert. Inzwischen war auch das 6,5 Liter Sechszylindermodell herausgekommen, eher ein schneller Tourenwagen als ein wirklicher Sportwagen. Als der 3 Liter allmählich seine Konkurrenzfähigkeit verlor, blieb er zwar bis 1929 im Produktionsprogramm, aber W. O. Bentley brachte einen vergrößerten Vierzylinder mit 4,5 Liter Hubraum heraus. Das oben abgebildete 4,5 Liter Tourenwagenmodell mit Vanden Plas-Karosserie stammt aus dem Jahr 1929 und hat extrabreite Trittbretter, ein spezieller Wunsch seines ersten Besitzers, eines Maharadschas, dessen Leibgarde auf den Trittbrettern mitfuhr.

Viele bekannte Oldtimer-Liebhaber reihen den Vauxhall 30/98 in Bezug auf die Straßenlage höher ein als die Bentley. Während W. O. Bentley bei all seinen Konstruktionen eine einzelne obenliegende Nockenwelle verwendete, begnügte sich Vauxhall beim E-Type 30/98 mit seitlich angeordneten Ventilen. Dieses Modell, von dem hier (*rechts*) ein Exemplar aus dem Jahr 1920 abgebildet ist, wurde von 1919 bis 1922 hergestellt. Dann erhielt der Motor hängende über Stoßstangen betätigte Ventile, was dem Fahrzeug die Bezeichnung OE-Type eintrug. Mit seiner 3,09:1 Achsübersetzung erreichte der E-Type eine Spitzengeschwindigkeit von 130 km/h. Auch wenn die Bremsen nur auf die Kraftübertragung und auf die Hinterräder wirkten, stellten sie angesichts der leeren Straßen dieser Epoche keinen besonders großen Nachteil dar.

Die Motorkonzeption mit zwei obenliegenden Nockenwellen wie sie an Vittorio Jano's Motor im Alfa Romeo 6C zum Ende der zwanziger Jahre verwendet wurde (*unten* in der 1750 cm³ Version). Jano's Doppelnockenwellenmotor im Alfa Romeo 1500 bzw. im 1750 waren vom Grand Prix-Motor P2 abgeleitet, obwohl sie nur über sechs anstatt acht Zylinder verfügten und die Kurbelwelle in Gleitlagern statt in Rollenlagern lief. Diese Motoren setzten neue Maßstäbe in Richtung auf leichtere Wettbewerbsmotoren und machten die Bentley zu altmodischen Konstruktionen. Alfa Romeo dominierte mit seinen Motoren mit obenliegenden doppelten Nockenwellen die Sportwagenrennen der frühen dreißiger Jahre.

Die S-Serie von Mercedes Benz repräsentiert den deutschen Sportwagen ähnlich markant wie der Bentley den britischen. Tatsächlich aber sind weit weniger dieser von Porsche konstruierten Sechszylinderwagen gebaut worden – weniger als 400 im Vergleich zu den 1690, die allein vom 3 Liter Bentley hergestellt wurden. Der SS, den man in Großbritannien als den 38/250 kennt, stimmt mit dem S-Modell in seinem Radstand von 3,4 m überein, seine höhere Motorhaube gab dem Wagen jedoch eine imposantere Erscheinung. Bei einem wesentlich kürzeren Radstand von 2,95 m wurde der SSK nur mit zweisitziger Karosserie gebaut. Von diesem SSK wurden nur 45 Exemplare verkauft. Das hier abgebildete Modell K (*gegenüberliegende Seite*) von 1927 stellt den Vorläufer der sportlichen S-Modelle als Tourenwagen dar. Mit seiner kleineren Zylinderbohrung (94 mm im Vergleich zu 98 für den S) kam der K auf einen Hubraum von 6240 cm³. Auch er verfügte über einen Kompressor, mit dem der Motor eine Maximalleistung von 160 PS erreichte. Das Modell K gehörte von 1926 bis 1929 zur Produktpalette von Mercedes und wurde insgesamt 267 Mal gebaut.

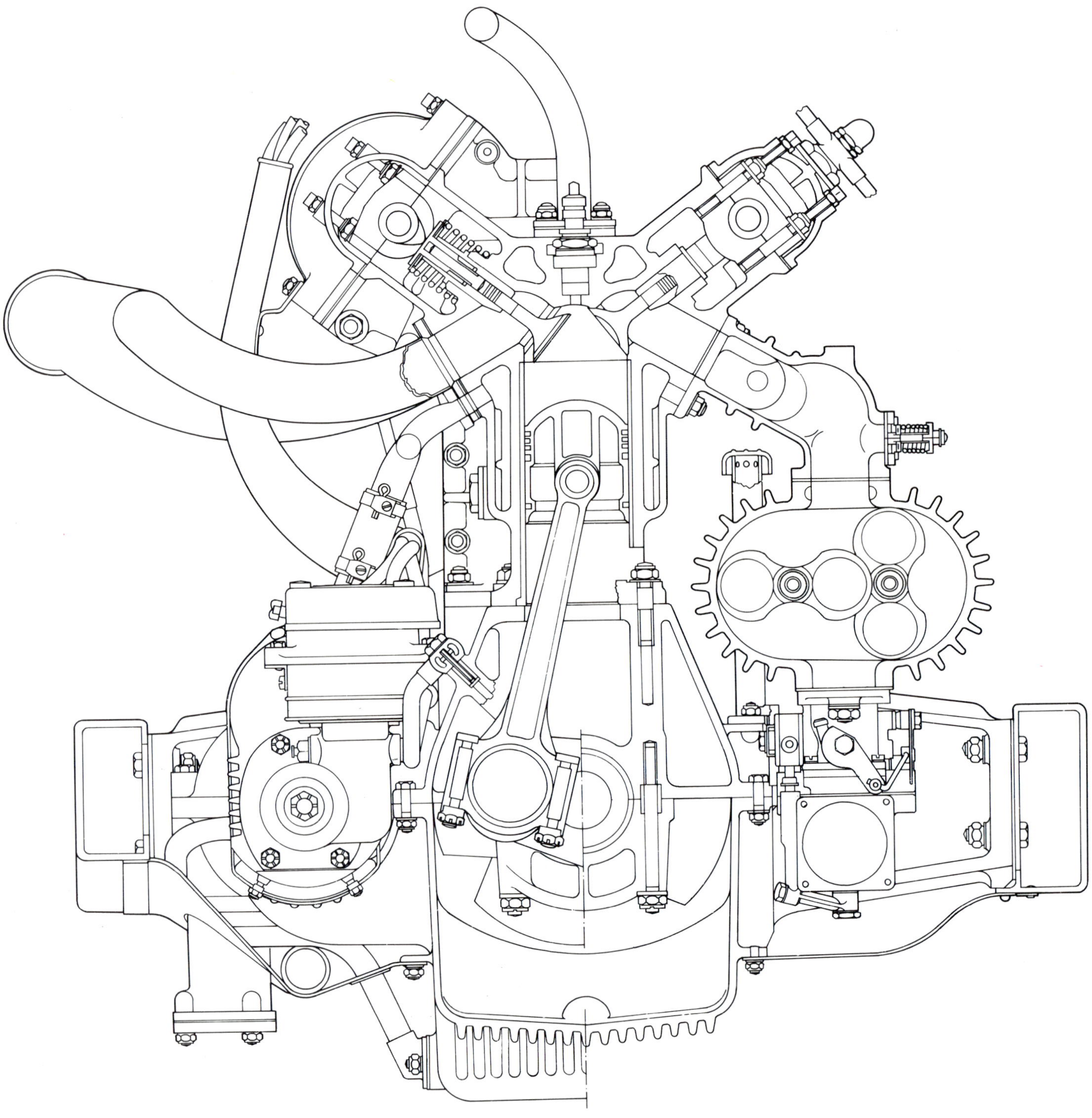

(*oben*) Die häufigste Form des Kompressors, der Typ Roots, wurde aus Gebläse-Aggregaten entwickelt, die für die Luftzufuhr bei Hochtemperaturöfen verwendet wurden. Die ineinandergreifenden zweilappigen Rotoren berührten sich nicht vollständig, sodaß man keine Innenschmierung benötigte. Solche Roots-Kompressoren kamen bei Alfa Romeo, Bentley und Mercedes zum Einsatz, ein einziges modernes Auto aus der heutigen Zeit, der Lancia, verwendet noch einen solchen Kompressor im Gegensatz zu den in den achtziger Jahren üblichen Turboladern.

Tourenwagen- und Sportwagen-Versionen des Hillman Ten aus dem Jahre 1919. Der zweisitzige Tourenwagen (*gegenüberliegende Seite*) lehnte sich sehr stark an die Konstruktionsprinzipien aus der Vorkriegszeit an, wie man es wohl auch erwarten mußte bei einem Fahrzeug, das nur wenige Monate nach Kriegsende auf den Markt kam. Der Zylinderkopf des 1593 cm^3 Seitenventil-Motors ließ sich nicht abnehmen, obwohl man bereits Kolben aus Aluminium verwendete. Schon ab 1919 gehörten ein elektrisches Beleuchtungssystem und ein elektrischer Anlasser zur Standardausrüstung.

Das sportliche Modell links besitzt ein völlig anderes Aussehen, insbesondere wegen seines V-förmigen Kühlers, seiner Scheibenräder und seines aus Kupfer gefertigten Auspuffrohrs. Um den Wagen in der 1,5 Liter Klasse einsetzen zu können, reduzierte man den Hubraum auf 1496 cm^3. Gleichzeitig aber hob man die Leistung um 10 PS auf 28 PS an, indem man die Kolben und die Pleuelstangen gewichtssparend modifizierte und sie sorgfältig auswuchtete und indem man eine hochnockige Nockenwelle einbaute.

BY 3898

BC 8449

Der in niedrigen Stückzahlen ganz auf seinen Zweck hin spezialisierte Sportwagen bildete auch in den zwanziger Jahren eine britische Domäne und das hier abgebildete Beispiel erwarb sich eine besonders enthusiastische Anhängerschaft, die sich bis in die heutige Zeit eigentlich nur noch vergrößert hat. So gehört der Alvis 12/50 zu den Sportwagen mit den höchsten Produktionsziffern, nachdem zwischen 1923 und 1932 rund 7000 Exemplare hergestellt wurden. Dabei trat dieser Alvis in einer Vielfalt von Tourenwagen-, Limousinen- und Sportwagen-Versionen auf. Er gehört zu jener Gruppe geglückter Entwürfe, deren Produkte Zuverlässigkeit mit nutzbarer Leistung perfekt verbanden und auch heute noch erfreuen sich ca. 650 Exemplare eines aktiven Lebens.

Sportwagen zu erschwinglichem Preis basierten auf Kleinwagen aus der Massenproduktion (siehe Austin Seven und Morris Minor). Der Austin aus dem Jahr 1927 (*links*) trägt eine auffallende Aluminiumkarosserie von Burghley mit überstehenden Kotflügeln wie sie bei der Prinz Heinrich Gedächtnisfahrt im Jahr 1908 zum ersten Mal auftauchten. Auffallend die eigenartige Position der Scheinwerfer, wie sie allen Austin Seven bis 1927 eigen war. Der Midget MG M-type auf Morris-Basis kostete mit 175 Pfund um einiges weniger. Bei dem hier gezeigten Midget (*gegenüberliegende Seite*) handelt es sich um eine »Double Twelve«-Replica auf dem Chassis der Wagen, die beim doppelten 12-Stunden-Rennen von Brooklands 1930 die Plätze 3–7 in ihrer Klasse belegten. Mit einer hochnockigen Nockenwelle bestückt, die die Leistung von 20 auf 27 PS anhob, kosteten diese Wagen 245 Pfund, wobei sich zwischen August und Dezember 1930 nur 18 Exemplare verkaufen ließen. Die Käufer eines M-Typs konnten im Jahr 1931 auf Wunsch auch ein Vierganggetriebe und einen Kompressor zum Aufpreis von 65 Pfund erhalten, aber solche Zusatzangebote lockten nur wenige Käufer. Mit dem Ende der Produktion des M-Typs im Juni 1932 zählte man insgesamt 3235 verkaufte Exemplare.

Der Ruhm von Mercedes-Benz gründete sich auf die Sechszylinder-Modelle SS und SSK, deren Kompressormotoren diesen prächtigen Fahrzeugen eine ständig steigende Leistung verliehen. Italienische Sportwagen neigten zu der Devise »klein aber fein« und selbst der außerordentliche erfolgreiche Alfa Romeo 6C verfügte über einen Hubraum von weniger als 2 Litern. Amerika ging seinen eigenen Weg und kultivierte die Nachkommen der Speedster aus der Vorkriegszeit.

Vom stehenden zum hängenden Ventil

In den zwanziger Jahren setzte ein allgemeiner Trend ein, die Ventile in den Zylinderkopf einzubauen, um dadurch eine bessere Beatmung des Motors und einen höheren Wirkungsgrad zu erreichen. Gerade der Sportwagen bildete in dieser Hinsicht die Spitze der Entwicklung, auch wenn der italienische O. M. und der deutsche N. A. G. mit recht beachtlichem Erfolg selbst in Wettbewerben auf die seitliche Anordnung der Ventile vertrauten.

In dieser Zeit gab es drei Typen von Motoren mit hängenden Ventilen: zum ersten die Version mit einer seitlich angeordneten Nockenwelle, die die Ventile über Stoßstangen und Kipphebel steuerte, zweitens und drittens die Version mit einer oder zwei obenliegenden Nockenwellen. Eine Variation zum letzteren Konstruktionsprinzip brachte der Riley Nine, aus dem Jahre 1926. Bei ihm befanden sich zwei Nockenwellen hoch im Block, jedoch nicht über den Ventilen. Diese waren mit einem Neigungswinkel von 45° in den Block eingebaut und der Zylinderkopf besaß einen halbkugelförmigen Brennraum.

Sportwagen mit hängenden über Stoßstangen betätigten Ventilen existierten in so großer Zahl, daß es unmöglich ist, sie hier alle aufzuzählen. Zu den prominenteren Vertretern dieses Prinzips gehörte z. B. Vauxhall, wo man es 1922 am Typ OE 30/98 einführte. Auch die meisten schnellen französischen Tourenwagen wie der Delage, der Hotchkiss, der Georges Irat und der Cottin-Desgouttes gehörten zu den bekannten Verfechtern des Stoßstangenprinzips. Als Besonderheit besaß der Cottin-Desgouttes für jeden Zylinder drei Ventile, zwei Einlaß- und ein Auslaßventil.

Die obenliegende Nockenwelle – deren Antrieb über eine vertikale Welle oder auch über eine Kette erfolgte, war 1905 von dem berühmten Konstrukteur bei Isotta-Fraschini, Giustino Cattaneo, eingeführt worden und hatte sich als bahnbrechend erwiesen, so daß man sie von da an bei allen Modellen von Isotta verwendete. Porsche vertraute auf die obenliegende Nockenwelle am Prinz Heinrich-Austro-Daimler. Auch W. O. Bentley wählte dieses Prinzip zur Ventilsteuerung, als er 1919 einen Wagen unter seinem eigenen Namen herausbrachte. Bentley verwendete vier Ventile pro Zylinder, so wie es Ettore Bugatti bei den Rennversionen des Typs 13 aus dem Jahre 1914 getan hatte. Damit gelang es Bentley, einem Hubraum von 2996 cm^3 bei einer relativ bescheidenen Drehzahl von 2500 Upm volle 80 PS zu entlocken.

Der 120 km/h schnelle Bentley aus dem Jahre 1919 galt eher als ein schneller Tourenwagen denn als Sportwagen. Und doch reihten ihn seine Siege in Le Mans von 1924 und 1927 – 1930 markant in die Gruppe der besten Wettbewerbsfahrzeuge ein. Tatsächlich verlief die Trennlinie zwischen dem Typ des schnellen Tourenwagens und dem wirklichen Sportwagen ziemlich unscharf. Dies umso mehr, als die herausragenden Sportwagenrennen jener Zeit wie Le Mans und das 24 Stunden Rennen in Belgien nur Starter mit einem Hubraum von mehr als 1100 cm^3 und mit vier Sitzen zuließen. Da die meisten Automobilhersteller an diesen Wettbewerben teilnahmen,konstruierten sie ihre Sportwagen bzw. ihre sportlichen Fahrzeuge als Viersitzer.

1921 brachte Sunbeam sportliche Versionen ihres Vierzylinder-Modells 16/40 und ihres Sechszylinder-Modells 24/60 heraus. Diese besaßen vier schräg einge-

SC 9559

Bugatti bot in fast allen Bereichen des Sportwagenmarkts mit Ausnahme der niedrigsten Preisklassen seine berühmte Modellpalette an. Der hier abgebildete Brescia war ein Nachkomme des Typs 13 aus dem Jahre 1910 und besaß einen Vierzylindermotor mit obenliegender Nockenwelle, dessen Hubraum 1921 auf 1453 cm^3, 1923 auf 1496 cm^3 angehoben wurde. Nach dem Ersten Weltkrieg gehörten vier Ventile pro Zylinder zur Serienausstattung dieses Wagens und 1925, dem Geburtsjahr des hier abgebildeten Modells, erschienen auch Vorderradbremsen. Allerdings hatten Privatbesitzer häufig ein solches Bremssystem bereits vorher montieren lassen. Ein Brescia in Tourenwagenausführung erreichte eine Spitzengeschwindigkeit von 120 km/h, eine bemerkenswerte Leistung für einen 1,5 Liter Wagen aus den frühen zwanziger Jahren. Allerdings mußte man für einen Bugatti Brescia auch einen stolzen Betrag zahlen. So kostete 1920 allein das Chassis 735 Pfund, ein Preis, der allerdings innerhalb von fünf Jahren auf 385 Pfund zurückging.

SEP 76
SEP 76

Zwei große Rivalen auf dem französischen Markt der leichten Sportwagen: Der Amilcar CGS (*oben*) ist eine Weiterentwicklung des ursprünglichen Petit Sport, allerdings mit neu konstruiertem Zylinderkopf und Vorderradbremsen. Für 220 Pfund hatte man ein 120 km/h schnelles Automobil, von dem ähnliche Versionen von der italienischen Firma S. I. L. V. A. in Verona und von dem deutschen Hersteller Pluto in Zella St. Blasii/Sachsen gebaut wurden.
Der Salmson Grand Sport (*gegenüber*) war von der Konzeption her ähnlich, aber er besaß anstelle des Stoßstangenmotors des Amilcar einen moderneren Motor mit einer doppelten obenliegenden Nokkenwelle. Für das Jahr 1926 brachten beide Firmen fortschrittlichere Konstruktionen heraus, vor allem mit niedrigerem Chassis und fahrradähnlichen Kotflügeln. Beide setzten ihre Produktion bis zum Ende der zwanziger Jahre fort, also bis zu einer Zeit, in der sich der kleine französische Sportwagen eigentlich noch großer Beliebtheit erfreute.

YL 9526

Die Modelle von Frazer-Nash, links ein Zweisitzer aus dem Jahr 1927, fanden immer einen recht begrenzten Käuferkreis. So verkaufte die britische Firma in den Jahren zwischen den beiden Weltkriegen nicht einmal 400 Exemplare. Die Rennerfolge dieser Marke trugen jedoch wesentlich dazu bei, eine gewisse Firmentreue bei den Kunden zu wecken und zu erhalten, zumal viele der verkauften Wagen an Rallies, Zuverlässigkeitsprüfungen und Rennen teilnahmen – eine Tatsache, die ebenso für die Fahrzeuge von Aston Martin galt.

baute Ventile für jeden Zylinder, die über eine obenliegende Nockenwelle betätigt wurden. Unter der Bezeichnung »OV-Modelle« konnte man sie theoretisch in den Jahren 1922 und 1923 erwerben, in der Praxis wurden jedoch nur wenige hergestellt. Erst mit dem 3 Liter-Modell von 1925 mit seinen zwei obenliegenden Nockenwellen bot Sunbeam einen wirklichen Sportwagen an.

Auch andere Firmen betraten in dieser Periode die Bühne der Verfechter der obenliegenden Nockenwelle. AC verwendete sie an einem 2 Liter-Sechszylinder mit stählernen Laufbüchsen in einem Zylinderblock aus Aluminium. In Frankreich gehörten zu dieser Gruppe die Firmen Ariès, Ballot, Bignan und Hispano-Suiza. Ettore Bugatti hatte – wie weit bekannt – schon in seinem ersten Automobil von 1909 die Nockenwelle obenliegend eingebaut und er folgte dieser Tradition bis die Produktion von Bugatti auslief. Ab 1930 verfügten die Molsheimer Wagen dann über zwei obenliegende Nockenwellen.

In Italien nahm Alfa Romeo das Konzept der obenliegenden Nockenwelle für Vittorio Jano's 1,5 Liter Modell 6C auf, das ab 1925 gebaut wurde. Der nur selten anzutreffende 3,5 Liter Nazzaro besaß ebenfalls eine einzelne obenliegende Nockenwelle, die sowohl das eine Einlaß- wie auch die beiden Auslaßventile pro Zylinder betätigte. Von den beiden Auslaßventilen öffnete eines etwas früher als das andere. Welche Vorteile diese Ventilzeitensteuerung auch haben mochte – es gelang auch damit nicht, diesem Wagen zu einer größeren Resonanz zu verhelfen und so verschwand er nach einer ziemlich kurzen Lebensfahrt 1922 wieder von der Bildfläche. Unter den anderen Marken auf dem europäischen Kontinent, die auf eine einzelne obenliegende Nockenwelle bauten, befanden sich die deutsche Firma Stolle mit einem außerordentlich ansprechenden 1,5 Liter Sportwagen mit Bremsen an allen vier Rädern und Rudge-Drahtspeichenrädern sowie in Austro-Daimler und Steyr Österreich .

Der Chefkonstrukteur von Peugeot, Ernest Henry, baute 1912 einen 4,5 Liter 4-Zylinder Motor für die Grand Prix-Rennwagen der Firma, der *2* obenliegende Nockenwellen besaß – eine zur Betätigung der Einlaß- die andere zur Steuerung der Auslaßventile. Mit dieser Konstruktion ließen sich höhere Drehzahlen erreichen und bald schon gehörte sie zum Stand der Technik im Rennmotorenbau. Nach dem Krieg trat Henry in die Firma Ballot ein, die bis dahin ganz gewöhnliche Motoren für andere Fahrzeughersteller produziert hatte und nun die Produktion von Grand Prix- und Sportwagen aufnehmen wollte.

Henry's erste Konstruktionen bei Ballot waren 8-Zylinder-Reihen-Rennmotoren mit zwei obenliegenden Nockenwellen, 1921 jedoch brachte er den 2LS heraus. Dieser 2 Liter Sportwagen war das erste straßentaugliche Automobil mit zwei obenliegenden Nockenwellen. Sein Motor entwickelte beachtliche 75 PS, die dem Wagen eine Spitzengeschwindigkeit von 150 km/h ermöglichten. Allerdings lag der Preis für diesen Sportwagen ziemlich hoch und so wurden innerhalb von vier Jahren nicht einmal 100 Exemplare gebaut. Danach ging Ballot mit seinen gelungenen Modellen 2 LT und 2 LTS. zwei sportlichen Tourenwagen, auf Motoren mit einer einzelnen obenliegenden Nockenwelle zurück.

Spätestens ab 1923 verwendete man auch bei Fiat, Rolland-Pilain und Sunbeam für die Rennwagen zwei Nockenwellen. Das nächste Straßenfahrzeug jedoch, das mit zwei Nockenwellen ausgerüstet wurde, stammte von der kleinen deutschen Firma Simson in Suhl in Thüringen, in der heutigen DDR. Der Konstrukteur dieses Autos Paul Henze, zeichnete für den Simson-Supra Typ S aus dem Jahre 1924 verantwortlich, der einen 2 Liter 4-Zylinder-Motor mit zwei Nockenwellen besaß, über die die schräg eingebauten hängenden Ventile betätigt wurden. Mit den 60 PS dieses Motors erreichte der Tourenwagen bei einem Radstand von 3 Metern 120 km/h, während es der Zweisitzer mit kürzerem Radstand und Zwillingsvergasern sogar auf 135 km/h brachte.

Unglücklicherweise war der Markt in Deutschland für teure Sportwagen sehr beengt, andererseits unternahm die Firma Simson nie den Schritt in den Export. So ließen sich höchstens 30 Exemplare des Typs S verkaufen, im Vergleich zu den rund 300 Fahrzeugen ihres Modells mit einer obenliegenden Nockenwelle oder gar mit 750 Stück ihres Typs R, der von einem 6-Zylinder-Stoßstangenmotor angetrieben wurde.

Als nächstes ging Sunbeam mit einem Doppelnockenwellenmotor auf die Straße. Dazu entwickelte man dort eine Dreiliter-Version des erfolgreichen 2-Liter-Rennmotors, der im Jahre 1923 in Tours den ersten Grand Prix-Sieg für Großbritannien errang (und gleichzeitig den letzten Grand Prix-Sieg für Großbritannien bis 1955). Diese Dreiliter-Version wurde in ein Chassis mit großem

Radstand eingebaut, aber diese Kombination erreichte nie beeindruckende Erfolge, da die Konzernpolitik den Geldhahn für die Entwicklungsarbeit bei Sunbeam nur spärlich tröpfeln ließ – das dringend benötigte Geld floß stattdessen zu Talbot, dem französischen Teil des Sunbeam-Talbot-Daracq-Imperiums.

Trotz dieser Schwierigkeiten wurden in der Zeit von 1926 bis 1930 ungefähr 250 Sunbeam mit zwei Nockenwellen produziert. Das Chassis kostete 950 Pfund im Vergleich zu 895–925 Pfund für einen Dreiliter-Bentley oder 950 Pfund für einen Vauxhall 30/98 aus derselben Periode. Überraschenderweise kostete der Sunbeam nicht mehr, da ein Doppelnockenwellenmotor eine wesentlich aufwendigere Konstruktion darstellte. Die frühen Motoren mit zwei obenliegenden Nokkenwellen arbeiteten dazuhin mit einem ziemlich hohen Geräuschpegel, ein Grund mehr, daß nur wenige Marken auf dieses Prinzip setzten.

Der Stern des Kompressors geht auf

Nach den Pioniertaten von Willy Haupt bei der Konstruktion des Chadwick hörte man vom Prinzip der Zwangsbeladung mit Kraftstoffgemisch bis zum Ende des Ersten Weltkriegs nichts mehr. Dann aber überraschte und beeindruckte Mercedes die gesamte Automobilwelt – wie es Untertürkheim in der Geschichte des Automobils sehr oft getan hat – mit einer neuen Entwicklung: ein zweiflügeliges Gebläse, das von der Nockenwelle angetrieben wurde und mit 10 000 Upm lief. Dieses Gebläse wurde für die Coppa Florio in Sizilien von 1921 in ein nicht gerade neues Fahrzeug eingebaut – einen großen Vierzylinder 28/95 PS, der bereits seit 1914 hergestellt wurde. Und doch gewann Max Sailer mit diesem »modernisierten Vorkriegsveteran« das Rennen. Eine größere Leistung aber bestand in der Tatsache, daß er nicht nur das 430 km lange Rennen, sondern auch den gesamten Weg von Stuttgart nach Sizilien und zurück mit einem einzigen Satz Reifen absolvierte. In dieser Zeit gehörte Gummi zu den ganz raren Gütern in Deutschland, sodaß selbst das vereinigte Rennbudget von Mercedes und Continental nur einen einzigen Satz Reifen ermöglichte!

In den Firmenkatalogen bot Mercedes Serienfahrzeuge mit Kompressormotoren ebenfalls schon im Jahre 1921 an; einen 6/25/40 PS-Wagen mit 1570 cm³ und ein 10/40/65 PS-Modell mit 2600 cm³. Diese Typen wurden jedoch auf der Berliner Automobilausstellung im Oktober 1921 nicht gezeigt, vermutlich wurden auch nur wenige Exemplare hergestellt. Ein Kompressor gehörte zur Sonderausstattung des großen 6,2 Liter Typ K von 1925, richtig berühmt aber wurde dieses Aggregat erst, als man es bei den Weiterentwicklungen des Typ K einsetzte, den von Porsche entworfenen Typen S, SS und SSK. In diesen Modellen »blies« der Kompressor die Leistung des Motors um gute 55 PS gegenüber der des entsprechenden Saugmotors hoch.

Der Kompressor von Mercedes unterschied sich von den Gebläsen anderer Hersteller dadurch, daß er nicht zwischen Vergaser und Motorblock saß, sondern die Luft in den Vergaser preßte. Darüberhinaus lief er nicht ständig mit, vielmehr ließ er sich durch einen erhöhten Druck auf das Gaspedal nach Belieben zuschalten. Er arbeitete sehr wirkungsvoll, vorausgesetzt es war bereits eine hinreichend hohe Motordrehzahl erreicht. Im gegenteiligen Fall schluckte der Kompressor nur Leistung ohne mit seiner zu niedrigen Drehzahl eine gewisse Druckwirkung erzeugen zu können.

Wenn man den Kompressor im ersten Gang einsetzte oder wenn er mehr als 20 Sekunden lief, dann verbrannten die Dichtungen, eine bekannte Schwäche bei den großen Mercedes-Benz. Abgesehen davon »blies« das furchterregende Kompressor-Heulen das Selbstbewußtsein des Fahrers gewaltig auf und jagte gleichzeitig vorausfahrende langsamere Fahrzeuge rechtzeitig zur Seite.

Auch eine andere deutsche Marke, die Firma Dürkopp, bot eine mit einem Zoller-Kompressor ausgerüstete Version ihres 2 Liter-Sportwagens von 1924 an. Alfa Romeo und O.M. folgten vier Jahre später und verkauften ebenfalls Kompressorwagen an italienische Sportfahrer. Das Root-Gebläse von Alfa drehte mit der 1½fachen Umdrehungszahl des Motors, das heißt mit rund 6000 Upm.

In England war in den zwanziger Jahren sicherlich der Bentley »Blower 4.5« der bekannteste Kompressorwagen. Trotzdem setzte W. O. Bentley nicht gerade viel Vertrauen in ihn, da er befürchtete, daß häufiger auftretende Schwierigkeiten mit der Mechanik die Reputation seiner Fahrzeuge schmälern würden. So wurden von 1929 bis 1930 nur 55 Bentley mit Kompressor hergestellt.

Hier werden drei amerikanische Speedster aus den späten zwanziger Jahren vorgestellt, den Jahren der letzten Blütezeit des amerikanischen Sportwagens bis mit der Corvette und dem Thunderbird in den fünfziger Jahren eine neue Blütezeit begann. Der Auburn Speedster mit Bootsheck (*rechts*) gehörte nicht nur zu den auffälligsten Automobilen im Straßenverkehr, er war dank seines Reihen-Achtzylinder-Lycoming-Motors auch ausnehmend schnell. Der Speedster wurde in zwei Versionen gefertigt, der 88er mit 4 Liter-90 PS-Motor und der 115er mit 4,9 Liter-115 PS-Motor. Die 115er Version hatte einen Radstand von 3,3 m und verfügte über eine Achsübersetzung von entweder 3,9:1 oder 4,45:1. Für den Preis von 1695 Dollar bzw. 2195 Dollar boten beide Versionen einen ausgezeichneten Gegenwert.
Der Stutz Speedster (*Seite 121*) befand sich in einer anderen Klasse: er hatte einen von der Firma selbst konstruierten 5,2 Liter-Reihen-Achtzylindermotor mit einfacher obenliegender Nockenwelle, ein Vierganggetriebe und Vakuum-Servobremsen, die die Firma Stutz zunächst in Le Mans einsetzte. Die Preise konnten leicht auf 3000 Dollar und darüber steigen und kletterten noch um einiges höher, wenn dem Käufer der Sinn nach den DV 32-Modellen mit doppelter obenliegender Nockenwelle und 32 Ventilen stand, die im Jahr 1931 eingeführt wurden.
Der 734 Packard (*Seite 124*) war ein ungewöhnliches Automobil in der normalerweise gesetzt-seriösen Modellpalette der Firma in Detroit. Er verfügte über einen getunten 6,3 Liter-Motor mit größeren Einlaß- und Auslaßkrümmern, einem höheren Verdichtungsverhältnis und eine Vakuum-Zusatzpumpe vorne an der Nockenwelle, um die Einlaß-Beatmung zu erleichtern, wenn der Wagen mit Vollgas bewegt wurde. Jeder Speedster besaß eine Plakette am Armaturenbrett, auf der zu lesen war, daß der Rennfahrer Tommy Milton den Wagen über 400 km auf der Renn- und Versuchsstrecke von Packard gefahren hatte.

Der kleine Sportwagen

Trotz allen Ruhms und aller Attraktivität der Bentley und der Mercedes war für den sportlichen Automobilisten der zwanziger Jahre das reichhaltige Angebot an kleineren, erschwinglichen Sportwagen wesentlich wichtiger. Die Firma Hillman trat als erste auf den Plan und brachte im Mai 1919 eine sportliche Version ihres 4- Zylinder-11 PS-Kleinwagens auf den Markt. Die Methode von Hillman, ein sportliches Fahrzeug auf die Räder zu stellen, war typisch für viele spätere Konkurrenten. Kolben und Pleuelstangen, an denen man möglichst viel Gewicht gespart hatte, hoben zusammen mit größeren Ventilen die Leistung von 18 auf 28 PS. In Erwartung eines höheren Benzinverbrauchs verdoppelte man darüberhinaus das Tankvolumen auf 40 Liter.

Das äußere Erscheinungsbild wurde durch den V-förmigen Kühler, die Karosserie aus poliertem Aluminium, Scheibenräder und ein großes Auspuffrohr aus Kupfer vollständig verändert. Da man für den höchsten Gang eine zu große Übersetzung gewählt hatte, erreichte der Wagen nie eine besonders eindrucksvolle Fahrleistung.

Zu den anderen britischen Firmen, die aus ihren leichten Tourenwagen Sportwagenversionen herstellten, gehörte die Firma Calthorpe, deren »Sporting Four« gelochte Pleuelstangen und Aluminiumkolben besaß. Seine Karosserie aus poliertem Aluminium stammte von Mulliners, dessen Fabrik in Birmingham in angenehmer Reichweite vor den Toren von Calthorpe lag.

Zu den weiteren Marken, die sportlich aussehende Automobile anboten, meist mit unlackierten aber polierten Aluminiumkarosserien und Aluscheiben über den Holzspeichenrädern, gehörten AC, Bayliss-Thomas, Crouch, Deemster, Horstman, Rover, Singer und Wolseley. Zweizylinder-Sportwagen waren in den frühen zwanziger Jahren bei ABC und Douglas erhältlich, während G. N. das Cyclecar in sportlicher Version bis 1921 am Leben hielt.

Um das Jahr 1925 herum war der technische Verstand des sportlichen Automobilisten soweit gewachsen, daß er mehr verlangte als eine Aluminiumkarosserie und einen laut tönenden Auspuff. So stellten die meisten Hersteller von Kleinwagen allmählich fest, daß sich viersitzige Tourenwagen für ihre Bilanzen besser auswirkten, und überließen das Feld der kleinen Sportwagen den Spezialisten. Unter diesen errangen bald die Firmen Alvis, Aston Martin und Frazer-Nash die Spitzenposition.

Nach dem Sieg von Major C. M. Harvey im 200-Meilen-Rennen für leichte Sportwagen in Brooklands 1923 gelangte der Alvis 12/50 zu plötzlichem und strahlendem Ruhm. Dieser Wagen entsprach durchaus dem neuesten Stand der Technik, auch wenn er mit seinem Stoßstangenmotor mit 1496 cm^3 Hubraum und hängenden Ventilen sowie Pleuelstangen aus Duraluminium nicht als extrem bahnbrechend bezeichnet werden kann. Mit einem Preis von 550 Pfund für einen Zweisitzer mit »Entenheck« war er nicht gerade für ein Butterbrot zu haben, seine Zuverlässigkeit aber machte ihn zum Renner. So wurden zwischen 1923 und 1932 mehr als 7000 Exemplare verkauft, Tourenwagen und Limousinen eingeschlossen.

Die beiden Firmen Aston Martin und Frazer-Nash besaßen eine Reihe von Gemeinsamkeiten, die weit über die Tatsache hinausgingen, daß sie 1931 mit H. J. Aldington einen gemeinsamen Besitzer erhielten. Beide Marken spezialisierten sich auf die Herstellung von Liebhaber-Automobilen zu einladenden Preisen. Beide besaßen eine fanatische Anhängerschaft, deren überwältigende Zahl in keinem Verhältnis zu der geringen Zahl von ihnen hergestellter Automobile stand: zwischen 1921 und 1939 verließen rund 350 Aston Martin das Werk, zwischen 1924 und 1939 gerade 323 Frazer-Nash.

Abgesehen von einigen frühen Modellen, die einen Coventry Simplex-Motor besaßen, verwendete Aston Martin immer Vierzylindermotoren mit 1,5 Liter Hubraum eigener Konstruktion. Frazer-Nash dagegen kaufte seine Triebwerke fast immer bei Zulieferfirmen wie bei Plus Power, Anzani und in den dreißiger Jahren bei Meadows und Blackburne. Die einzige Ausnahme bildete eine Serie von 26 Motoren mit obenliegender Nockenwelle, die von Gough konstruiert und zwischen 1934 und 1938 von Frazer-Nash gebaut wurden. Das Einzigartige am Frazer-Nash bestand in seiner nur mit Ketten funktionierenden Kraftübertragung, die er von G. N. geerbt hatte, jenem Betrieb, an dem Archie Frazer-Nash als Partner beteiligt gewesen war.

Zwei Wagen brachten einem breiterem Publikum als je zuvor sportliches Fahren, der Austin Seven und der M. G. Midget. Herbert Austin's Kleinwagen erblickte 1922 das Licht der Welt (siehe Kapitel 7), während seine frühesten Sportwagenmodelle zwei Jahre später auf den Markt kamen. Diese brachten mehr Schein als Sein, da unter der Karosserie mit ihrem sportlich geformten Heck und ihrer geneigten Lenksäule das ganze normale serienmäßige Chassis des

»Seven« und der unveränderte Serienmotor lagen.

Der »Brooklands Super Sports«, der auf den von E. C. Gordon England entwickelten Rennwagen basierte, wartete mit ehrgeizigeren Konstruktionsmerkmalen auf. Bei einem Preis von 265 Pfund erhielt der neue Eigentümer eine polierte Aluminiumkarosserie mit einem Bodenblech aus Aluminium sowie einen hoch-verdichteten Motor mit langhubigen Nocken und doppelten Ventilfedern. Der weniger sportliche Fahrer mochte sich mit dem Modell »Cup« von Gordon England begnügen, das einen bescheideneren Motor und im Heck eine Karosseriewölbung besaß, die das Ersatzrad beherbergte.

In der zweiten Hälfte der zwanziger Jahre boten mindestens ein Dutzend Firmen sportliche Karosserien unterschiedlicher Versionen für den Austin Seven an. Außerdem bestand kein Mangel an Tuning-Firmen, die dem »Mißstand« Abhilfe verschafften, daß das Werk selbst bis 1928 kein Sportwagen-Chassis anbot. So bot zum Beispiel die Firma Bassett & Dingle in Hammersmith in London ihr Standard-»tune-up«-Programm für nur 7,50 Pfund an. Der 1928 vom Werk hergestellte »Super Sports« besaß einen Cozette-Kompressor und bot bei einem Preis von 225 Pfund eine Spitzengeschwindigkeit von 115 km/h. Eine spätere Version ohne Kompressor kostete nur 185 Pfund. Mit diesen beiden Versionen erfreute sich die sportliche Variante des »Seven« in den dreißiger Jahren einer ständig wachsenden Beliebtheit.

Mit dem M. G. Midget wagte Cecil Kimber, im Oktober 1928, den ersten Schritt in die Automobilproduktion und speziell in den Markt preiswerter kleiner Sportwagen. Er benutzte den erst kurze Zeit davor entwickelten 847 cm³-Motor mit obenliegender Nockenwelle des Morris Minor, ein tiefer gelegtes Chassis und eine schräg gestellte Lenksäule. Der Motor entwickelte zwar nur 20 PS, brachte den Wagen als Zweisitzer aber mit einer außerordentlich leichten »Tuchkarosserie« auf volle 105 km/h. Dabei verlieh diese Hülle, die dem Hersteller nur 6,50 Pfund Kosten verursachte, dem Wagen einen hinreichend sportlichen Ausdruck. Bei einem Verkaufspreis von 175 Pfund konnte er dann auch nichts anderes als ein Erfolg werden. So wurden im ersten Produktionsjahr mehr Midgets vom Typ M verkauft als alle MG davor zusammen. Insgesamt sollte dieser Typ M 3235 Mal verkauft werden, bevor er durch den Typ J ersetzt wurde.

Erschwingliche und beliebte Sportwagen in Frankreich

In Frankreich gab es sogar noch mehr ausgefallene Automobile für scharf kalkulierende Kunden als in England. Praktisch jeder Hersteller von Kleinwagen fühlte sich verpflichtet, einen »Type Sport« in seinem Produktionsprogramm zu führen. Manchmal bedeutete dies nur eine zweisitzige Version mit spitz endender Karosserie und entsprechend abgestimmten Radkappen aus Aluminium. Andere Hersteller jedoch steigerten die Motorleistung um meistens rund 10 PS, indem sie leichtere Kolben und Pleuelstangen, größere Ventile und höher profilierte Nocken einbauten. Die Mehrzahl der kleineren Hersteller verwendete Triebwerke spezieller Motorenfabrikanten wie zum Beispiel Chapuis-Dornier, Ruby oder S. C. A. P., die alle Stoßstangenmotoren mit obenliegenden Nockenwellen produzierten.

Zwei Firmen, die ihre Motoren selbst herstellten, beherrschten jedoch die Szene der leichten Sportwagen, Amilcar und Salmson. Amilcar stellte eine Art Prototyp des französischen Sportwagens dar: zweisitzige Karosserie, geschwungene Kotflügel, Vierganggetriebe und bei den frühen Exemplaren kein Differential. 1926 durchlief er eine Metamorphose zum niedrigeren Modell »Surbaissé«, das fahrradähnliche Kotflügel besaß, ein 1100 cm³ Triebwerk mit Druckschmierung und ein Differential. In ihrer Blütezeit zwischen 1926 und 1928 beschäftigte die Firma Amilcar in ihrer Fabrik in St. Denis bei Paris 1200 Personen und produzierte 35 Autos am Tag, meist sportliche Modelle.

Der Salmson begann als eine französische Ausgabe des G. N., aber 1921 brachte die Firma einen eigenen 1100 cm³-Sportwagen mit einem Vierzylindermotor heraus. Dessen Konstruktion war recht ungewöhnlich: eine einzige Stoßstange steuerte sowohl die Einlaß- wie auch die Auslaßventile, für die sie als »Zugstange« wirkte. 1923 ersetzte man bei Salmson diesen Motor durch eine Einheit mit zwei obenliegenden Nockenwellen, zum ersten Mal, daß diese aufwendige Konstruktion im Bereich der kleinen Sportwagen auftrat. Von nun an sollten alle Salmson-Modelle bis zur Aufgabe der Firma im Jahre 1956 Motoren mit zwei obenliegenden Nockenwellen bekommen.

1926 begegnete man bei Salmson der Herausforderung des Amilcar Surbaissé mit einem eigenen niedrig gelegten Modell, dem »Grand Prix«. Dieses kostete 265 Pfund im Vergleich zu den 285 Pfund des Amilcar – und den 250 Pfund, die der »Sénéchal« mit seinem Ruby-Motor kostete, der populärste Sportwagen nach dem Amilcar und dem Salmson. Zu den bedeutenderen Fabrikaten gehörte der S. A. R. A. mit seiner Luftkühlung. Das Modell »Montlhéry« der Firma B. N. C. (Bollack, Netter & Cie.) aus dem Jahre 1925 war das erste Serienfahrzeug in Frankreich, das über einen Kompressor verfügte. Der »Rally« startete mit einem V-Zweizylinder-Motorradmotor von Harley-Davidson in seine Karriere. Später ließ er sich von einem Ruby, einem CIME oder einem Chapuis-Dornier antreiben und folgte schließlich dem Entwicklungsmuster des Amilcar oder des Salmson: die zunächst hohe und schmale Karosserie verwandelte sich mit der Zeit in eine breite und niedrige Form.

Höhere Geschwindigkeiten jenseits des Atlantiks

Wie in den Tagen vor dem Ersten Weltkrieg durchlief der Sportwagen in Amerika auch in den zwanziger Jahren eine sehr eigenständige Entwicklung. Unbeeinflußt von Entwicklungen in Europa ließ er sich auch nur selten exportieren. Eigenartige Fahrzeuge wie der »Noma« standen zwar in England in einigen Ausstellungsräumen, aber kaum jemand kaufte sich ein solches Exemplar. Das übliche Rezept in Amerika bestand in einem Serienmotor und Serien-Chassis des jeweiligen Herstellers, denen man eine Zweisitzer-Karosserie mit sportlicher Linienführung überstülpte. Manchmal waren Fahrer- und Beifahrersitz gegeneinander versetzt angeordnet, um dem Fahrer mehr Ellbogenfreiheit für rasche Manöver mit der oft stark untersetzten Lenkung zu erlauben. Kissel und Paige bauten einen faltbaren Sitz ein, den man wie eine Schublade aus einem Fach an der Seite der Karosserie gleich hinter den Türen herausziehen konnte. Dieser Sitz muß zumindest äußerst unbequem gewesen sein, um nicht zu sagen sehr gefährlich – aber vielleicht nahm ein in den Gangsterkämpfen der Prohibition gestählter Beifahrer diese Gefahr nicht sehr ernst.

Mercer und Stutz bauten bis in die Mitte der zwanziger Jahre Speedster, obwohl diesen Modellen das Charisma des alten »Type 35« oder des »Bearcat« fehlte. Die neuen Speedster besaßen Windschutzscheiben, Türen und Trittbretter, wie es die allgemeine Nachfrage nun erforderte, da die meisten Kunden sich mit echt spartanischen Automobilen nicht länger zufriedengaben. Keiner der Speedster aus den zwanziger Jahren bestritt je ein Rennen, da es in Amerika für diese Klasse keine Wettbewerbe gab. So waren bis zum Jahre 1927 die meisten der traditionellen Speedster von der Bildfläche verschwunden.

Ein Aufsehen erregender Neuling aber eroberte sich die Sportwagen-Landschaft, der »Auburn«, das Produkt einer Firma, der ein junger dynamischer Unternehmer namens Errett Lobban Cord in dieser Zeit gerade neues Leben einhauchte. Sein erster Schritt bestand darin, 700 unverkäufliche Wagen durch wohlüberlegte Lackierungsarbeiten und durch geschicktes Vernickeln attraktiver zu gestalten. Von 1927 an brachte er fast alle seine Wagen zweifarbig lackiert heraus. Der 8–90 Speedster aus dem jahre 1928 glänzte durch sein außergewöhnliches Erscheinungsbild: eine V-förmige Windschutzscheibe und eine wunderschöne zweisitzige Karosserie, deren Heck der eines Bootes glich. Auch der 4,5 Liter Achtzylinder-Reihenmotor der Firma Lycoming war im Gegensatz zu früheren Speedster-Versionen kräftig überarbeitet worden. Durch seine Kolben und Pleuelstangen aus Aluminium, durch seine vergrößerten Ventile und die entsprechenden langhubigen Nocken stieg die Leistung von 68 PS auf 90 PS. So bot der Auburn Speedster einen guten Gegenwert für seinen zwischen 1895 Dollar und 2195 Dollar liegenden Preis.

In höheren Preisregionen fand man den Stutz SV16, der mit seinem 5,2 Liter-Achtzylinder-Reihenmotor mit einer einzelnen obenliegenden Nockenwelle 3150 Dollar kostete. Noch teurer war eines der wenigen Sportwagen-Modelle, das die Firma Packard je herstellte: der Typ »734«, dessen 6,3 Liter Achtzylinder-Reihen-Motor 145 PS leistete. Als Zweisitzer erreichte dieses Modell stolze 100 Meilen pro Stunde (160 km/h), kostete jedoch mehr als 5000 Dollar. Zwar wurden von diesem Modell 734 nur 150 Exemplare hergestellt – aber für seinen stolzen Preis konnte man dafür in Geschwindigkeitsregionen vorstoßen, die fiebriges Magenkribbeln und hitzige Begeisterung hervorriefen wie man sie in der Zeit vor dem Automobil nur dann empfinden konnte, wenn man sich ein reinrassiges Vollblut-Rennpferd stahl.

MASSENPRODUKTION

Noch im Jahre 1910 gehörten motorisierte Unternehmungen nur bei einer kleinen Minderheit zu den regelmäßigen Aktivitäten. Einige Reiche mochten sich hier und da über die spezifischen Vorzüge eines Rolls-Royce, eines Napier oder eines Mercedes unterhalten, eine kleine Anzahl jugendlicher Automobilenthusiasten wie die Inhaber von Godfrey & Nash mochten billige Cyclecars zu ihrem eigenen Vergnügen oder dem ihrer Freunde bauen – die weit, weit überwiegende Mehrheit der Weltbevölkerung hatte bis dahin noch nie in einem Auto gesessen, geschweige denn eines besessen. Selbst in Amerika kam nur ein Fahrzeug auf 330 Einwohner, während in Großbritannien jeder 600. Einwohner, in Italien sogar nur jede 1000. Person ein Auto besaß. Bis zum Jahre 1925 änderten sich diese Zahlen drastisch. Nun fiel in Amerika ein Fahrzeug bereits auf 23 Bürger, und wenn es in Europa auch noch viele Jahre dauern sollte bis man eine ähnliche Fahrzeugdichte erreicht hatte, der Trend zum Automobil hatte auch auf dem Alten Kontinent mit aller Macht eingesetzt. In Amerika aber fand eine wahrhaft explosionsartige Entwicklung des Automobilismus statt. Nur dort lagen die Löhne auch in der Arbeiterklasse so hoch, daß sich auch der kleine Mann ein Auto leisten konnte. Und Amerika war die Heimat von Henry Ford.

Über Jahrzehnte hinweg sind eine Reihe falscher Informationen und fälschlicher Ansichten über Ford in Umlauf gekommen. So findet man häufig die falsche Darstellung, er habe die Massenproduktion erfunden, oder auch, er allein habe Amerika auf die Räder gebracht . Was er in Wahrheit tat, ist wohl kaum weniger bemerkenswert, denn er war der Erste, der Methoden aus der Massenfertigung auf die Produktion von Automobilen anwandte. Mit dieser Pioniertat eröffnete und beschritt er einen Weg, auf dem ihm andere ehrgeizige Automobilhersteller folgen mußten, wenn sie nicht in kurzer Zeit aus dem Geschäft gedrängt werden wollten.

Ford erkannte die Vorteile der Produktion in hohen Stückzahlen schon in seinem ersten Jahr als Automobilhersteller. So proklamierte er im Jahre 1903: »Wenn man Automobile produzieren will, dann besteht die einzig vernünftige Methode darin, eines wie das andere zu bauen, sie identisch zu konzipieren und sie alle nach dem gleichen Schema durch die Produktion zu führen.« Dieses Prinzip sollte sich von fundamentaler Wichtigkeit für die Entwicklung nicht nur von Autos, sondern für die gesamte Industriegesellschaft der ganzen modernen Welt erweisen.

Der Ford »model T«

Als im Jahre 1908 das Modell T erschien, stand Ford mit einer jährlichen Produktion von 10202 Autos bereits an der Spitze dieses Industriezweiges. Dabei leitete er bis dahin eher eine Firma, in der Automobile zusammengebaut als von Grund auf selbst hergestellt wurden. Dazu kaufte er die meisten Bauteile von Zulieferfirmen, so daß seine eigene Fabrik nur über 2595 Arbeiter und Angestellte verfügte. Im Gegensatz dazu beschäftigte die Firma Packard – die im Jahre 1908 nur 1803 Fahrzeuge auslieferte – 4640 Menschen und stellte dabei praktisch das ganze Auto einschließlich der Karosserie selbst her. Mit dem Modell T, das im Oktober 1908 als das Modell für 1909 vorgestellt wurde, setzte Ford auf eine Ein-Modell-Geschäftspolitik. Gleichzeitig steigerte er die Produktion und lernte dabei mehr und mehr, sich immer weniger auf externe Zulieferer zu verlassen.

Diese Strategie der wachsenden Unabhängigkeit führte schließlich dazu, daß Ford eigene Wälder für das von ihm benötigte Holz und eigene Edelsteinminen bewirtschaftete (Edelsteine benötigte man zum Schleifen und Polieren von Spiegelglas). Auf der anderen Seite kaufte man bis ins Jahr 1910 die Karosserien von Zulieferern – hauptsächlich von O. J. Beaudette und Kelsey. Im Jahre 1910 eröffnete er seine »Highland-Park«-Fabrik auf einem rund 23 ha großen Gelände zwischen Dearborn und Detroit. Die Automobil-Produktionstechnik erfuhr eine entscheidende Wende, denn hier führte Ford im Jahre 1913 das Fließband ein. Von nun an wurden die Autos hier mit Hilfe eines motorgetriebenen Bandes von Arbeitsplatz zu Arbeitsplatz transportiert, wo dann jeweils bestimmte Teile eingebaut wurden. Dieses Verfahren war im Grunde nicht neu, wahrscheinlich benutzte man es zum ersten Mal während des Amerikanischen Bürgerkrieges (1861–1865) beim Zusammenbau von Gewehren und auch in der Uhrenindustrie in Connecticut kam es schon längere Zeit zum Einsatz. Es heißt, daß Henry Ford diese Produktionsmethode von der Fleischverpackungsindustrie in Chicago übernommen hat, wo die geschlachteten Schweine auf Hänge-Förderbändern an den Arbeitern vorbeiwanderten und jeder ein Stück abschnitt.

Der Wagentyp, mit dem man diese Serienproduktionsmethode ausprobierte, entsprach durchaus dem damaligen Entwicklungsstandard. Er hatte einen 2894 cm^3-Vierzylinder-L-Kopf-Motor, an dem das wesentliche Merkmal technischen Fortschritts im abnehmbaren Zylinderkopf bestand. Das erleichterte natürlich die Wartung und dürfte vor allem diejenigen zum Kauf ermuntert haben, die viel an ihrem Auto selbst machten und auch das Dekarbonisieren in eigener Regie bewerkstelligten. Der Wagen besaß ein Zweigang-Planetengetriebe, wie es im Jahre 1908 allgemein verwendet wurde, obwohl sich innerhalb weniger Jahre praktisch die gesamte restliche Automobilindustrie wieder davon distanzierte. Aus diesem Grund und weil es derart viele Automobilisten in Amerika gab, die nichts anderes als das T-Modell gefahren sind, gab man in den zwanziger Jahren in einigen amerikanischen Staaten zwei verschiedene Führerscheine aus, einen, der zum Fahren der Ford berechtigte und einen für alle anderen Fahrzeugtypen.

Das Modell T war der erste Ford mit Linkslenkung. Die meisten amerikanischen Autos besaßen Rechtslenkung, obwohl die Straßenverkehrsordnung schon immer verlangte, daß auf der rechten Straßenseite gefahren wurde. Wie in anderen Bereichen, wo Ford die Nase vorn hatte, so wurde auch die Linkslenkung von der Konkurrenz übernommen und innerhalb von zehn Jahren hatte praktisch kein amerikanisches Auto mehr eine Rechtslenkung, ausgenommen einige Luxusfabrikate wie Pierce-Arrow, bei denen man die Rechtslenkung angeblich deshalb beibehielt, weil der Chauffeur so elegant auf den Bürgersteig herausspringen konnte, um den herrschaftlichen Wagenschlag zu öffnen.

Die Standardkarosserieausführung des Modell T von 1909 war ein viersitziger Tourenwagen, der für 850 Dollar zu haben war. In den kommenden vier Jahren ging der Preis auf 550 Dollar herunter und im Jahr 1915 kostete dieser Wagen schließlich nur noch ganze 440 Dollar. In dieser Zeit zwischen den Jahren 1911 und 1912 explodierte der Verkauf von 69762 auf 170211 Exemplare und die Wachstumsrate schnellte nochmals in die Höhe, als das Fließband eingeführt wurde. Im Jahre 1913 fanden 202667 Ford einen Käufer und im darauffolgenden Jahr erhöhten sich die Verkaufszahlen um mehr als die Hälfte auf 308162 Exemplare. Im Jahre 1915 schließlich verzeichnete man den Rekord von nochmals fast Zweidrittel mehr verkauften Wagen 501462 Ford-Exemplare. Dazu kam, daß es vor Einführung des Fließbands 12,5 Arbeitsstunden dauerte, um das

56862 IND 1914

(gegenüber) Mit dem Model T revolutionierte Ford den Automobilbau und verschaffte sich damit einen Verkaufsvorsprung, der die Konkurrenz voll forderte, wenn sie den Wettlauf um Kunden nicht verlieren wollte. Schon bis zum Jahr 1914, aus dem der hier abgebildete Model T stammt, hatte Ford von diesem Typ bereits mehr als 492000 Exemplare gebaut. Allein 1915 stellte man im Werk von Highland Park über eine halbe Million dieser Fahrzeuge her, wobei diese Zahl nicht die Produktion im englischen Werk in Manchester mit einschloß. Die Standardfarbe war jetzt schwarz, aber dafür standen vier verschiedene Karosserieversionen ebenso zur Wahl wie mehrere Nutzfahrzeugausführungen.

(*oben*) Nach 14jähriger Erfahrung mit dem Bau gesunder Mittelklassewagen in mittlerer Preislage gehörte Buick 1918 zu den etablierten amerikanischen Automobilfirmen. Über mehrere Jahre hinweg nahm Buick mit seinen Produktionszahlen den dritten oder vierten Platz ein. Die Firma verkaufte zwar teurere Wagen als ihre Konkurrenz Ford, Willys, Dodge oder Chevrolet, aber dafür bot sie auch mehr. Dieser zweisitzige Model E-44 Roadster mit einem Sechszylinder 4,1 Liter Motor, der über 60 PS verfügte, kostete 1265 Dollar. Von der gesamten Buick-Produktion von 77691 Automobilen im Jahr 1918, entfielen 10666 Fahrzeuge auf diesen Typ.

Modell T zusammenzubauen, später jedoch nur noch 1 Stunde und 33 Minuten. So wurden im Jahre 1915 sieben Mal soviele Autos gebaut wie 1911, bei insgesamt geringerem Aufwand an menschlicher Arbeitskraft.

Der Engpaß bei diesem rapide gewachsenen Produktionstempo lag jetzt bei der Lackierung der Wagen. Nur eine Farbe konnte schnell genug trocknen, um mit der Fließbandgeschwindigkeit mitzuhalten und das war Japanschwarz. Daher auch Henry's Witzchen, wonach man einen Ford in jeder beliebigen Farbe bekommen konnte, sofern es sich dabei um die Farbe schwarz handelte. Vor 1914 hatte eine Palette von Farben zur Verfügung gestanden und erst ab 1926, als der schnell trocknende Duco-Lack eingeführt wurde, bot sich wieder die Möglichkeit, aus einem ganzen Farbprogramm auswählen zu können. Ab 1923 wurden die model T-Ford, die man in Kopenhagen montierte, in einem hellen Grau mit schwarzen Kotflügeln ausgeliefert. In der skandinavischen Werbung sprach man daraufhin von »The Grey Beauty« in Abwandlung der Black-Beauty-Slogans.

Die Menge der Käufer, die in die Ausstellungsräume strömten, spiegelte sich in den Arbeiter-Heerscharen wider, die sich für die Arbeit bei Ford bewarben, motiviert durch die kürzere, von zehn auf acht Stunden reduzierte Tagesarbeitszeit und durch die Verdopplung des allgemein üblichen Tageslohns auf 5 Dollar. Ford bemühte sich in hohem Maße um Einwanderer und gründete sogar eine Schule für diejenigen von ihnen, die kein Englisch sprachen. Darüber hinaus bot er in seinem Werk Körperbehinderten einen Arbeitsplatz, die damals im Normalfall als arbeitsunfähig angesehen wurden. Vielleicht sah Ford in seinem Fünf-Dollar-Tageslohn einen »simplen Akt sozialer Gerechtigkeit«, feststeht, daß diese menschliche Geste zusätzliche Käufer anzog. Immerhin konnte sich ein Ford-Arbeiter im Jahre 1914 ein T-Modell für weniger als vier Monatsgehälter anschaffen.

Der Erfolg des Modell T führte zu einer kräftigen Firmenerweiterung im Ausland. So gründete Ford im Jahre 1911 eine britische Montage-Niederlassung in Manchester, gefolgt von einem Werk im französischen Bordeaux. In Manchester wurden im Jahr 1913 bereits 7310 Wagen produziert, eine Produktionszahl, die höher lag als bei jedem anderen europäischen Konkurrenten und die fast 29 % der gesamten Automobilherstellung Großbritanniens in jenem Jahr ausmachte. 1919 schließlich waren von fünf Automobilen auf britischen Straßen – einschließlich gewerblich genutzter – zwei Ford-Wagen und die Firma verfügte in

Zwei Rivalen auf dem Markt der erschwinglichen Vierzylinderwagen: der Willys »Overland Four« Tourenwagen von 1924 (*gegenüber*) und der Chevrolet von 1926 (*oben*). Beide Marken behaupteten sich Mitte der zwanziger Jahre gut, Chevrolet mit seiner Ein-Modell-Politik und Willys, die mit einer Vier- und einer Sechszylinderversion neben dem teureren Muffenventil-Willys-Knight, ebenfalls in Vier- und Sechszylinder-Version, auf Nummer sicher ging. Der Overland-Vierzylinder, das Zugpferd der Firma, ließ die Verkaufszahlen im Jahr 1924 auf 163 000 Einheiten steigen. Kein Wunder, daß die Firma Willys-Overland zu jener Zeit 40 % der Arbeitsplätze im Bereich von Toledo/Ohio stellte.
Der 2,8 Liter Vierzylindermotor von Chevrolet wurde bis 1929 praktisch unverändert beibehalten. Dann ersetzte man ihn durch den berühmten »Cast Iron Wonder«-Sechszylindermotor, den gußeisernen Wundermotor, der bis 1953 zum Einsatz kam. Dieser »Superior«-Tourenwagen kostete zwar 510 Dollar, aber in der Käufergunst überflügelten die Limousinen damals bereits die offenen Fahrzeugtypen.

Drei Beispiele für Marken, die unter der Konkurrenz mit den Großen der amerikanischen Automobilindustrie litten. Die Firma Apperson gehörte zwar zu den Pionieren, brachte es jedoch nie auf mehr als 2000 Fahrzeuge pro Jahr. Ihr Model 8-20 (*gegenüberliegende Seite*), von dem die Werbung verkündete »der Achtzylinder mit 80 anfälligen Teilen weniger« – es wurde nie erklärt, *welche* Teile –, besaß einen Achtzylinder-Reihenmotor mit seitlich angeordneten Ventilen, der bei einem Hubraum von 5,4 Liter eine Leistung von 72 PS erreichte. Sein Verkaufspreis von rund 2600 Dollar entsprach dem Wert dieses ausgezeichnet gefertigten und verarbeiteten Wagens und trotzdem sanken die Verkaufsziffern von 1923 an ständig. Selbst der verzweifelte Versuch des Herstellers, mit Vierradbremsen und Ballonreifen auf dem neuesten Stand zu bleiben, schlug fehl und so verschwand die Marke Apperson im Jahr 1926 von der Bühne des amerikanischen Automobilbaus.

Auch die Marke Auburn gehörte bereits auf die Liste der aussterbenden Firmen, als sie den oben abgebildeten Beauty Six aus dem Jahre 1923 baute. Der Preis dieses Modells lag niedriger als der des Apperson, sein Motor war ein Fremdfabrikat von Continental oder von Weidely. Als die Firma von Errett Lobban Cord erworben wurde, besaß der Auburn keine guten Karten mehr. Cord engagierte J. M. Crawford, um dem Auburn mit einem zweifarbigen Design zu neuem Ansehen zu verhelfen und bescherte damit diesem Modell weitere elf Jahre Lebenszeit.

Kissel gehörte zu den erfolgreicheren Herstellern von aus zugekauften Komponenten gebauten Automobilen, die sich durch eine elegante Linienführung unterstützt durch einen hohen gerundeten Kühler und durch Drahtspeichenrädern an den meisten Modellen auszeichneten. Zunächst stellte die Firma Kissel bis 1925 eigene Sechszylindermotoren her, brachte dann aber einen Reihen-Achtzylindermotor heraus, für den sie einen Block der Firma Lycoming, aber einen eigenen Zylinderkopf verwendete. Um die Zeit herum, um die dieses aus dem Jahr 1927 stammende Coupé (*Seite 134*) gebaut wurde, rutschten die Verkaufsziffern dramatisch nach unten – hatten sie 1925 noch 2124 Exemplare betragen, so wurden 1928 nur noch 889 Fahrzeuge ausgeliefert (einschließlich 285 Taxen und 200 Leichenwagen). Durch eine Verbindung mit dem zweifelhaften Archie Andrews und das Engagement beim frontgetriebenen Ruxton ging Kissel vollends in Konkurs, allerdings hätte diese Firma mit großer Wahrscheinlichkeit die Wirtschaftskrise der dreißiger Jahre ohnehin nicht überstanden.

KISSEL
Custom-Built
Six

Wills Sainte Claire gehörte zu den attraktiveren Marken, die Autos in kleinen Serien herstellten. Das Triebwerk gehörte zu den Besonderheiten dieser Fahrzeuge, ein V8-Motor mit je einer obenliegenden Nockenwelle für jede Zylinderreihe. Die 4,3 Liter-Einheit mit ihren 67 PS war ein Entwurf von Childe Harold Wills, einem der ursprünglichen Partner von Henry Ford. Wie fast alle übrigen Baugruppen wurde auch der Motor in Wills' Fabrik in Marysville/Michigan gebaut. Der hier abgebildete Roadster entstand im Jahr 1922, Wills erfolgreichstem Jahr, in dem 4300 Fahrzeuge verkauft wurden. Von 1924 an ersetzte man den V8-Motor durch einen Sechszylinder mit einfacher obenliegender Nockenwelle, der bis zum Ende der Produktion 1927 verwendet wurde. Alle Wills-Fahrzeuge verfügten über Scheibenräder.

Großbritannien über 1000 Vertreter. In Deutschland und Österreich entstanden im Jahre 1925 Ford-Montage-Betriebe und schon 1930 wurden in zehn Ländern außerhalb der Vereinigten Staaten Ford-Autos gebaut. Dabei handelte es sich um rein amerikanische Konstruktionen, erst in den dreißiger Jahren, der Zeit der Depression, gingen die europäischen Werke dazu über, kleinere Modelle zu bauen, die sich mehr am lokalen Markt orientierten. Keine andere amerikanische Firma war zu diesem frühen Zeitpunkt international so gewachsen wie Ford, wenn auch die Firma General Motors andere Expansionswege beschritt, indem sie geeignete ausländische Firmen wie Vauxhall in England und Opel in Deutschland aufkaufte.

Die Expansion von Ford verlief so kometenhaft schnell, daß man darüber die anderen Automobilhersteller vergißt, die es dem Dearborner Unternehmen nachmachten. So war in den Jahren zwischen 1912 und 1918 John North Willys (1873 1935) Fords schärfster Konkurrent. Bei diesem handelte es sich um einen sehr erfolgreichen Autohändler aus Elmire im Staate New York. Willys übernahm im Jahre 1908 die vom Untergang gezeichnete Firma Overland, erwarb in Toledo, Ohio eine große Fabrik und verzeichnete in einem Zeitraum von zwölf Monaten einen Gewinn von einer Million Dollar. Der Bestseller unter seinen Produkten war ein konventioneller Vierzylinder-Wagen, der in etwa die gleiche Größe hatte wie das T-Modell, aber mit einem ganz gewöhnlichen Dreiganggetriebe ausgestattet war. Während dieser Wagen preislich nicht an den Ford herankam, konnte Willys den Preis für einen fünf-Personen-Tourenwagen 1914 auf 615 Dollar drücken und wurde prompt im darauffolgenden Jahr durch den Verkauf von 91904 Exemplaren dafür belohnt, ja, im Jahre 1916 verkaufte sich dieser Wagen sogar 140111 Mal. In den kommenden zehn Jahren kletterten die Verkäufe von Willys sogar noch höher, bis sie im Jahre 1928 die absolute Traum-Verkaufsziffer von 315000 Exemplaren erreichten. Damals hatte Willys allerdings seinen zweiten Platz auf der Liste der Verkaufsgiganten bereits an Chevrolet abtreten müssen. Im Gegensatz zu Ford baute Willys ja auch teurere Automobile, die aber dafür auch einen entsprechenden Gegenwert boten. Der Willys-Knight, der im Jahre 1914 zu 1095 Dollar zu haben war, kann mit Fug und Recht als der preiswerteste »Muffenventiler« seiner Zeit bezeichnet werden. Der V-8, den Willys im Jahre 1917 herausbrachte, kostete nicht einmal 2000 Dollar.

Der Erste Weltkrieg – ein Antrieb für die Automobilindustrie

In den Jahren zwischen 1914 und 1921 traten weitere amerikanische Firmen der »Fließband-Liga« bei, von denen jede einzelne Jahresverkaufsziffern von gut über 100000 Autos aufweisen konnte. Buick, Dodge und Chevrolet gehörten zu dieser Gruppe, wobei Chevrolet eine Vierzylinder-Version im Jahre 1916 für nur 490 Dollar anbot. Die wirtschaftlichen Vorteile der Fließbandproduktion werden durch die Tatsache ersichtlich, daß alle diese Firmen auch heute noch existieren, während um die 250 andere amerikanische Automobilfirmen jener Tage vom Erdboden verschwunden sind.

Was auch immer über die qualitativen oder sozialen Nachteile des Fließbands gesagt werden mag, feststeht zweifelsfrei, daß das Fließband schon bald nach seiner Einführung für die Automobilindustrie den Schlüssel zum Erfolg bedeutete. Vor dem Ersten Weltkrieg war es allgemein ganz und gar nicht üblich, Maschinen wie beispielsweise ein Automobil zu besitzen oder Maschinen zu verwenden, mit denen große Stückzahlen eines bestimmten Gegenstands hergestellt werden konnten. Der Krieg zog mehr oder weniger die ganze Welt in einen technischen Modernisierungsprozeß hinein, der auch Demokratisierung und Wiederaufbau mit einschloß. Damit ergaben sich für die Herstellung und den Verkauf von Automobilen neue Möglichkeiten.

Amerika war ja nur zwanzig Monate – von April 1917 bis November 1918 – in den Ersten Weltkrieg verwickelt, was der Automobilkonstruktion nur kurz Leerlauf brachte. Schon 1919 lieferten die meisten der großen Hersteller mehr Autos aus als je zuvor. Der gesamte Tagesausstoß lag bei 7000 Wagen, von denen 3000 auf Ford, 700 auf Chevrolet und 300 auf Buick fielen. Der relativ teure Cadillac V-8 wurde immerhin noch mit einer Tagesstückzahl von 70–80 Exemplaren gebaut. Im Vergleich zu 1914 hatte sich die amerikanische Automobilproduktion verdreifacht, während das investierte Kapital und die in diesem Industriezweig registrierte Zahl an Beschäftigten um den Faktor 4056 gewachsen waren. Jetzt kam auf 27 Amerikaner ein Automobil, dagegen mußten sich statistisch gesehen 180 Briten oder 200 Franzosen oder sogar 1000 Italiener ein Fahrzeug teilen.

André Citroën und William Morris brachten die amerikanische Massenproduktion nach Europa. Dabei übernahmen sie nicht nur Ideen und Methoden, sondern sie verwendeten ganz konkret auch amerikanische Bauteile. Für die Produktion des Citroën Modell A aus dem Jahr 1921 (*gegenüber*) benutzte man Bliss Karosseriepressen. Morris bezog für seinen Cowley aus dem Jahr 1915 außer dem Motor auch Getriebe, Achsen und Lenkung aus Amerika. Dies wandelte sich jedoch und im Jahr 1926, als der auf Seite 138 abgebildete Cowley entstand, der als letzter Vertreter mit dem berühmten »Stiernasen«-Kühler von Morris gebaut wurde, stammten alle Fahrzeug-Komponenten aus Großbritannien. Allerdings basierte seine Motor-Konstruktion immer noch auf dem beim ersten Cowley verwendeten Antriebsaggregat von Continental. Sein zentraler Schalthebel, den die amerikanische Kraftübertragung erforderte, kam auch im Citroën Modell A von 1919 zum Einsatz, ebenso wie die Linkslenkung, die gesamte Elektrik und die Scheibenräder.

HS 2121

RY 3315

Der Hauptkonkurrent britischer Herkunft von Morris' Cowley war der 10,8 PS-Clyno von Frank Smith. Auch preislich entsprach der Tourenwagen von 1926 dem Morris mit seinen 135 Pfund für ein Chassis und 162,50 Pfund für die viersitzige Tourenwagen-Karosserie. Der Clyno wurde serienmäßig mit Vierradbremsen angeboten, was bei Morris bis zum Jahr 1928 nicht durchgängig der Fall war. Die Preisabstriche bei Clyno rührten allein von der Notwendigkeit her, mit Morris Schritt zu halten und entsprechend ließ die Qualität in den späten zwanziger Jahre zu wünschen übrig. Bei dem hier abgebildeten Tourenwagen handelt es sich um den Spitzenreiter der Clyno-Produktpalette, einen Royal, der so erstrebenswerte Annehmlichkeiten bot wie verstellbare Sitze, Teppichboden, Lederpolsterung, eine elektrische Hupe und eine Gepäckablage.

1921 ging André Citroën mit einem kleineren Wagen als seinem 10 CV auf den Markt und brachte den Vierzylinder 5 CV mit 856 cm^3 heraus (*gegenüberliegende Seite*). Wie auch beim größeren Wagen zeichnete Jules Salomon für die Konstruktion verantwortlich, deren Hauptmerkmale in der Spulenzündung, viertelelliptischen Federn an allen vier Rädern und einem Bremssystem bestanden, das von einem Bremspedal betätigt auf die Kraftübertragung wirkte. Der 5 CV erhielt nie Vorderradbremsen und erst bei den letzten Modellen, die 1926 die Fabrik verließen, war die Fußbremse zusätzlich noch mit den Hinterrädern verbunden. Der kleine Seitenventil-Motor entwickelte nur 11 PS und es gab ein etwas unfreundliches Sprichwort, wonach dieser Citroën weder lief noch stoppte. Und trotzdem wurden ungefähr 80000 Einheiten innerhalb von sechs Jahren verkauft, abgesehen von der Tatsache, daß dieser Typ den Bau des Opel Laubfrosch inspirierte. Das abgebildete Exemplar entstand im Jahr 1923, in dem Jahr, in dem man die ursprüngliche Magnetzündung durch eine Spulenzündung ersetzte und den Radstand verlängerte um Platz zu schaffen für eine dreisitzige »Kleeblatt«-Karosserie.

Peugeot's Antwort auf den 5 CV war der Quadrilette mit einem 667 cm^3-Motor, dessen Zylinderkopf sich nicht abnehmen ließ. Das Dreiganggetriebe bildete eine Einheit mit der ohne Differential konstruierten Hinterachse. Der schmale, an einen Bootskörper erinnernde Rahmen erforderte eine versetzte Sitzanordnung, Hand- und Fußbremse wirkten jeweils auf eines der beiden Hinterräder.

Der erste Quadrilette aus dem Jahr 1921 besaß eine Acetylenbeleuchtung und keinen elektrischen Anlasser. Bis zum Jahre 1926 war er zum Typ 172 gewachsen, der einen konventionellen Rahmen und einen größeren 695 cm^3-Motor besaß und für den es sowohl geschlossene wie offene Karosserien gab, bei denen man nebeneinander saß. Die endgültige Entwicklungsstufe bildete der Typ 190 S aus dem Jahre 1929 (*oben*), der nun auch über Vorderradbremsen verfügte und als Viersitzer mit offener oder geschlossener Karosserie erhältlich war. Die Gesamtproduktion der Serie Quadrilette/172/190 betrug 94948 Wagen.

Herbert Austin soll durch den Peugeot Quadrilette zum Bau seines immergrünen Seven inspiriert worden sein, aber die Gemeinsamkeiten der beiden Wagen beschränkten sich auf den kleinen Seitenventilmotor und die Radaufhängung, die an der Vorderachse aus einer querliegenden Feder und an der Hinterachse aus viertelelliptischen Blattfedern bestand.
Der Austin Seven benötigte nie eine gestaffelte Sitzanordnung und bot schon bei seiner Premiere im August 1922 vier vollwertige Sitze. Er besaß ein Vierrad-Bremssystem, allerdings bis 1930 ohne Verbindung zwischen den Rädern. Der 747 cm^3-Motor leistete 13 PS und ermöglichte eine Spitzengeschwindigkeit von 72 km/h. Das hier abgebildete Beispiel ist ein viersitziger Tourenwagen, den man unter der Bezeichnung »Chummy« kannte. Ab 1926 war der Wagen auch als Limousine erhältlich, ja, das Chassis diente auch als Basis für zahlreiche Sportwagenmodelle (*siehe Kapitel 6*). 1927 erschien ein verbessertes Bremssystem und 1929 wich die Magnetzündung einer Zündspule. Zu dieser Zeit hatte Austin schon Lizenzen für die Herstellung des Seven an die Firma Rosengart in Frankreich und an die Firma Dixi (später BMW) in Deutschland vergeben. 1930 folgte der amerikanische Austin, den man in Butler, Pennsylvania produzierte. 1933 kam der Austin Seven mit einem neuen Getriebe, das zwei Jahre später für die oberen beiden Gänge eine Synchronisierung erhielt. Das Ende des Modells Seven kam erst mit dem Frühjahr 1939, bis dahin aber waren 375000 Exemplare hergestellt worden.

WISHING WELL
St John's
Wishing Well
YC 2421

Trotz der reizvollen Vorteile des Vierzylinder Austin Seven boten Mitte der zwanziger Jahre einige britische Hersteller noch Fahrzeuge mit Zweizylindermotoren an. So wurde zum Beispiel der Rover Eight (*unten*) von 1920 bis 1925 produziert und in insgesamt respektablen 17000 Exemplaren verkauft. Sein luftgekühlter 998 cm^3-Boxermotor bildete eine Einheit mit dem Dreiganggetriebe, von dem aus eine Königswelle über ein Schneckengetriebe an der Hinterachse die Kraftübertragung besorgte. Dieses Modell erreichte knapp 65 km/h, aber es verbrauchte nur 7 Liter auf 100 Kilometer. Es lief ruhiger und zuverlässiger als die meisten anderen Zweizylinderfahrzeuge. Zunächst wurde es für 300 Pfund angeboten, vier Jahre später konnte man es jedoch schon für 145 Pfund erhalten. Als Karosserie standen auch eine Limousinenversion und ein Lieferwagenaufbau zur Verfügung. Die Firma Peter und Moritz aus Zeitz und Naumberg stellte dieses Modell in Deutschland in Lizenzfertigung her.

Der B. S. A., ein leichter Kleinwagen (*gegenüberliegende Seite*), besaß einen 10 PS V2-Motor mit 1080 cm^3 Hubraum. Er wurde gebaut von der britischen Firma Hotchkiss, die auch Vierzylinder-Motoren für Morris herstellte. Der V2 des B. S. A. verfügte zwar über hängende Ventile und Spulenzündung, bot jedoch nicht die gleiche Leistung wie der Rover. Viele Kleinwagen mit Vierzylindermotoren lagen im Preis ähnlich, hinzu kam, daß der V2-Motor ziemlich laut war, auch wenn er gut zog. Zwischen 1921 und 1924 wurden 1000 Exemplare verkauft.

Der Trojan Utility (*Seite 147*) aus dem Jahre 1924 war kein Zweizylinder-Fahrzeug, vielmehr verfügte er über einen Vierzylindermotor von höchst ungewöhnlicher Konzeption. Dieser liegende Motor besaß für jedes Zylinderpaar einen gemeinsamen Verbrennungsraum. Die beiden Paare lagen Seite an Seite und bildeten zusammen eine quadratische Zylinderanordnung, deren Gußeisenblock in einem ein einem einzigen Stück gegossenen war. Die Kolben waren über V-förmige Stangen paarweise mit einem gemeinsamen Kurbelzapfen verbunden. Dadurch eilte die Phase des einen Kolben der des anderen in unterschiedlichem Maße voraus, während sich die Kurbelwelle drehte, die beiden Totpunkte erreichten die Kolben aber jeweils gemeinsam. Bei jeder Umdrehung mußten sich die Pleuelstangen, die das V bildeten, etwas biegen, was bei einer Maximaldrehzahl von 1500 Upm offensichtlich jedoch nicht viel bedeutete: Ein Trojan-Motor lief zufrieden ein Jahr nach dem anderen. Die Kraftübertragung erfolgte über ein epizyklisches Getriebe und eine doppelte Kette auf ein Zahnrad nahe dem rechten Hinterrad. Mit nur 10 PS und angesichts seines Gewichts von 635 kg (im Vergleich dazu wog der Austin Seven nur 363 kg) fuhr sich der Trojan recht gemütlich und überschritt nur selten die 50 km/h-Marke. Dafür aber schaffte er auch steile Rampen schon mit niedrigen Drehzahlen. Eine respektable Schar von Anhängern erwarb sich zwischen 1923 und 1932 insgesamt 15000 Exemplare dieses Typs.

XR 7756

Auch die Exporte nahmen beträchtlich zu, besonders in Gebiete wie Australien, Südafrika und Lateinamerika. Diese Regionen verlangten nach einem robusten und ziemlich geräumigen Wagen, also eher nach einem Ford Model T oder einem Chevrolet 490, als nach einem kleineren »Europäer« mit höherer Motordrehzahl. Natürlich gab es Gegenbeispiele, einige britische Hersteller bauten Modelle »für die Kolonien« mit großer Bodenfreiheit, aber der Preis eines Argyll oder Napier in »Colonial«-Ausführung machte diese Modelle unerreichbar für den durchschnittlichen Gaucho oder den normalen Besitzer einer Schaffarm in Australien. Tatsächlich verkauften sich amerikanische Autos auch in Europa mit beachtlichem Erfolg. Zwischen 1908 und 1919 kamen 40000 von ihnen nach England (wobei wir die in Manchester zusammengebauten Ford nicht mitzählen), wogegen bloße 881 Fahrzeuge den umgekehrten Weg über den Atlantik fanden.

Die Großserienhersteller rissen während der zwanziger Jahre weitere Marktanteile an sich, sodaß um das Jahr 1925 herum die kleineren Produzenten schreckliche Kahlschläge erlitten. Vergeblich kämpften viele von ihnen um das Überleben. Die meisten von ihnen bauten ohnehin nur Fahrzeuge aus zugelieferten Komponenten spezialisierter Firmen zusammen. Diese zugekauften Baugruppen umfaßten einen Motor von Continental, Lycoming oder Herschell-Spillman, eine Kupplung von Borg & Beck, eine Kraftübertragung von Brown-Lipe, eine Lenkung von Gemmer, den Rahmen und das Chassis von der Firma Parrish & Bingham sowie eine Karosserie von Hayes oder Kelsey. Das Ergebnis war oft ein gelungenes Auto, das sein Geld wert war, aber häufig bestand sein einziges Charakteristikum im Markenemblem des jeweiligen Unternehmens am Kühler.

Einige der Autofirmen, die solche Fahrzeuge zusammenbauten, gaben sich äußerst reserviert in der Angabe der Hersteller ihrer Baugruppen. Sie versuchten beim Käufer den Eindruck zu erwecken, sie würden die meisten Teile selbst herstellen. Andere dagegen vertrauten auf den guten Ruf ihrer Zulieferfirmen und hofften, dadurch höhere Verkaufsziffern zu erreichen. So gab die Firma Sayers & Scovill in Cincinnati, Ohio in ihren Zeitungsannoncen die Liste ihrer Zulieferer an: »Die mechanischen Baugruppen tragen Namen, die Qualität und Service gewährleisten – Continental, Delco, Borg & Beck, Willard, Stewart, Hotchkiss, Fedders und mehr als eine Handvoll andere bekannte Unternehmen.«

Solche Firmen konnten mit ihren Wagen noch in der vorangegangenen Dekade überleben, als noch jeder Hersteller niedrigere Produktionsziffern verzeichnete und eine Marke ihre Produkte durch ihre örtlichen Beziehungen und den Stolz der umliegenden Bewohner an den Mann bringen konnte. »Der Preis ist zwar ein wenig höher, dafür ist der Wagen aber in Dixie hergestellt«, verkündeten die Schöpfer des Anderson aus Rock Hill in South Carolina. Aber als sich die zwanziger Jahre ihrer Mitte näherten, ließen sich immer weniger Leute durch solche Argumente hinreichend beeindrucken, um dafür den kleinen Mehrpreis zu akzeptieren. So gab es im Jahre 1925 keinen Anderson mehr und mit ihm war die gesamte Automobilindustrie der Südstaaten der USA ausgestorben – ohnehin gehörte sie dort nicht gerade zu den blühenden Industriezweigen. Mit dem Verschwinden solch kleinerer Automobilfirmen von fast ausschließlich regionaler Bedeutung konzentrierte sich die Automobilindustrie mehr und mehr auf Detroit und seine Umgebung. Die letzten verbliebenen wichtigen Automobilhersteller außerhalb der Region um Detroit waren 1930 die Firma Willys-Overland in Toledo, Nash in Kenosha, Wisconsin, und die Firma Studebaker in South Bend, im Bundesstaat Indiana.

Ein weiterer Faktor, der mit zur Vormachtstellung der Detroit-Riesen beitrug, war die rasche technische Entwicklung und die damit verbundenen Veränderungen, die Mitte der zwanziger Jahre stattfanden. Innerhalb von zwei oder drei Jahren gehörten Vorderradbremsen, Ballonreifen, Zellulose-Lacke, Ganzstahl-Karosserien und Motoren mit einem höheren Verdichtungsverhältnis zum absoluten Muß, wenn man in irgendeinem Marktbereich konkurrenzfähig sein wollte. Nur bei den allerbilligsten Autos dauerte es einige Jahre länger: Ford führte erst 1927, Chevrolet gar erst 1928 Vorderradbremsen ein.

Diese Entwicklung bedeutete eine ungeheure finanzielle Belastung und nur die größten Hersteller schafften es, die notwendigen Fremdmittel aufzutreiben, um mit diesen ständigen Erneuerungen Schritt zu halten. Buick und Cadillac gelang es, mit Hilfe der Finanzspritzen in Millionenhöhe von General Motors diese technischen Veränderungen mitzumachen – nicht aber Firmen wie Apperson, Cole, Dorris, Haynes und Premier. Bei diesen Unternehmen handelte es sich keineswegs um Hinterhofbetriebe, vielmehr gehörten sie zu den Etablierten mit 20 und mehr Jahren erfolgreicher Automobilproduktion. Einige von ihnen setzten ihre gesamten Reserven ein und nahmen die meisten der technischen Neuerungen in ihre Produktion auf, eine Gratwanderung, die häufig schiefging. So verringerte sich die Zahl der 200 Automobilhersteller in Amerika von 1920 auf nur noch 43 Firmen im Jahre 1930. die Weltwirtschaftskrise verstärkte den Druck noch, sodaß bis 1940 nur noch 17 amerikanische Automobilhersteller übrigblieben.

Großserienfertigung in Europa

Die Geschichte der Automobilindustrie in Europa gleicht der in Amerika, aber sie setzte im Bereich der Großserienfertigung erst später ein und verlief insgesamt in kleineren Maßstäben. 1913 war der größte europäische Automobilhersteller mit 7310 gebauten Fahrzeugen Ford in Manchester. Das größte rein europäische Unternehmen war die Firma Peugeot, die ungefähr 5000 Autos auf den Markt brachte, gefolgt von Renault mit 4704, Benz mit 4500 und Darracq mit 3500 verkauften Exemplaren. Im Gegensatz dazu produzierten in den Vereinigten Staaten nicht nur Ford allein 202667 Wagen, sondern zehn andere Firmen stellten in jenem Jahr jeweils mehr als 6000 Fahrzeuge auf die Räder. Bis 1919 wurde in Europa nichts unternommen, was auch nur entfernt an die Fließbandproduktion von Henry Ford erinnerte. Dann aber führte André Citroën diese Produktionsmethode in seiner neuen Fabrik am Quai de Javel in Paris ein. In Großbritannien trat das Fließband zum ersten Mal 1924 auf, als es William Morris in seinen Produktionsstätten in Cowley einführte und bald darauf Ford in Manchester überholte und zum führenden Automobilhersteller auf der britischen Insel wurde.

Es paßte ganz gut ins Bild, daß es Morris war, der solche amerikanischen Verfahren nach Großbritannien einführte, war er doch praktisch von seinen Anfängen an ein großer Bewunderer transatlantischer Methoden. Sein erstes zweisitziges Modell aus dem Jahre 1913, der »Oxford«, wurde durch einen 1018 cm³-Motor von White & Poppe in Coventry angetrieben, der ihn 50 Pfund pro Einheit kostete. Da er ein viersitziges Automobil herausbringen wollte, benötigte er einen stärkeren Motor. Dazu entwarf er das Grundkonzept eines Motors mit seitlichen Ventilen mit den klassischen Dimensionen von 60 × 100 mm, d. h. einem Hubraum von 1496 cm³. Er brachte die entsprechenden Zeichnungen zu White & Poppe, die ihm einen Preis errechneten, der ebenfalls im Bereich der 50 Pfund lag. Morris wandte sich deshalb an die Firma Continental in Detroit, die für eine ähnliche Einheit nur einen Preis von 18 Pfund angab. Um für alle Entwicklungen offen und gerüstet zu sein, hatte man bei dieser Firma einen Motor dieser Dimensionen bereits seit längerer Zeit in die Produktpalette aufgenommen. Für amerikanische Verhältnisse zu klein, fand er jedoch sehr wenige Käufer.

In dieser Situation lag es nahe, daß sich Morris und Continental einig wurden und so bestellte der Brite 3000 Continental-Motoren. Da nun die Geschäftsverbindungen schon einmal nach Detroit reichten, kaufte er dort auch gleich seine Getriebe, seine Achsen und seine Lenkungen. Als Ergebnis dieser Entscheidungen konnte er seine Fahrzeuge nicht nur zu einem niedrigeren Preis anbieten, sondern seine Wagen auch moderner ausrüsten. So besaß der Morris Cowley aus dem Jahre 1915 verschiedene Merkmale, mit denen er seinen Zeitgenossen aus Großbritannien weit voraus war. Beispielsweise verfügte der Morris über einen zentral montierten Gangschalthebel und schräg verzahnte Zahnräder an der Hinterachse.

1919 gab die Firma Continental die Produktion ihres kleinen Motors auf, da sie außer Morris hierfür keine anderen Kunden hatte. Glücklicherweise gelang es Morris jedoch, einen neuen Motorenlieferanten ausfindig zu machen. In Coventry stellte Hotchkiss, ein Zweig einer berühmten französischen Waffen- und Automobilfirma, eine Kopie des Continental-Motors her, allerdings mit etwas größeren Dimensionen von 69,5 x 102 mm. Die dem Krieg folgende Inflation hatte den Preis für diesen Motor auf fast 100 Pfund angehoben, erst nachdem Morris eine beträchtliche Anzahl bestellt hatte, konnte er den Preis auf 50 Pfund drücken.

Zunächst ließen sich die Wagen nur sehr schwer verkaufen. Dann aber wagte Morris im Februar 1921 einen radikalen Schritt und senkte den Preis für den Cowley-Viersitzer von 525 Pfund auf 425 Pfund. Sein Mut wurde belohnt, denn die Verkaufsziffern stiegen prompt von 1932 auf 3077 Einheiten. Für seine gesamte Zukunft hatte er damit ein leuchtendes Beispiel vor Augen, wie nützlich es sein konnte, den Preis zu senken, um damit die Nachfrage anzukurbeln, anstatt den Preis anzuheben, um die Kosten zu decken.

Von nun an auf der Erfolgsstraße, verkaufte Morris im Jahre 1922 6937 Autos vom Typ Cowley und dessen besser ausgerüsteten Bruder, dem Typ Oxford. 1923 kletterten die Verkaufsziffern auf 20024. Jetzt fand sich Morris in einer Position, in der er die Preise weiter senken konnte, dieses Mal nicht in einem Verzweiflungsschritt, um im Geschäft zu bleiben – wie damals 1921 –, sondern weil seine

XU 3403

Der Hanomag »Kommißbrot« besaß einige unkonventionelle technische und gestalterische Eigenschaften, die jedoch ganz gut funktionierten und bei den Kunden Anklang fanden. Der 500 cm^3 Einzylindermotor mit obengesteuerten Ventilen entwickelte zwar nur 10 PS bei 2500 Upm, aber der Wagen erreichte trotzdem die beachtliche Geschwindigkeit von 65 km/h, die nicht zuletzt durch die leichtgewichtige Sperrholz-Karosserie ermöglicht wurde. Die Vorderräder dieses Hanomags waren mit einer Schwingachs-Konstruktion einzeln aufgehängt. Zwischen 1925 und 1928 wurden in offener und geschlossener Version insgesamt 15 775 Exemplare vom Kommißbrot verkauft.

enormen Gewinne es ihm erlaubten. Wie Ford begann er nun seine Zulieferfirmen aufzukaufen: Hotchkiss für seine Motoren, Wrigley für seine Getriebe, die Karosseriebauer Hollick und Pratt und die Firma Osberton für seine Kühler. Später, im Jahre 1927, kaufte er eine andere Automobilfirma, Wolseley, auf. Mit seinen 545141 verkauften Autos bestritt er 1925 41 % der gesamten britischen Automobilproduktion.

Die Bedrohung durch seinen Hauptkonkurrenten, Ford, verringerte sich nach 1921, als in Großbritannien eine Kraftfahrzeugsteuer eingeführt wurde, die sich nach der Motorleistung staffelte und für jede »Steuer-PS« ein Pfund verlangte. Diesem Gesetz entsprechend mußte ein Ford-Besitzer pro Jahr 22 Pfund, ein Morris-Eigner dagegen nur 12 Pfund bezahlen. Die Differenz entspricht nach heutiger Kaufkraft deutlich mehr als 100 Pfund und war damit ein wesentliches Argument. Darüber hinaus verbrauchte der Ford Model T auch mehr Treibstoff, ebenso galt allmählich sein Planetengetriebe als veraltet.

Ungefähr ab 1923 trat in Gestalt des »Clyno« ein neuer Konkurrent auf die Bühne. Dieser stammte aus einer Firma in Wolverhampton und leitete seinen Namen aus dem schräg montierten Riemenantrieb für Motorräder her, den man dort ursprünglich herstellte. Zwischen 1922 und 1929 produzierte dieses Unternehmen nun Autos, wofür man die einzelnen Baugruppen jedoch bei Zulieferern kaufte, da die kleine Motorradfabrik einen Einstieg in die Automobilproduktion in größerem Maße nicht erlaubte. So kamen ein 10,8 PS Coventry-Climax Motor zum Einsatz, ein Moss-Getriebe, ein Kühler von Willenhall und die Karosserie schließlich zunächst von Taylor, später von Haywards. Frank Smith, der Direktor von Clyno, versuchte mit Morris Schritt zu halten und auf jeden Preisnachlaß des Giganten aus Cowley konterte er mit einem noch etwas niedrigeren Angebot. In sechs Jahren konnte er beachtliche 50000 Autos verkaufen, fürwahr eine nette Stückzahl, mit der man deutlich an der Spitze aller britischen Montage-Betriebe lag. Trotzdem war die Firma immer knapp an Kapital. Als Clyno schließlich versuchte, den Morris Minor zu 125 Pfund preislich zu unterbieten und den Clyno »Nine« für 112,50 Pfund auf den Markt zu werfen, erwies sich dieser Schachzug als tödlich: im März 1929 wurde es still um Clyno.

Der Morris Minor selbst war die Antwort auf ein Automobil, das Herbert Austin herstellte, der Austin »Seven«. Dieser hatte sich mit Erfolg eine Marktnische mit Fahrzeugen geschaffen, die alle kleiner waren als jeder Morris. Mit einer Gesamtlänge von nur 2,7 m und einem Gewicht von 365 kg rangierte der Austin Seven von 1922 seiner Größe nach in der Klasse der Cyclecars. Im Gegensatz zu diesen bot der Seven jedoch vier Sitze, einen Vierzylinder-Motor und sogar Bremsen an allen vier Rädern, wenn diese auch bis 1930 nicht miteinander verbunden waren. Schon in der Mitte des Jahres 1923 verkaufte sich der Seven in 200 Exemplaren pro Woche und versetzte damit dem britischen Cyclecar genauso wirkungsvoll den Todesstoß, wie es der Ford Model T mit dem amerikanischen getan hatte.

Weiter oben auf der Größenskala verloren die Beinah-Großserienhersteller wie Bean und Cubitt ihre Marktanteile an Morris und an den Austin »Twelve«. Die meisten Firmen, die kleine Fahrzeuge zusammenbauten – Autocrat, Bayliss-Thomas, Eric Campbell, Horstman, McKenzie, Marseal, Meteorite, N. P., Seabrook und zahlreiche andere – fielen ebenso den großen Firmen zum Opfer, deren Wirtschaftskraft ausreichte, mit Preisrücknahmen um Marktanteile zu kämpfen.

In einem Punkt unterschied sich die Situation in Großbritannien von der in den USA. In England konnten Firmen überleben, die sich auf den Sportwagenmarkt konzentrierten, Firmen wie Alvis, Aston Martin oder Frazer-Nash, die auch mit einer Jahresproduktion von weniger als 100 Exemplaren ihr Auskommen fanden,

Fiat versorgte den italienischen Automobilmarkt schon in den zwanziger Jahren fast komplett, genauso wie in jeder Dekade danach. So stellte Fiat 1925 87 % aller in Italien gefertigter Personenwagen her und darüber hinaus noch einen ziemlich großen Anteil aller Liefer- und Lastwagen. Die zwei am häufigsten verkauften Modelle waren der Tipo 501 (*gegenüberliegende Seite*), der von 1919 bis 1926 hergestellt wurde, und der Tipo 509 mit der Produktionsperiode von 1925 bis 1929. Der 1460 cm^3-Motor mit seitlichen Ventilen im Tipo 501 leistete 25 PS und erlaubte diesem Modell nur eine Höchstgeschwindigkeit von weniger als 70 km/h. Dagegen brachte es der wirkungsvollere 509-Motor bei einem Hubraum von nur 995 cm^3 auf 22 PS, was für diesen Typ eine Spitzengeschwindigkeit von mindestens 80 km/h bedeutete. Sportliche Versionen steigerten sich bis auf 36 PS und 115 km/h. Der 501 erhielt erst 1924 Vorderradbremsen, während sie der 509 bei allen Modellen besaß.

Der offene Tourenwagen trat in den zwanziger Jahren in vielen Größen und Modellvarianten auf. Wenn auch weniger bekannt und gefeiert als Bentley, Vauxhall oder Sunbeam, stellte die Firma Crossley aus Manchester doch eine Reihe attraktiver sportlicher Tourenwagen für die zwanziger Jahre her. Zum Ende dieser Dekade kam das Sechszylinder-Zweiliter-Modell mit seinen hängenden Ventilen (*unten*). Die sportliche Version, für die man den Namen Shelsley wiederbelebte, kostete 625 Pfund, 130 Pfund mehr als die Limousine. Später verwendete Lagonda diesen Sechszylindermotor für ihr Modell 16/80. Der hier abgebildete Shelsley aus dem Jahre 1930 hat in den Händen des gleichen Besitzers seit 1961 307000 Kilometer zurückgelegt.

Mittelgroße Familien-Tourenwagen waren am internationalen Markt reichlich zu haben, obwohl sie keineswegs nach Morris- oder Citroën-Manier in Massen produziert wurden. In ansehnlichen Stückzahlen hergestellt, bildeten sie das geeignete, unspektakuläre aber sichere Transportmittel für eine Familie der Mittelklasse. Die Firma Humber, die man vor dem Krieg fast zu den europäischen Großherstellern rechnen konnte, verkaufte von diesem Wagentyp Mitte der zwanziger Jahre 3000 Exemplare jährlich. Der hier links abgebildete 14/40 aus dem Jahr 1927 nahm in einer Modellpalette von vier verschiedenen Typen preislich eine mittlere Position ein. So kostete ein Tourenwagen dieses Typs 460 Pfund, während man für eine Limousine 575 Pfund bezahlen mußte. Dieser Preisunterschied, der bei den meisten europäischen Fabrikaten in derselben Größenordnung lag, erklärt, warum geschlossene Wagen immer noch eine Minderheit darstellten. Der Bean aus dem Jahr 1925 und der Standard von 1926, *die auf Seite 155 oben abgebildet sind*, gehörten ebenfalls zur 14er-Baureihe, waren aber mit ihren 395 Pfund bzw. 365 Pfund billiger als der oben erwähnte 14/40. Beide Motoren hatten eine Bohrung von 75 mm, wobei der Hub von 145 mm beim Bean eine Leistung von 2386 cm^3 erbrachte, während der Hub von 110 mm im Falle des Standard nur für eine Leistung von 1944 cm^3 sorgte. Bei der Firma Standard handelte es sich im übrigen um den ersten britischen Automobilhersteller, der nach Muster des amerikanischen Duco Zellulose im Karosseriebau einführte. Die Firma Standard konnte weiterhin für sich in Anspruch nehmen, für den englischen Markt Pionierarbeit geleistet zu haben, als sie im Jahr 1927 einen geschlossenen Wagentyp mit Schiebedach vorstellte.

Austin
RO 92

Beim »Twelve Four« von Austin handelte es sich um eine der erfolgreichsten britischen Konstruktionen der zwanziger Jahre, obwohl der Einfüllstutzen für den Kraftstoff unter den Vordersitz verlegt worden war! Im Jahr 1921 mit einem 1661 cm^3 (72 x 102 mm) Vierzylinder-Seitenventil-Motor vorgestellt, wurde der Hubraum für das Jahr 1927 auf 1861 cm^3 (72 x 114 mm) erhöht und dann bis 1935 in dieser Ausführung – immer mit Magnetzündung – beibehalten. Der Tourenwagen von 1928, der hier auf Seite 154 zu sehen ist, kostete nur 255 Pfund. In der Limousinen-Ausführung mußte man 325 Pfund dafür bezahlen.

Als Assar Gabrielsson und Gustaf Larson im Jahr 1927 den Volvo vorstellten, gesellte sich ein weiterer mittelgroßer Familienwagen zum Sortiment der schon bestehenden. Ihr ÖV 4-Tourenwagen (*rechts*) verfügte über einen 25 PS-Seitenventil-Vierzylindermotor mit 1,9 Liter Hubraum, ein Dreiganggetriebe und halbelliptische Federn vorne und hinten. Die Höchstgeschwindigkeit betrug zwar nur knapp 70 km/h, aber mit seiner robusten Zuverlässigkeit und seiner guten Ausstattung wurde der Wagen zum erfolgreichen Beginn der Geschichte einer bis heute florierenden Automobilfirma.

da sich ihre Kunden aus einer Elite rekrutierten, die sich auch durch hohe Preise vom Kauf eines Sportwagens nicht abhalten ließ.

Für Hersteller von typischen Familienautos, gleichgültig ob Kleinwagen oder Mittelklasse, sah die Zukunft weit weniger rosig aus. So schafften es selbst angesehene Namen wie Crossley, Star und Swift kaum in die dreißiger Jahre. Selbst Pionierfirmen wie Lanchester und Wolseley, zwei renommierte Namen in Großbritannien, überlebten nur, weil sie von größeren Firmen übernommen wurden. So ging Lanchester in Daimler auf, während Wolseley bei Morris unterkam, – die Markteigenständigkeit ging dabei natürlich verloren.

In Frankreich bereitete André Citroën der Automobilindustrie rauhe Zeiten. Zwar stieg er erst 1919 als Neuling in den Bereich der Automobilherstellung ein, aber er verfügte über Erfahrungen in der Massenfertigung von Zahnrädern. Citroën führte ein Fließband in die ehemalige Firma Mors ein, ein Unternehmen, das er kurz zuvor übernommen hatte. In diesem Werk baute er einen konventionellen Tourenwagen, dessen Motor über seitlich angeordnete Ventile verfügte. Dieser Tourenwagen besaß einen in der Mitte angeordneten Gangschalthebel und Linkslenkung (was im Frankreich jener Zeit keineswegs die Regel war).

1921 erreichte die Produktion 10000 Wagen, 1924 stellte man täglich bereits 250 Fahrzeuge des Typs »10 CV Type A« und seines kleineren Bruders »5 CV« her. Im gleichen Jahr noch übernahm Citroën Patente von Budd, um nach dieser Technik viertürige Ganzstahl-Karosserien für eine Limousine auf dem Chassis des »10 CV B-12« anzufertigen. So wie in Amerika erlaubte es die Großserienherstellung, diesen Wagen nur um 100 Pfund teurer auf den Markt zu bringen als den weniger aufwendigen Tourenwagen.

Die etablierten französischen Fahrzeughersteller wie Peugeot und Renault reagierten mit ihren eigenen Kleinwagen. Im Jahre 1925 stellte die französische Automobilindustrie 550000 Autos her, womit sie sich weltweit als zweitstärkste Automobilindustrie der Welt erwies. Auch hier bedeutete der Erfolg für einige wenige wieder das Aus für viele kleinere Firmen. So stand zum Ende der Dekade schon das Menetekel für ehrwürdige Namen wie Hurtu, Mors, Rochet-Schneider, Turcat-Méry und Vermorel an der Wand, – wenn sie nicht schon ganz erloschen waren. Aber noch wichtiger war, daß der Citroën 5 CV zum Ausgangspunkt des ersten in Großserienfertigung hergestellten Automobils in Deutschland wurde.

Dieser Wagen, der Opel 4 PS »Laubfrosch«, begann 1924, vom Fließband in Rüsselsheim zu hüpfen. Schon innerhalb einer Jahresfrist stellte man täglich 125 Exemplare dieses Zweisitzers her und bis zum Frühjahr 1927 brachte man rund 50000 »Laubfrösche« auf den Markt. Zunächst glich dieser Wagen seinem französischen Vorbild sehr stark. Wie der 5 CV besaß der Rüsselsheimer ein spitz zulaufendes Heck an einem Zweisitzer ??? oder mit einer kleeblattförmigen Dreisitzer-Karosserie. Bald aber gesellte sich eine dreisitzige Limousine hinzu. Während André Citroën den 5 CV nach 1926 aufgab, setzte Opel den 4 PS – allerdings mit einem etwas vergrößerten Hubraum von 1018 cm^3 – bis zum Juni 1931 fort. Bis dahin waren insgesamt 119484 Laubfrösche vom Band gerollt. Dieser Typ und seine größeren Brüder machten Opel zu Deutschlands größtem Automobilhersteller in den späten zwanziger Jahren mit einem Marktanteil von 37,5 %. Ohne Zweifel bildete dieser Erfolg einen wichtigen Faktor für den Entschluß von General Motors, 1929 als Mehrheitsaktionär in das Rüsselsheimer Unternehmen einzusteigen.

Während der Opel 4 PS in konventioneller Bauweise auftrat, stellte sein Hauptkonkurrent auf dem Markt preisgünstiger Wagen genau das Gegenteil dar. Die Hannoverische Maschinenbau AG hatte bereits seit 1835 Eisenbahn-Lokomotiven hergestellt, später dann Traktoren für die Landwirtschaft. 1925 stieg sie in die Automobilproduktion ein, um überschüssige Kapazitäten auszulasten. Dies geschah mit einem merkwürdigen Kleinwagen, den ein im Heck untergebrachter 500 cm^3-Einzylindermotor antrieb, der mit einem Dreiganggetriebe und einem Kettenantrieb zusammengebaut war. Sein Äußeres entstammte den Zeichnungen von Fidelis Bohler, der den Kleinwagen entweder als Roadster oder als ein zweisitziges Coupé entworfen hatte, das die Hersteller mit der Bezeichnung »zweisitziges Limousine« aufwerteten. Die Karosserie des Hanomag erinnerte an den in der Armee üblichen Brotlaib und handelte sich damit den Spitznamen »Kommißbrot« ein.

Mit seinen Eigenschaften, wie sie sonst nur ein Cyclecar besaß, hätte man diesem Vehikel wenn überhaupt dann nur einen beschränkten Erfolg vorhergesagt. Aber es mauserte sich ganz ansprechend und ließ sich innerhalb von vier Jahren immerhin in 15775 Exemplaren verkaufen. Sicherlich verhalf der verhältnismäßig niedrige Preis von 2650 Reichsmark für den offenen Zweisitzer und von 3200 RM für die »Limousine« dabei dem Kommißbrot zu seinem Verkaufserfolg. 1927 reduzierte man diese Zahlen sogar auf 1975 RM bzw. 2450 RM, während ein Opel 4/12 PS damals zwischen 2980 und 3980 RM kostete.

Das Kommißbrot trat auch in sportlichem Gewand, manchmal mit einer Flechtwerk-Karosserie, auf und war auch als Ein-Personen-Taxi erhältlich. Das Kommißbrot kann in seinen verschiedenen Versionen als Wegbereiter für eine erfolgreiche Karriere der Firma Hanomag als Hersteller von normalen Vierzylinder-Wagen angesehen werden, auch wenn nur ein späteres Modell, der in den Jahren 1934–1938 hergestellte »Rekord« eine höhere Stückzahl erreichte als das Kommißbrot.

In Italien gab es nur einen einzigen Groß-Serienhersteller, der natürlich unausweichlich Fiat heißen mußte. Diese Firma dominierte die italienische Automobilindustrie in derart hohem Maße, daß zum Beispiel im Jahre 1925 volle 87 % aller in Italien hergestellter Autos den Namen Fiat trugen. Die am besten verkäuflichen Modelle der Turiner waren der Tipo 501, dessen Motor 1460 cm^3 Hubraum und einen L-förmigen Zylinderkopf besaß (1919–1926) und der Tipo 509 mit seinem 995 cm^3-Motor mit einfacher obenliegender Nockenwelle (1925–1929). Diese beiden Modelle erreichten Verkaufsziffern von 80000 bzw. 92214 Exemplaren.

Zu Beginn der dreißiger Jahre gehörte es für jeden mittleren und größeren Automobilhersteller zur Norm, in einem gewissen Grade Methoden aus der Großserienfertigung anzuwenden, selbst wenn dies nur darin bestand, daß die Karosserien von Hand auf einem hölzernen Schlitten über Gleise weitertransportiert wurden, wie dies bei der Firma Singer geschah. Die Großserienfertigung erleichterte den Einzug der Ganzstahlkarosserie und brachte schließlich das Aus für die Segeltuchkarosserie. Das Prinzip hoher Investitionen in teure Produktionsanlagen für große Stückzahlen sollte sich für eine der ganz großen Weiterentwicklungen im Automobilbau der dreißiger Jahre noch als viel wichtiger erweisen – für die Konstruktion der selbsttragenden Karosserie, der Einheit aus Chassis und Außenhaut.

ROLLENDE HOCHKONJUNKTUR

Ein Auto für jedermann und fast von überall her entwickelte sich zu einem beherrschenden Thema der zwanziger Jahre. Diese Dekade brachte ein größeres Spektrum an Automobilen als jede Epoche davor oder danach. An ihrem Beginn reichte das Spektrum vom Cyclecar, das mit einem noch rudimentäreren Aufbau zu einem noch günstigeren Preis als in den Vorkriegstagen erhältlich war, bis hin zu Luxusfahrzeugen, wie dem Rolls-Royce Silver Ghost und dem Hispano-Suiza. Ein einzelnes Exemplar des Hispano-Suiza kostete 1919 rund 3000 Pfund, ein Preis, für den man 36 »Dambro Monocars« erhalten hätte, sehr wahrscheinlich mehr, als die Firma je herstellte.

Solche Extreme im Bereich der Kosten und der Fahrzeugkonstruktionen paßten zum gesellschaftlichen Klima jener Zeit, vor allem in den vielen Ländern, die sich immer noch der Automobilbewegung anschlossen und sich mit der neuen Technologie und den vielen Geschmacksvarianten automobilistischer Lebensweise auseinandersetzten.

Nationale Strömungen in Europa

Die Anfangsjahre friedlichen Miteinanders unter den europäischen Automobilproduzenten waren definitiv und für alle Zeiten vorbei. Etwas positiver ausgedrückt, man hatte erkannt, daß nicht nur der Einzelne, sondern ganze Nationen aus ihren Transportmitteln individuellen und speziellen Nutzen ziehen konnten, wenn sie ihre Individualität und ihre jeweils speziellen Bedürfnisse genau untersuchten und berücksichtigten. Diese Erkenntnis galt sowohl für den Einzelnen in seiner Rolle als Benutzer als auch für die Firmen in ihrer Rolle als Hersteller. So bildeten sich mit zunehmender Deutlichkeit lokale stilistische Varianten und regional erfolgreiche Konstruktionen, häufig als Folge von ebenfalls regionalen Wirtschaftsfaktoren und regionalen Vorstellungen, wie ein kurzer Überblick über verschiedene Gebiete zeigen wird.

Großbritannien

Der Cambro, der in Kilburn in London gebaut wurde, erinnerte stark an ein Kinder-Tretauto und erreichte auch kaum eine höhere Geschwindigkeit. Seinen Antrieb besorgte ein 192 cm-Einzylinder-Motor, der das Hinterrad ohne eine Gangschaltung über eine Kette direkt antrieb. Bei einem Gewicht von 365 kg verbrauchte er nach Werksangaben auf 100 km 2,8 Liter Treibstoff. Dieser Typ stellte das absolut untere Ende des Cyclecar-Markts in Großbritannien dar, ein Markt, auf dem eine ganze Reihe von Fahrzeugen im oberen Bereich der Klasse zwischen 120 und 200 Pfund angesiedelt war, deren technischer Standard deutlich unter dem des Austin Seven lag. Bis zum Jahre 1925 war das Cyclecar in Großbritannien praktisch ausgestorben, mit Ausnahme einiger Dreiradfahrzeuge, die von einer Jahressteuer in Höhe von nur 5 Pfund profitierten. Im Gegensatz dazu galt für vierrädrige Fahrzeuge eine gleitende Skala von 1 Pfund pro Steuer-PS.

Das britische Steuersystem bot Motoren mit einer kleinen Bohrung und einem langen Hub deutliche Vorteile, da die »Pferdestärke« nur nach der Bohrung berechnet wurde. Dadurch wurde zum Beispiel der 3 Liter Bentley mit seinen 80 x 149 mm-Zylindern bei bescheidenen 15,9 PS eingestuft, obwohl sein Hubraum insgesamt 2996 cm^3 betrug. Der Crossley dagegen wurde mit seinen Zylindermassen von 80×120 mm und seinem Hubraum von 2410 cm^3 in dieselbe Kategorie eingestuft.

Zugegeben, die Pläne für den Bentley waren bereits zwei Jahre vor der Einführung der »PS«-Steuer entstanden, in einer Epoche, in der viele Hersteller langhubige Motoren aus anderen Gründen bevorzugten. Das Steuerrecht aber blieb in diesem Punkt bis nach dem Zweiten Weltkrieg unverändert, als man endlich eine Kfz-Besteuerung nach dem Hubraum einführt.

Rolls-Royce bietet ein gutes Beispiel dafür, wie sich der Hub verlängerte. Der »40/50 Silver Ghost« begann 1907 mit den quadratischen Abmessungen von 114 x 114 mm (7036 cm^3) und erhielt 1909 einen auf 121 mm verlängerten Hub, was zu einem Hubraum von 7428 cm^3 führte. Als ihn die PS-Steuer traf, kostete dies jährlich 49 Pfund, nach heutiger Kaufkraft entspricht dies mehr als 600 Pfund. 1925 brachte Henry Royce mit seinem Konstruktionsteam den »Phantom I« heraus, bei dem man die Bohrung auf 108 mm reduzierte, wogegen der Hub auf 140 mm wuchs. Im Ergebnis stieg der Hubraum auf 7668 cm^3, während sich die jährliche Steuer auf 44 Pfund ermäßigte.

Frankreich

Die Länder auf dem Kontinent litten nicht unter der Steuer, die sich an der Zylinderbohrung orientierte. Und doch war man sich dieser Freiheit bis hinein in die dreißiger Jahre nicht wirklich bewußt, dann erst traten Wagen wie der Peugeot (mit 83×92 mm) und der Opel »Super 6« (mit 80 x 82 mm) als Bahnbrecher auf für höhere Kolbengeschwindigkeiten und Motoren mit höherem Wirkungsgrad, wie sie die Nachkriegszeit bringen sollte. Trotzdem brachte Frankreich einige sehr charakteristische Typen hervor, unter denen sicherlich der kleine Vierzylinder-Sportwagen und der »Grand Routier«-Tourenwagen zu den bekanntesten zählten.

Zum letztgenannten Typ gehörten schnelle Tourenwagen, normalerweise Viersitzer, mit einer bequemen Reisegeschwindigkeit von rund 100 km/h und einer Spitzengeschwindigkeit von wahrscheinlich 120–125 km/h. Diese Tourenwagen waren ideal für größere Strecken auf den Routes Nationales, zumal diese französischen Überlandstraßen ständig verbesserte Oberflächen erhielten und sich dadurch hohe Geschwindigkeiten immer leichter erreichen ließen. Gleichzeitig ermöglichten es geeignet abgestufte Vierganggetriebe, diese Wagen auch in bergigen Gegenden zu fahren.

Fast alle dieser Tourenwagen besaßen Motoren mit hängenden Ventilen, einige sogar mit obenliegenden Nockenwellen, auch wenn Peugeot und Voisin auf große Vierzylinder-Konstruktionen mit Muffenventilen setzten. Zu den bemerkenswerten Modellen gehörten der Ballot 2 LT und der Ballot 2 LTS, jeweils eine sanftere Version des 2 LS (vergleiche Kapitel 6) mit seinen doppelten obenliegenden Nockenwellen; außerdem der Bignan, von dem es verschiedene Versionen im Bereich zwischen 1,7 und 3 Liter Hubraum gab. Zu dieser Gruppe bemerkenswerter Tourenwagen ist auch der 3,5 Liter Lorraine-Dietrich zu rechnen, der die 24 Stunden von Le Mans in den Jahren 1925 und 1926 gewann; außerdem der Delage 14/40, der Chenard-Walcker, der Cottin-Desgouttes und zahlreiche andere. Der Beitrag von Ettore Bugatti zu dieser Wagenkategorie bestand in seinem »Type 44« mit einem 3 Liter Achtzylinder-Reihenmotor.

Der hier gezeigte Ballot 2 LT aus dem Jahr 1924 war einer der populärsten schnellen Tourenwagen Frankreichs. Wie der Delage 14/40 DIS gehörte er in die 2 Liter-Klasse, aber er erreichte eine Spitzengeschwindigkeit von ca. 120 km/h und eine Dauergeschwindigkeit von mühelosen 95 km/h. Ballot benutzte eine einzige obenliegende Nockenwelle, um auf die 40 PS zu kommen und vertraute beim 2 LTS aus dem Jahr 1924 auf schrägsitzende Ventile, während Delage bei Stoßstangen blieb. Beide Firmen boten später im übrigen auch Sechs- und Achtzylinder-Wagen an, aber die Vierzylinder erfreuten sich größerer Beliebtheit, was bei den Schnauferl-Besitzern bis zum heutigen Tag so geblieben ist.

Gabriel Voisin blieb seinem charakteristischen und eigenständigen Stil in seinen 18 Jahren als Automobilfabrikant treu. Sein erstes Automobil war der Vierzylinder-C 1 mit einem Hubraum von 3970 cm³. Der Wagen verfügte über einen Knight-Muffenventil-Motor und Aluminiumkolben. Mit seiner verhältnismäßig leichten Karosserie konnte der C 1 bis zu 130 km/h erreichen. Er wurde mit nur geringfügigen Veränderungen (und mehreren Namenswechseln) bis 1927 gebaut. Hier sehen wir einen C 3 aus dem Jahr 1924 mit einer Bootsdeck-Tourenwagenkarosserie.

Deutschland

Die in Deutschland gebauten Automobile der zwanziger Jahre ließen sich anhand einiger sehr charakteristischer Merkmale auf Anhieb unterscheiden. Der Grund hierfür lag letztlich in der Niederlage im Ersten Weltkrieg. Als Folge davon war die deutsche Automobilindustrie bis zur Mitte dieser Dekade vom Rest der Welt abgeschnitten. Kein deutsches Fabrikat durfte außerhalb von Deutschland auf einer Automobilausstellung gezeigt werden, gleichzeitig nahm die britische und französische Presse die Existenz der Automobilindustrie östlich des Rheins praktisch nicht mehr wahr. Ohne Exportmärkte gingen die deutschen Hersteller ihren eigenen Weg und brachten schwere Tourenwagen mit hohen und massiven Aufbauten, deren Persenning-Dächer sich in das schwere überhängende Heck hineinfalten ließen, gekoppelt mit V-förmigen Kühleranordnungen heraus.

Der charakteristische Kühler mit seiner V-Form war wohl am weitesten verbreitet, praktisch besaß kein deutsches oder österreichisches Auto, das in den Jahren zwischen 1918 und 1924 gebaut wurde, einen abgeflachten Kühler. Zwar waren einige Frontpartien nur wenig zugespitzt wie zum Beispiel beim Maybach, die meisten Autos fuhren jedoch mit einem scharfen und aggressiven Bug. Dies bedeutete hohe Produktionskosten, denn es handelt sich praktisch immer um einen V-förmigen Kühler – nicht einfach nur um einen V-förmigen Kühlergrill über einem abgeflachten Kühler, wie es später in den dreißiger Jahren populär wurde.

Ein solches Kühlersystem gehörte nicht gerade zu den wirkungsvollsten Konstruktionen, weshalb die Firma Vauxhall im Jahre 1913 die V-Form am »Prince Henry« aufgab und sie für den »30/98« durch einen abgeflachten Kühler ersetzte. Das Phänomen des V-förmigen Kühlers läßt sich nur durch eine Art sklavisches Befolgen des herrschenden Modediktats erklären. Als sich von 1925 an die Mode wandelte, war praktisch innerhalb einer Saison dieses Charakteristikum ausgestorben. Die einzigen Firmen, die diesen Kühlertyp noch beibehielten, waren Mercedes-Benz bei den großen Sportwagen vom Typ »S« bzw. »SS« und Steyr bei einigen ihrer Modelle.

Im Jahre 1925 wurden die Einfuhrzölle in Deutschland halbiert, was zu einer Importflut ausländischer Fahrzeuge besonders aus Amerika führte. Diese ausländischen Konstruktionen übten einen erheblichen Einfluß auf die Inlandskonstruktionen aus. So entstand eine ganze Anzahl von Fahrzeugen mit Achtzylinder-Reihenmotoren, die unter anderem von Adler, Audi, Mercedes-Benz und Stoewer auf den Markt gebracht wurden. Auch kleinere Wagen wie die Sechszylindermodelle von Adler und der Dixi »9/40 PS« traten mit stark amerikanisiertem Aussehen auf, zu dem insbesondere die Ganzstahlkarosserien beitrugen, die von der in amerikanischem Besitz befindlichen Firma Ambi-Budd in Berlin geliefert wurden.

Am anderen Ende der Automobilskala überlebte das Cyclecar in Deutschland länger als sonst irgendwo – teilweise aufgrund gesetzlicher Regelungen, die Eigentümer von Fahrzeugen mit weniger als 200 cm^3 Hubraum sowohl von der Straßensteuer als auch von der Führerscheinpflicht freistellten. Eine der primitivsten Cyclecar-Konstruktionen war der Slaby-Beringer, ein kleiner Einsitzer, den man vielleicht am ehesten als Holzkiste auf Kinderwagenrädern beschreiben kann. Den Antrieb besorgte ein Elektromotor, der seine Kraft über eine einfache Kette auf die aus einem Stück gefertigte Hinterachse übertrug. Die Lenkung erfolgte über eine Steuerkurbel, die dem Gefährt ein derart antikes Aussehen verlieh, daß ein Exemplar aus den zwanziger Jahren zu einer der ersten Veteranenfahrten von London nach Brighton der Nachkriegszeit gemeldet wurde – mit der Geburtsjahrangabe 1902! Eine spätere Version bestand in einem zweisitzigen Tandem, dessen Antrieb von einem DKW-Motorrad-Motor mit 3 PS besorgt wurde.

Eine ganz besondere Maschine stellte das Mauser »Einspur-Auto« dar. Im Grunde ein zweirädriges Auto, besaß es zwei Ausleger-Räder, die allerdings nur in Funktion traten, solange das Fahrzeug hielt. Dieser Mauser erhielt seine Kraft aus einem Einzylindermotor mit 498 cm. In Deutschland wurde er von 1923 bis 1925 gebaut, je, er war unter dem Namen »Monotrace« sogar bis 1930 ein Teil der französischen Automobilproduktion. Zu den anderen Cyclecars in Deutschland gehörte das Hanomag »Kommißbrot« (vergleiche Kapitel 7), das »Mollmobil« mit seiner Tandem-Sitzanordnung und einem Motor von 164 cm^3 oder 198 cm^3 Hubraum, die elektrisch angetriebenen »Hawa« und »Omnobil« sowie der dreirädrige »Goliath« mit seinem 198 cm^3-Motor, der bis in die dreißiger Jahre hinein überlebte.

Riley baute wohl solide aber sonst nicht irgendwie bemerkenswerte Wagen bis im Jahr 1926 der Nine mit 1087 cm^3 vorgestellt wurde. Der Wagen besaß zwei Nockenwellen, die im Block eingebaut waren und nicht oben lagen. Dieser Motor, von Percy und Stanley Riley konstruiert, verfügte über schräghängende Ventile und gab die Basis ab für alle Riley-Antriebsaggregate bis zum Jahr 1957. Die Monaco-Limousine mit Stoffkarosse, die wir hier aus dem Jahr 1927 sehen, war eines der führenden Modelle der Nine-Baureihe. Für nur 285 Pfund bot der Wagen gute Bremsen und eine gute Straßenlage und erreichte immerhin eine Spitzengeschwindigkeit von 95 km/h.

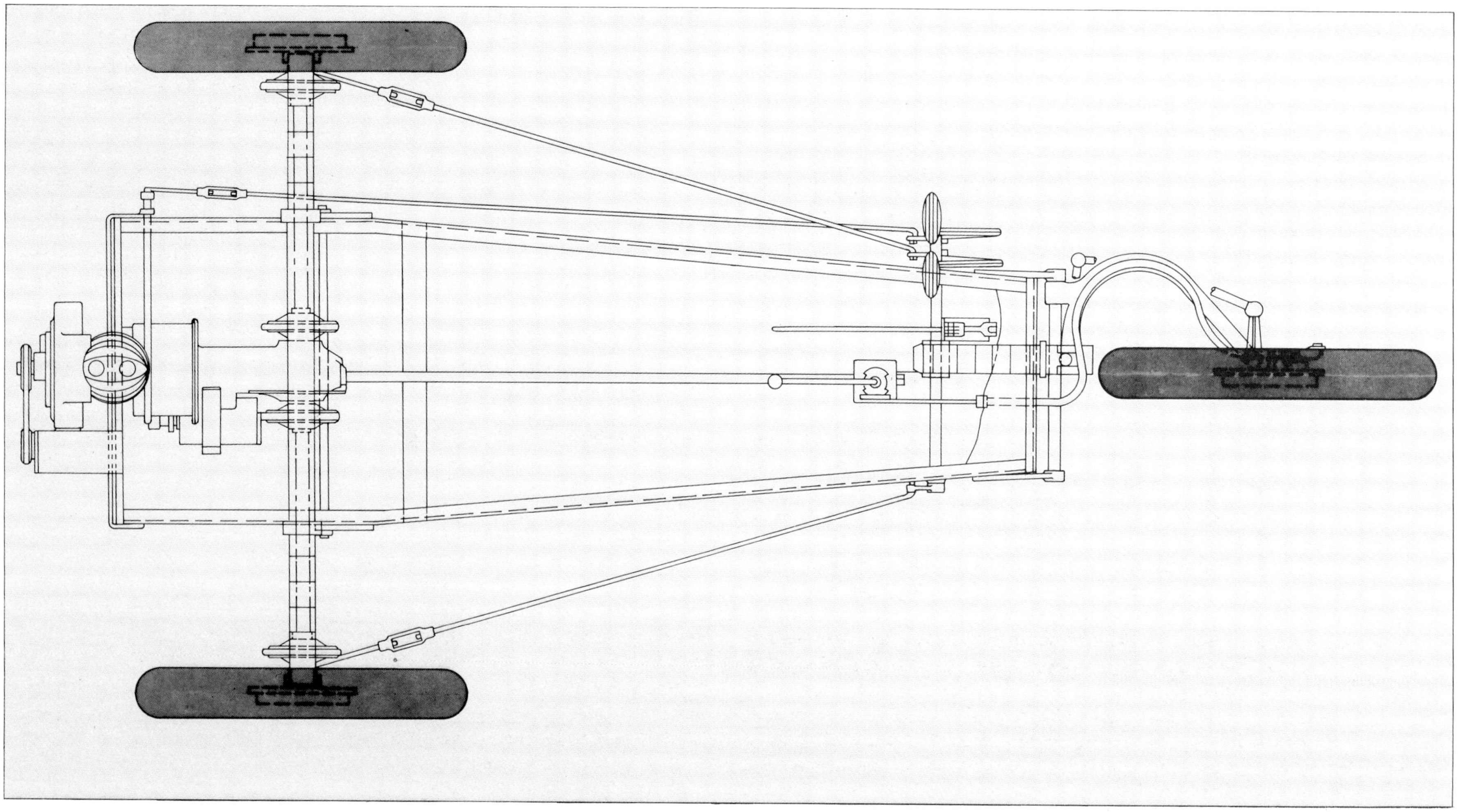

Die holländische Automobilfertigung blieb immer ein kleiner Industriezweig und der einzige Hersteller, der international Beachtung fand, war die Firma Spyker, die 1880 als Kutschenbaubetrieb begann und von 1900 bis 1925 Automobile fertigte. Ihr Sechszylinder-Rennwagen aus dem Jahr 1903 kann als kleine Sensation bezeichnet werden: der Wagen war einer der ersten mit Sechszylindermotor, er hatte Vierradantrieb und die Bremsen wirkten auf alle vier Räder. Von diesem Typ wurde jedoch kaum ein Exemplar verkauft. Zum regulären Verkaufsrepertoire gehörten dagegen konventionellere Konstruktionen, die sich allerdings aufgrund des Unterbodenschutzes für Motor und Getriebe als »Dustless Spyker« einen Namen machten. Bei dem hier gezeigten Wagen handelt es sich um einen 12/18 PS-Vierzylinder Tourenwagen aus dem Jahr 1905 mit Wellenantrieb, ähnlich demjenigen, der in dem Streifen »Genevieve« zu Filmruhm gelangte.

Die meisten dreirädrigen deutschen Wagen waren bis 1930 von der Bildfläche verschwunden. Karl Borgward dagegen begann mit dem Bau seiner dreirädrigen Lieferwagen im Jahr 1926 und brachte 1931 eine PKW-Version, den Goliath Pionier, heraus (*Seite 162*). Der Wagen wurde von einem Einzylindermotor angetrieben und hatte einen Hubraum von 198 cm^3, wodurch der Besitzer von Kraftfahrzeugsteuer und Führerscheinzwang verschont blieb. Denjenigen Borgward-Kunden, die einen Führerschein besaßen und mehr Antriebskraft forderten, stand ein 247 cm^3-Motor zur Verfügung. Die Spitzengeschwindigkeit lag bei 51 km/h und ein elektrischer Anlasser gehörte zur Standardausstattung. Zwischen 1931 und 1934 wurden etwa 4000 Goliath verkauft, eine Zahl, die keiner seiner Zeitgenossen wie der Framo Stromer, der Herkules oder der vierrädrige Bungartz Butz je erreichte.

Der Lancia Lambda gehörte zu den bedeutendsten Automobilen der zwanziger Jahre. Die Turiner Firma leistete bahnbrechende Arbeit bei der Einführung eines V-Motors mit kleinem Zylinderwinkel bei einem in einem Stück gegossenen Block und stand damit in deutlichem Gegensatz zu den Konstruktionen von Ford oder Cadillac, die den häufiger verwendeten Winkel von 90° bevorzugten. Mit diesem kleinen Winkel zwischen den Zylinderreihen wurde der Lancia-Motor sehr kompakt, kürzer als ein Vierzylinder-Reihenmotor und schmäler als ein konventioneller V-Motor. Darüber hinaus genügte eine einzelne obenliegende Nockenwelle, während spätere V8-Motoren für jede Zylinderreihe eine Nockenwelle benötigten oder eine eventuelle einzelne Nockenwelle im Knick des V angeordnet werden mußte, wobei die Ventile über Stoßstangen zu betätigen waren. Auch das Chassis des Lambda brachte gleichermaßen ungewöhnliche Lösungen: Die untere Hälfte der Karosserie bildete eine Einheit mit dem Rahmen. Er bestand aus hohlen Preßstahlträgern, wobei die Sitzkonstruktion als Querverstrebung diente. So fiel der Lambda leichter aus als zeitgenössische Automobile, sowohl beim Rahmen (1150 kg) wie auch bei der Karosserie. Ein weiterer avantgardistischer Aspekt lag in der Vorderradaufhängung: Einzelradaufhängung an Teleskopbeinen mit senkrechten Schraubenfedern. Von 1923 bis 1931 wurden in neun Serien insgesamt 13500 Exemplare des Modells Lambda herstellt. Spätere Versionen konnten auf Wunsch ohne integrierten Karosserieteil geliefert werden, sodaß der Rahmen auch Karosseriefirmen als Grundlage für Eigenkonstruktionen diente. Von Anfang an verfügte der Lambda über ein Vierrad-Bremssystem, eine Pumpenkühlung und ein Hochdruckschmiersystem.

Italien

Obwohl Fiat den Automobilbau in Italien beherrschte, fand man die eher typischen italienischen Wagentypen der zwanziger Jahre unter den hochwertigen sportlichen Tourenwagen von Alfa Romeo, Ceirano, Diatto, O.M. und SPA. Diese Wagen fielen etwas kleiner aus als ihre Äquivalente in Frankreich (mit Ausnahme des 4,5 Liter SPA), zu ihren charakteristischen Merkmalen aber gehörten moderne Motorkonstruktionen mit einfachen oder doppelten obenliegenden Nockenwellen sowie eine exzellente Straßenlage. Eine gewisse Ausnahme bildete der O.M., der es jedoch trotz seines Motors mit seitlichen Ventilen zu respektablen Fahrleistungen brachte.

Der Lancia »Lambda« galt in seinem Heimatland nie als ein Sportwagen, aber seine Technik stellte eine wahre Pionierleistung dar: Einzelradaufhängung an Gleitsäulen für die Vorderräder, eine Verbundkonstruktion für das Chassis und die untere Hälfte der Karosserie und ein V-4-Motor mit kleinem Zylinderwinkel. Auf der anderen Seite benahmen sich die italienischen Konstrukteure in ihrem Umgang mit der Kühlerkonstruktion fast so sklavisch wie die Deutschen. Nach einer Periode, in der birnenförmige Frontpartien, wie sie zum Beispiel Fiat, Bianchi und O.M. favorisierten, und die deutsche V-Form am Alfa Romeo 22/90 den Ton angaben, verlangte die Mode plötzlich eine Motorhaube und einen Kühler mit rechteckigen Linien nach dem Muster des Rolls-Royce. Praktisch jedes italienische Fahrzeug folgte diesem Trend bis in die späten zwanziger Jahre. Dann setzte eine Modewelle mit der typisch amerikanischen bebänderten Kühlerverkleidung ein, für die der Fiat »Tipo 514« und der »Tipo 522« sowie der O.M. »667« gute Beispiele bieten.

Die Entwicklung in anderen Ländern

Die zwanziger Jahre erlebten ein letztes Aufblühen der Automobilindustrie in einer Reihe kleinerer europäischer Länder. Belgien bot ein markantes Beispiel: zu Beginn der Dekade florierten ein Dutzend Marken am Markt, aber schon zehn Jahre später gab es nur noch drei. Minerva und Excelsior boten Fahrzeuge der Luxusklasse an, wobei sich Minerva-Produkte in Großbritannien und Amerika einer erheblichen Beliebtheit erfreuten. In dieser Zeit verwendete Minerva nur Motoren mit Muffenventilen, ihr 6,6 Liter »Modell AL« gehörte zu den wenigen Achtzylinder-Reihenmotorkonstruktionen mit Muffenventilen, die je hergestellt wurden. Auf niedrigerem Preisniveau lieferten Metallurgique, Nagant, F. N. und Imperia qualitativ gute Autos, aber in zu geringer Stückzahl, um mit den Importen zu konkurrieren. Die belgischen Zölle auf Automobilimporte waren die niedrigsten Europas, was die Tatsache erklärte, daß Frankreich beispielsweise im Jahr 1921 1653 Wagen in Belgien absetzen konnte, während ganze 12 belgische Wagen die Grenze in Richtung Frankreich passierten. Amerikanische Fahrzeuge überschwemmten das kleine Land förmlich und als die Zölle im Jahre 1926 anstiegen, wurden kurzerhand Montagebetriebe errichtet. 1929 lieferte General Motors SA in Antwerpen allein 24000 Automobile aus, mehr als die gesamte belgische Automobilindustrie.

In der Schweiz lagen die Dinge nicht besser, im Gegenteil, hier produzierte man nur zwei Marken in größerer Stückzahl. Die Firma Motosacoche – besser bekannt durch ihre Motorradproduktion – stellte den »Maximag« her, eine leichte Vierzylinder-Konstruktion mit Vorderradbremsen, von der zwischen 1923 und 1928 mehrere hundert Exemplare ausgeliefert wurden. Der zweite Schweizer Automobilproduzent konnte immerhin auf eine längere Firmengeschichte verweisen. Der Rüstungsbetrieb Martini hatte sein erstes Automobil bereits 1898 herausgebracht und erwarb sich mit der Zeit den Ruf, zuverlässige Personen- und Lastkraftwagen zu fertigen. Diese wurden auch bis 1934 gebaut, allerdings in ständig abnehmender Zahl, denn die Schweizer erwiesen sich als wenig patriotisch denkende Automobilkäufer, wenn sie unter dem Weltangebot zu wählen hatten. Konstruktion und Aussehen der frühen Martinis konnten den germanischen Einfluß nicht verhehlen und dieser steigerte sich noch, als die Firma von

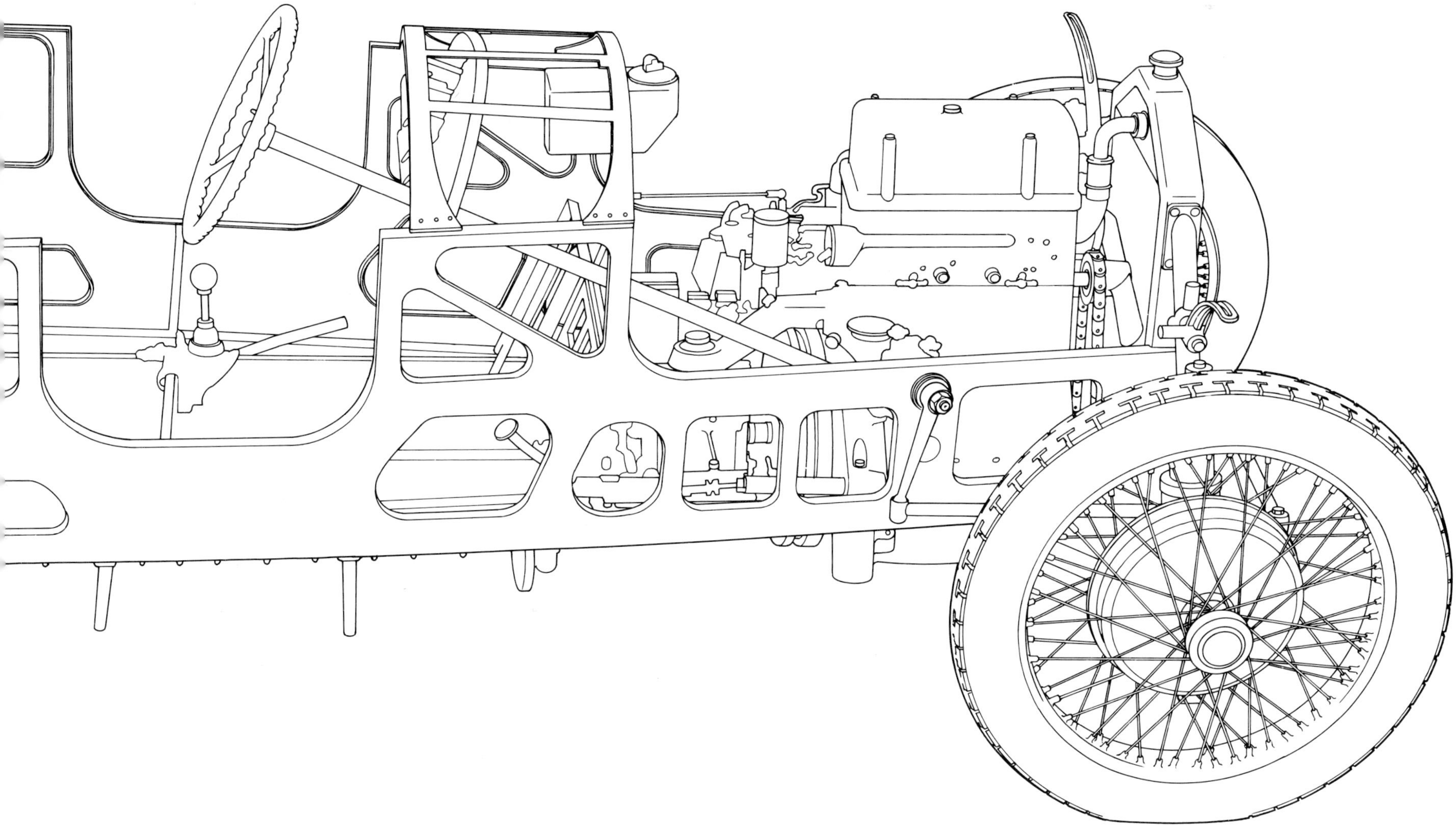

den Brüdern Steiger aus Burgrieden übernommen wurde, die später die deutschen »Wanderer« in Lizenz fertigten.

Österreich und seine frühere Provinz Tschechoslowakei befanden sich in einer glücklicheren Lage. Sie trugen mit einigen interessanten Konstruktionen zur Automobilvielfalt bei, die besonders geeignet waren, um mit den verhältnismäßig schlechten Straßen Mitteleuropas fertig zu werden. Austro-Daimler konstruierte im Jahre 1921 einen Motor mit einer einfachen obenliegenden Nockenwelle. 1927 brachte diese Firma den 3 Liter-Typ »ADR« heraus, dessen rückwärtiger Chassis-Teil aus einem Rohrrahmen bestand, an dem die Hinterräder einzeln aufgehängt waren. Auch der andere große Automobilproduzent in Österreich, die Firma Steyr, übernahm eine Schwingachskonstruktion für die Hinterradaufhängung, blieb aber sonst bei einem konventionellen Rahmen.

Dagegen besaß der tschechische Tatra – in den ab 1923 produzierten Modellen – einen Gitterrohrrahmen, eine Schwingachs-Radaufhängung und einen luftgekühlten Zweizylinder-Boxermotor. Unter dem Chefkonstrukteur Hans Ledwinka brachte Tatra später größere Modelle heraus, die über Vier- bzw. Sechszylindermotoren verfügten. 1931 wurde sogar eine kurze Zeitlang ein V 12-Zylinder-Motor mit obenliegender Nockenwelle und 6 Litern Hubraum angeboten. Veteranen-Skoda und -Praga gehörten zwar zu den konventionellen Konstruktionen, gaben sich in ihrem Aussehen jedoch ziemlich amerikanisch. In den dreißiger Jahren aber gingen selbst sie über zu Gitterrohrrahmen und Einzelaufhängung an allen vier Rädern.

Im Gegensatz zur Automobilindustrie in Belgien und in der Schweiz blühte der tschechische Automobilbau im Schutze sehr hoher Zölle. So fuhren zu Beginn der dreißiger Jahre auf tschechischen Straßen nur 8 Prozent der Automobile mit einem ausländischen Markenzeichen. Es gab keine Firmen, die ausländische Erzeugnisse zusammenbauten, auch wenn die Firma Walter einige Fiat-Konstruktionen in Lizenz herstellte.

Noch weiter östlich, in Ungarn, gab es nur ein einziges Fahrzeug, das in nennenswerter Stückzahl produziert wurde, den »Magomobil« (nach 1927 umbenannt in »Magosix«). Hierbei handelte es sich um eine mehr als konventionelle Konstruktion: ein Vier- oder Sechszylinder-Motor mit seitlichen Ventilen, ein rechteckiger Fiat-ähnlicher Kühler und Kanonenräder. Der Magosix brachte dann schon hydraulische Bremsen und war mit einem Hubraum von 1638 cm^3 (für Taxis), 1991 cm^3, 2112 cm^3 oder 2443 cm^3 erhältlich. Die Produktion überstieg nie 1500 Exemplare pro Jahr und lief im Jahre 1935 aus. In der Sowjetunion wurden keine Personenwagen mit Ausnahme einiger weniger Prototypen des »NAMI« gebaut, ein Kleinwagen mit Zweizylindermotor. Erst ab dem Jahre 1932 erschien der auf Ford-Konstruktionen basierende »GAZ-A«.

Das einzige skandinavische Land, das eine eigenständige Automobilindustrie hervorbrachte, war Schweden. Die beiden wohletablierten Firmen Maskinfabriks AB Scania in Malmö und Vagnfabrik AB in Södertälje (Vabis) schlossen sich 1911 zur Firma Scania-Vabis zusammen. Bis zum Jahre 1924 stellte diese Firma große massive Automobile mit teutonisch aussehendem Kühlergrill her. Danach konzentrierte sich Scania-Vabis auf die Produktion von Nutzfahrzeugen.

Zu größerer Bedeutung gelangte die Firma Volvo, deren Gründerväter Assar Gabrielsson und Gustaf Larson von dem Kugellager-Hersteller SKF finanzielle Hilfe erhielten. 1929 brachten diese Partner einen einfachen, robusten Tourenwagen heraus, dessen 1,9 Liter Vierzylindermotor seitlich angeordnete Ventile besaß. Im ersten Produktionsjahr stellte man nur 297 Exemplare dieses Fahrzeugs her. 1929 vervollständigte ein 3 Liter-Sechszylinder das Angebot und schon 1930 verließen 639 Volvo das Werk. Von da an wuchs der Erfolg von Jahr zu Jahr, auch wenn man die Marke Volvo erst nach dem Zweiten Weltkrieg außerhalb von Schweden allmählich besser kennenlernte.

In Norwegen stellte die Firma AS Geijer & Co. in Oslo, in der man hauptsächlich Omnibuskarosserien produzierte, einige wenige Limousinen her. Diese wurden von Achtzylinder-Reihenmotoren der Firma Lycoming angetrieben und besaßen hydraulische Bremsen an allen vier Rädern. Diese Automobile erreichten jedoch niemals irgendwelche wirtschaftliche Bedeutung. Dies gilt auch für die aussterbende holländische Automobilindustrie, die aus der altehrwürdigen Firma

Alfa Romeo
XJ 2732

Spätestens ab dem Jahr 1930 galt Alfa Romeo als der führende italienische Sportwagenhersteller. Die Firma konnte diese Führungsposition bis zum Auftauchen von Ferrari nach dem Zweiten Weltkrieg behaupten. Der 6C 1750, der im Jahr 1929 als die größere Version von Vittorio Jano's erfolgreichem 6C 1500 eingeführt wurde, war in drei Varianten erhältlich: als Turismo mit einfacher obenliegender Nockenwelle und einem Radstand von 3,1 m, als Gran Turismo mit zweifacher obenliegender Nockenwelle und einem Radstand von 2,75 oder 2,9 m und als Super Sport mit einem 85 PS-Kompressormotor, der eine Höchstgeschwindigkeit von 155 km/h erreichte. Hier abgebildet ist ein Gran Turismo aus dem Jahr 1930 mit Zagato-Karosserie.

Vor dem Ersten Weltkrieg leistete die belgische Automobilindustrie einen wertvollen Beitrag zur europäischen Markenvielfalt und stellte auch zwischen den beiden Weltkriegen einige bemerkenswerte Automobile her, obwohl der Rückzug aus diesem Metier schon in den zwanziger Jahren zu beobachten war. Der Linon (*oben*) von 1912 stammte aus einem kleinen Betrieb in Ensival-Verviers, der von 1900 bis 1914 Durchschnittswagen fertigte und dabei eigene Motoren verwendete wie auch Antriebsaggregate von De Dion Bouton zu Anfang, später dann von Ballot, Fafnir, Fondu und Vautour. Die Produktion stieg selten über 200 bis 300 Einheiten im Jahr, fast nicht genug, um in der Zeit König Edwards zu überleben, definitiv nicht genug für die zwanziger Jahre. Die Brüder Linon handelten klug, als sie nach dem Krieg das Automobilgeschäft nicht wieder aufnahmen.

Auf stabileren Beinen stand die Firma Minerva, die sowohl Lieferwagen als auch qualitativ hochwertige Personenwagen mit Knight-Muffenventil-Motoren fertigte. Im Jahr 1927 verkaufte Minerva 2500 Automobile, wobei das Spitzenmodell der 6 Liter-AK war, der über Dewandre-Servounterstützung für seine Vierradbremsen verfügte. Die zweisitzige Karosserie (*Seite 168*) stammte von Erdmann & Rossi aus Berlin. Im übrigen griffen die meisten bekannten Karosseriebauer in Belgien, Frankreich und Großbritannien damals gern auf das Minerva-Chassis zurück.

F. N. baute in Belgien Wagen für eine breitere Schicht zu einem günstigen Preis, wobei sich die Firma auch auf ein gutgehendes Geschäft mit Motorrädern und Handfeuerwaffen stützen konnte. Ihre kleinen konventionell gebauten Vierzylinder-Fahrzeuge besaßen Stoßstangenmotoren mit hängenden Ventilen und von 1924 an auch Vorderradbremsen. F. N. begann im Jahre 1900 mit einer leichten Zweizylinder-»Voiturette«. Um das Jahr 1910 herum baute man mit einer Stückzahl von vier oder fünf pro Tag gewöhnliche Vierzylinder-Wagen (*Seite 171 oben*). Der hier oben gezeigte F. N. Tourenwagen aus dem Jahre 1925 ist ein Beispiel des bekanntesten Modells der Firma, das zwischen 1924 und 1933 gebaut wurde. 1928 ersetzte man die Spulenzündung durch einen Magnetzünder und vergrößerte gleichzeitig den Hubraum von 1327 cm^3 auf 1450 cm^3, 1930 folgte eine weitere Hubraumvergrößerung auf 1628 cm^3. Während seiner neunjährigen Produktionsdauer brachte es der kleine Vierzylinder-F. N. auf 7302 verkaufte Exemplare.

Auch der Imperia rangierte im Bereich erschwinglicher Preise, bot aber eine weniger konventionelle Technik. Das 1100 cm^3-Modell besaß einen Motor mit Schieberventilen, deren Schieber einander gegenüberliegend in die Zylinderwände eingelassen waren. Das Öffnen und Schließen erfolgte über Doppelnocken ohne Federn. Vorgestellt 1923, wurde der Imperia mit den zu erwartenden regelmäßigen Verbesserungen bis 1934 produziert. Vorderradbremsen, die man zunächst nur als Sonderwunsch erhielt, gehörten ab 1926 zur Grundausstattung, hydraulische Bremsen kamen im Jahr 1933. Eine Spulenzündung ersetzte 1928 das magnetische Zündsystem und ab 1929 gab es eine automatische Chassis-Schmierung. Der arme kleine Imperia mußte jedoch allzu oft zu schwere Karosserien tragen und fand nie viele Käufer. Das beste Jahr für den 6 CV war 1927, als 504 Exemplare dieses Typs verkauft wurden. 1930 war das beste Verkaufsjahr für alle Imperia-Modelle zusammen, als 492 Exemplare des 6 CV und 233 Einheiten des 10 CV Sechszylinders verkauft wurden. Die Abbildung oben zeigt einen 6 CV aus dem Jahr 1930 mit einer modifizierten Roadster-Karosserie.

In der Zeit zwischen den beiden Weltkriegen entstanden in Österreich und in der Tschechoslowakei durch außergewöhnliche Männer vom Kaliber eines Ferdinand Porsche oder Hans Ledwinka einige der interessantesten Automobilkonstruktionen. Ledwinkas Tatras boten eine Palette vom Typ 11 mit seinem kleinen Zweizylinder-Boxermotor und den entsprechenden Nachfolgern bis hin zum wuchtigen 6 Liter V 12, von dem insgesamt nur 25 Stück hergestellt wurden, – verteilt auf die Zeit zwischen 1931 und 1935. Alle diese Fahrzeuge besaßen einen Gitterrohrrahmen und Einzelradaufhängung an querliegenden Federn. Der Typ 11 verfügte über 11 PS, die der luftgekühlte 1056 cm^3-Zweizylinder-Boxer mit hängenden Ventilen bei 2800 Upm lieferte. Dieser Typ war erstaunlich zuverlässig und langlebig, sodaß man auch zum Ende der fünfziger Jahre noch viele Exemplare auf tschechischen Straßen sah, obwohl die Produktion schon 1930 nach siebenjähriger Dauer und 11000 hergestellten Einheiten ausgelaufen war.
Ebenfalls mit einer Rohrrahmenkonstruktion ausgestattet, gehörte der Austro-Daimler aber in eine wesentlich höhere Preisgruppe. Dieses Fahrzeug wurde als Sechszylinder bzw. als Achtzylinder von 1927 bis 1934 gebaut. Das hier abgebildete Chassis (*gegenüberliegende Seite unten*) gehört dem »Alpen-Achter« aus dem Jahre 1931 mit seinem 4,6 Liter-Achtzylinder Reihenmotor. Dieses Fahrgestell ähnelt dem des weiter verbreiteten 3,6 Liter-Sechszylinder-Modells, des »ADR Bergmeisters«. Diese Motoren mit ihren einzelnen obenliegenden Nockenwellen waren Weiterentwicklungen von Porsche-Konstruktionen aus dem Jahr 1923, während das Fahrgestell das Werk seines Nachfolgers Karl Rabe war, den Porsche später nach Zuffenhausen holte. Die Hinterradaufhängung entsprach der des Tatra, die Vorderradaufhängung dagegen fiel konventioneller aus und verwendete längsliegende halbelliptische Federn.

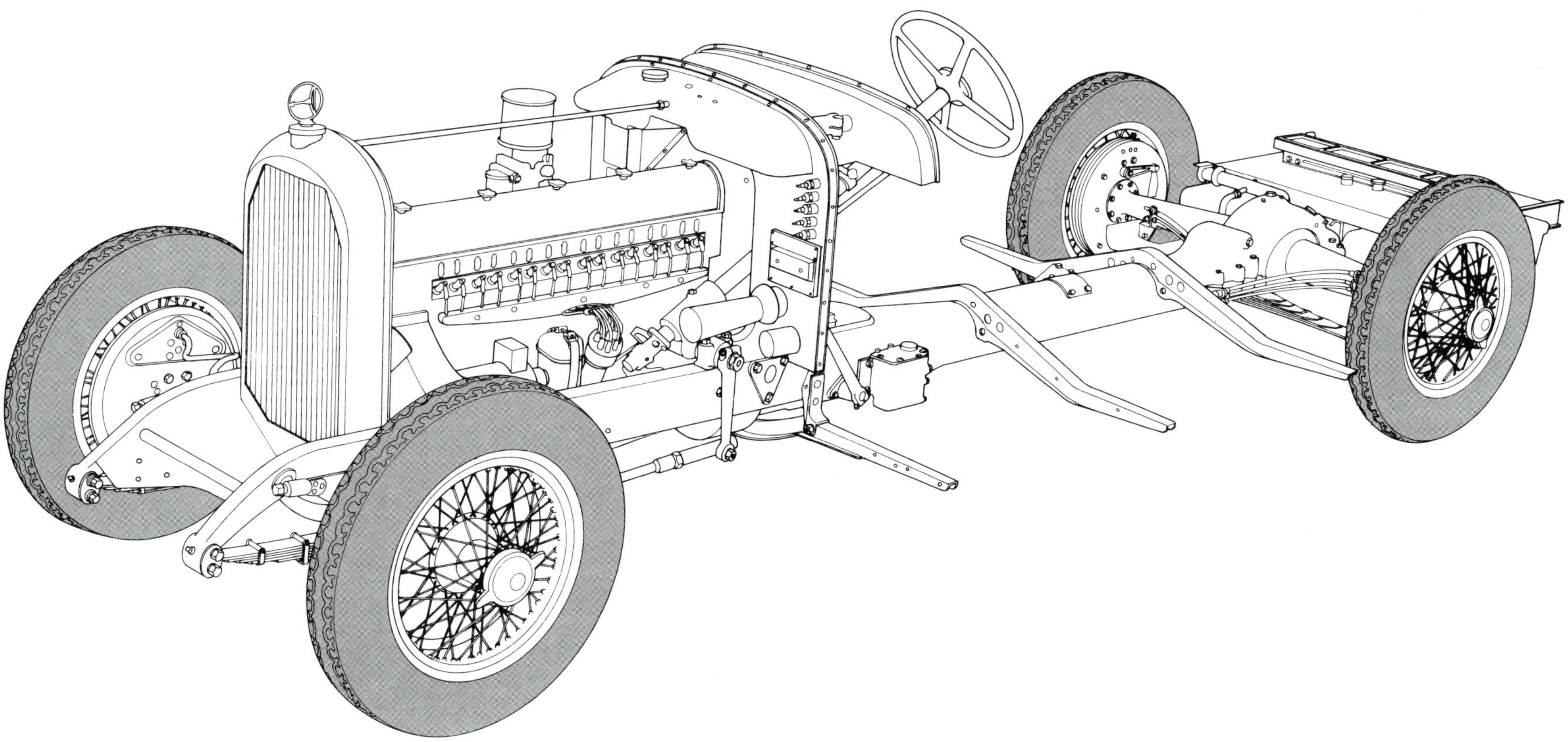

Nicht alle tschechischen Autos waren so ungewöhnlich wie der Tatra. Skoda und Praga beispielsweise bauten Ende der zwanziger Jahre konventionelle, einander durchaus ähnliche Autos mit Vier-, Sechs- und Achtzylindermotoren. Diese beiden kleinen Limousinen, der 995 cm^3 18 PS Praga Piccolo (*links*) und der 1122 cm^3 22 PS Skoda 442 (*oben*) hatten beide Vierzylindermotoren mit Schieberventilen, wenngleich der Skoda ein Dreiganggetriebe und eine fünffach gelagerte Kurbelwelle und eine Radaufhängung von halbelliptischen Federn besaß. 1934 gingen beide Firmen zu Rahmenkonstruktionen mit Trägern über und führten Einzelradaufhängung für alle Räder ein. Die Rechtslenkung deutet nicht auf Exportmodelle hin – auch in der Tschechoslowakei fuhr man wie in Ungarn bis 1939 auf der linken Seite.

Spyker bestand. Dort stellte man einige wenige große und teure Fahrzeuge her, die von 5,7 Liter Sechszylinder-Maybach-Motoren angetrieben wurden.

Einen besonderen Fall stellt Japan dar, wo der Gegensatz zwischen den zwanziger Jahren und der Gegenwart eigentlich nicht zu überbieten ist. Heute stellt man dort mehr PKWs her als in irgendeinem anderen Land der Welt. Die Automobilindustrie der zwanziger Jahre dagegen bestand aus zwei kleinen Firmen, Otomo und Gorham. Letztere stützte sich auf einen amerikanischen Flugzeugingenieur namens William R. Gorham, der sich in Japan niedergelassen hatte. Sein erstes Automobil war ein Dreiradfahrzeug, das er 1919 für seinen verkrüppelten Werksleiter baute. Später stieg er zu kleinen vierrädrigen Automobilen auf, die er mit luftgekühlten Vierzylindermotoren ausrüstete und unter dem Namen »Lila« verkaufte. Dieser Typ wurde bis 1926 gebaut, als sich Gorhams Firma mit einer anderen zusammenschloß. Die neue Firma verkaufte unter den Initialen D. A. T. hauptsächlich Lastwagen. In den dreißiger Jahren aber führte diese Firmenverbindung zum »Datsun«.

Die Vereinigten Staaten von Amerika

Eine ganze Reihe der Entwicklung und Trends, die im Amerika der zwanziger Jahre die Szene beherrschten, sind im Hinblick auf den Aspekt der Massenproduktion und in Bezug auf geschlossene Karosserien bereits beschrieben worden (vergleiche Kapitel 5 und Kapitel 7). Allgemein gesprochen, amerikanische Automobile waren wesentlich größer als ihre europäischen Gegenstücke und nie hätte irgendeine Konstruktion mit einem Hubraum unter 2,8 Liter eine einigermaßen aussichtsreiche Überlebenschance gehabt. Zwar existierten zu Beginn des Jahrzehnts einige wenige Leichtbaufahrzeuge wie zum Beispiel der Zweizylinder »Brook-Spacke«, aber auch sie verschwanden, wie all die anderen außergewöhnlichen Konstruktionen, bald wieder von der Bildfläche, noch bevor der Angriff der Massenproduktions-Orthodoxie einsetzte. Dampfantrieb und Elektromotoren waren 1930 praktisch tot (siehe auch Kapitel 2), und es gab nur einen einzigen Wagen, bei dem die Luftkühlung weiterlebte, den Franklin.

Obwohl in der Sowjetunion in den zwanziger Jahren eigentlich keine Automobile gebaut wurden, förderte man im vorrevolutionären Rußland einige Marken, unter denen Russo-Baltic und Lessner die bekanntesten waren. Die Firma G. A. Lessner im damaligen St. Petersburg (heute Leningrad), auf Werkzeugmaschinen und Boiler spezialisiert, baute zwischen 1904 und 1910 eine Reihe von Zwei-, Vier- und Sechszylinderwagen. Zu der von Boris Loutsky konstruierten Produktionspalette gehörte auch dieser 8 PS-Zweizylinder-Zweisitzer mit dem Kasten im Heck zur Beförderung von Post. Im Jahr 1905 orderte das Postamt St. Petersburg vierzehn dieser Wagen.

(*oben*) Die Firma Volvo startete den Automobilbau zwar mit dem Vierzylinder ÖV4, stellte dann aber bis zu dem von Grund auf neuen und erst im Jahr 1944 vorgestellten PV 444 keine weiteren Vierzylinder-Fahrzeuge mehr her. Im Jahr 1929 brachte die schwedische Firma einen Sechszylinderwagen heraus, der über die kommenden sechzehn Jahre hinweg ständig weiterentwickelt wurde, den 3-Liter-PV-651 mit seinem 55 PS Seitenventil-Motor. Die Abbildung oben zeigt den PV 652 von 1930 mit synchronisiertem Getriebe und hydraulischen Bremsen. Dieser Wagen war besonders als Taxi sehr beliebt, 25 % der Volvo-Verkäufe entfielen auf diesen Bereich. Das Aussehen des PV 652 entsprach bereits amerikanischem Geschmack und war beim PV 653 aus dem Jahr 1933 mit seinen doppelten Seiteneinbauten und dem Zwillingshornsignal noch deutlicher nach USA orientiert. Den Höhepunkt der Volvo-Sechszylinderreihe stellte der 3,7 Liter 90 PS-PV 60 aus dem Jahr 1945 dar.

(*gegenüber*) Die einzige spanische Automobilmarke von Bedeutung vor 1914 war Hispano-Suiza. 1904 nach einer Umbildung der Firma Castro in Barcelona gegründet. Der zweite Teil des Namens, »Suiza« (Schweiz) war in Anerkennung der Leistungen des aus Genf gebürtigen Chefkonstrukteurs Marc Birkigt angehängt worden. Zunächst baute man Tourenwagen von enormem Ausmaß, deren Motoren einen T-förmigen Zylinderkopf besaßen. Später folgte dann die berühmte Sportversion Alfonso XIII. Schon 1914, als der hier abgebildete kleine Tourenwagen mit 16 PS entstand, hatte sich Birkigt für eine einfache obenliegende Nockenwelle entschieden und noch bis 1924 wurden im Werk in Barcelona ähnliche Modelle gebaut. Die Kotflügel verleihen dem Wagen im übrigen ein betont militärisches Aussehen.

DS 6627

Ein Thema mit Variationen: amerikanische Markenvielfalt gegen Ende der zwanziger Jahre. Der Durant Rugby Tourenwagen (*gegenüber*) war der billigste Wagen in Wiliam Crapo Durants Imperium, dem die größeren Durant-Modelle ebenso angehörten wie der Locomobile in Luxusausführung. Während dieser Wagen in Amerika unter dem Namen »Star« bekannt war, nannte man ihn in Großbritannien und den Commonwealth-Ländern »Rugby«, um eine Verwechslung mit dem im englischen Wolverhampton gebauten »Star« auszuschließen. Bei dem Durant Rugby handelte es sich um ein konventionelles und für amerikanische Verhältnisse kleines Automobil mit einem 2,5 Liter Seitenventil-Motor von Continental. Als sein direkter Konkurrent galt der etwas größere und teurere Chevrolet Superior. Tatsache ist, daß sich der Rugby nie so gut verkaufte. 1923, in seinem besten Geschäftsjahr, verzeichnete man weltweit 130000 verkaufte Autos. Im Jahr 1928 betrug die Gesamtproduktion bei Durant 115243 Automobile und nachdem man sich auf den Bau von Sechszylindern konzentriert hatte, sanken die Verkäufe im Jahre 1929 sogar auf 47716 Autos, obwohl dieses Jahr für die amerikanische Automobilindustrie generell als Erfolgsjahr gewertet wurde. Drei Jahre später mußte Durant die Werkstore schließen. Als Nachfolger trat mehr oder weniger Ford mit seinem Model A in Erscheinung, von dem wir hier (*unten*) die Version aus dem Jahr 1930 sehen. Dieses Ford-Modell A ersetzte das Model T, wobei sich in der Produktion und in den Herstellungsmethoden derart viele Änderungen ergaben, daß die Produktionszahlen im Jahr 1927 deutlich sanken, trotzdem war es unvermeidlich, daß dieser Wagen die Marktanteile des Durant übernahm. Der Ford gehörte sicher nicht zu den fortschrittlichsten Automobilen mit seinem Vierzylindermotor mit seitlich angeordneten Ventilen und der traditionellen Ford-Radaufhängung an querliegenden Blattfedern. Trotzdem verkaufte er sich in beachtlichen Stückzahlen bis Ford im Jahr 1932 seine Konkurrenten mit einem V-8-Modell zu einem sehr niedrigen Preis überraschte. Insgesamt wurden mehr als 5 Millionen Exemplare des Model A hergestellt – zusammengebaut in Kanada, Australien, Großbritannien und Deutschland, abgesehen natürlich von den USA, – und ein Teil davon bildete sogar den Grundstock für die Automobilindustrie in der Sowjetunion.

Die Firma Hudson sammelte ab 1924 reiche Erfahrungen im Bau von preiswerten Sechszylinder-Automobilen. Ihr Typ Essex war bis 1929 im wesentlichen das amerikanische Sechszylinder-Modell mit dem niedrigsten Preis. Aus diesem Jahr stammt der Super Six Sedan (*Seite 178/179*), dem Chevrolet mit seinem International Six – dem »Gußeisen-Wunder« (Cast Iron Wonder) – den Titel des billigsten Sechszylinder-Modells Amerikas streitig machte, mit einem um ganze 20 Dollar niedrigeren Preis. Diese Typen gründeten die generelle Auffassung, daß ein respektables amerikanisches Auto mindestens sechs Zylinder haben mußte. Innerhalb von wenigen Jahren waren die Vierzylindermodelle ausgestorben, mit Ausnahme einiger nur in geringen Stückzahlen verkaufter Klein- und Mittelklassewagen wie dem Willys 77.

JK 154

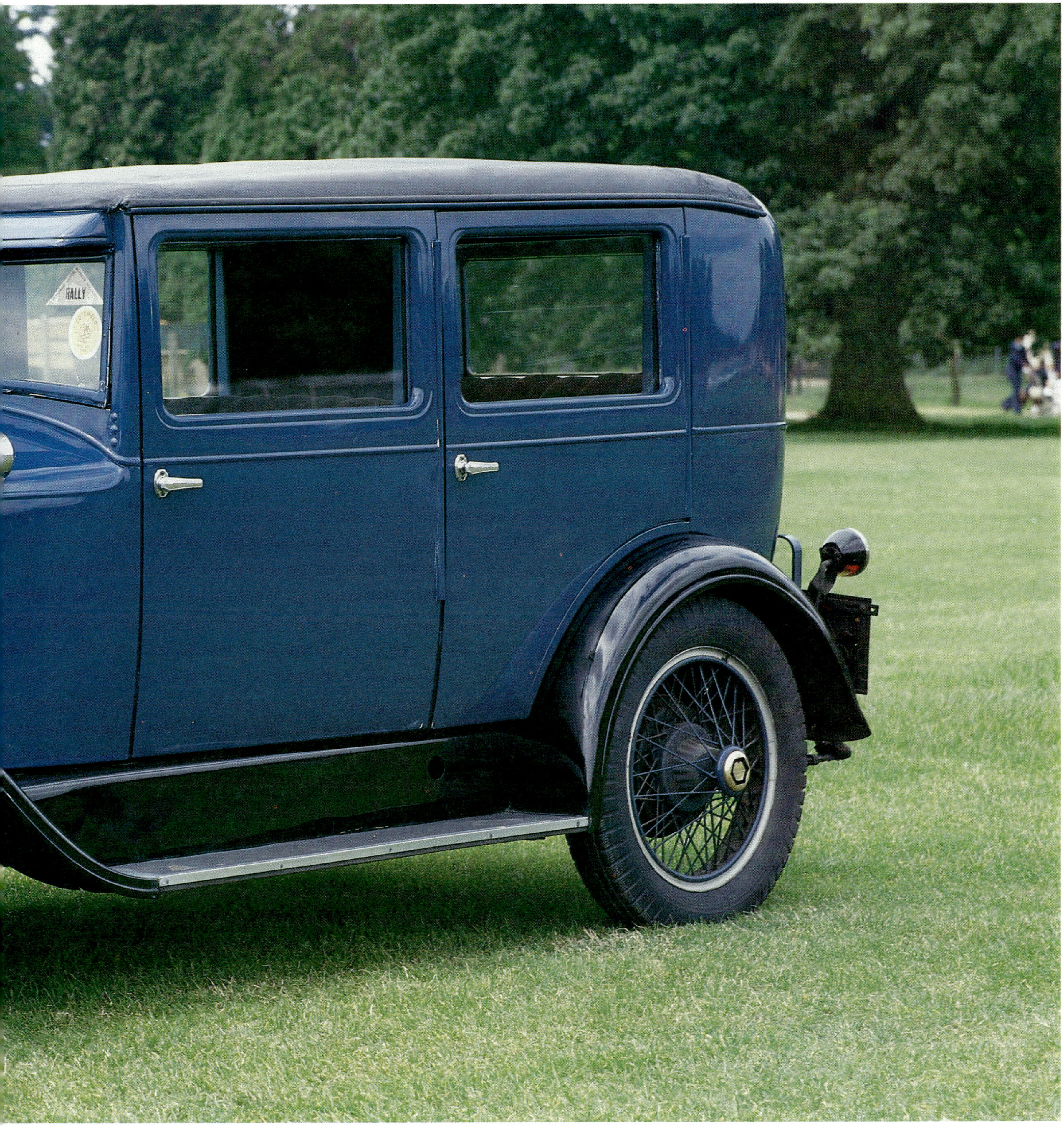
RALLY

HUPPY

(*gegenüber*) Bei Hupmobile handelte es sich um eine der mittelgroßen amerikanischen Automobilfirmen, denen Massenproduktion und Depression übel mitspielten. Die Hupp Motor Car Corporation, im Jahr 1909 in Detroit gegründet, war mit über 5000 Angestellten zu Beginn der zwanziger Jahre zu einem bedeutenden Automobilproduzenten herangewachsen. Unter den amerikanischen Herstellern erreichte die Hupp Motor Car Corporation in ihrem erfolgreichsten Geschäftsjahr, 1923, mit 38279 verkauften Autos den 11. Platz. 1929, als die hier abgebildete New Century Six-Limousine der Öffentlichkeit vorgestellt wurde, liefen bei Hupmobile sechs Produktionsreihen mit Sechs- und Achtzylindermotorwagen, wobei letztere allerdings nur 20 % der Produktion ausmachten. In jenem Jahr verzeichnete man 50579 verkaufte Wagen, aber schon 1930 sanken die Verkäufe auf alarmierende 22183 Einheiten und 1933 kam es mit nur 7316 Verkäufen noch schlimmer. Im Gegensatz zu größeren Firmen fehlten bei Hupmobile Reserven, um die Wirtschaftskrise durchzustehen, und die Öffentlichkeit entzog der Firma ihr Vertrauen. Die Hupmobiles der Jahre 1928 und 1929 entstanden auf dem Reißbrett von Amos Northrup, einem begabten Konstrukteur, der auch für den Wills Sainte Claire verantwortlich zeichnete, den Reo Royale von 1931 entwarf und 1932 den wegweisenden Graham Blue Streak vorstellte.

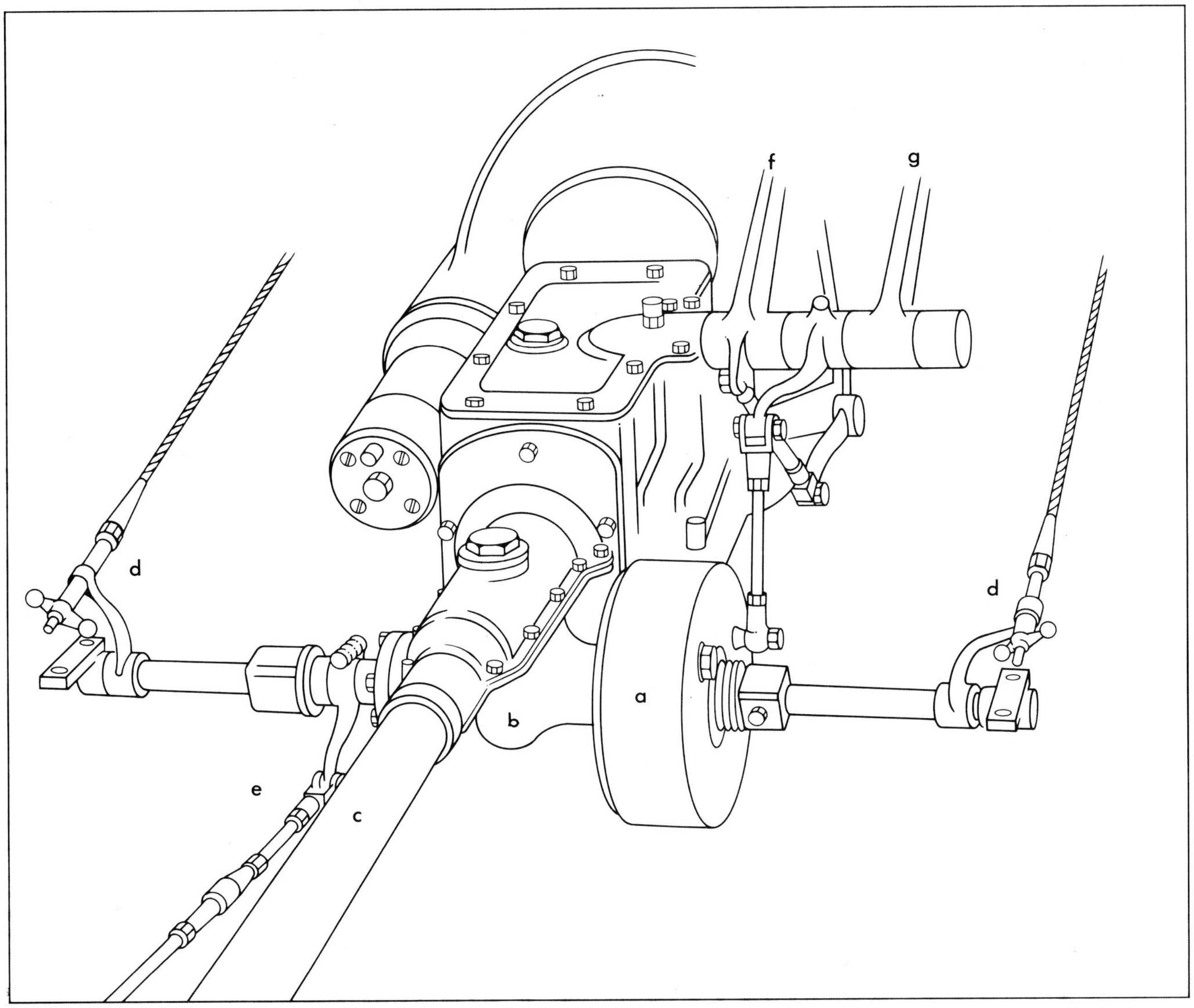

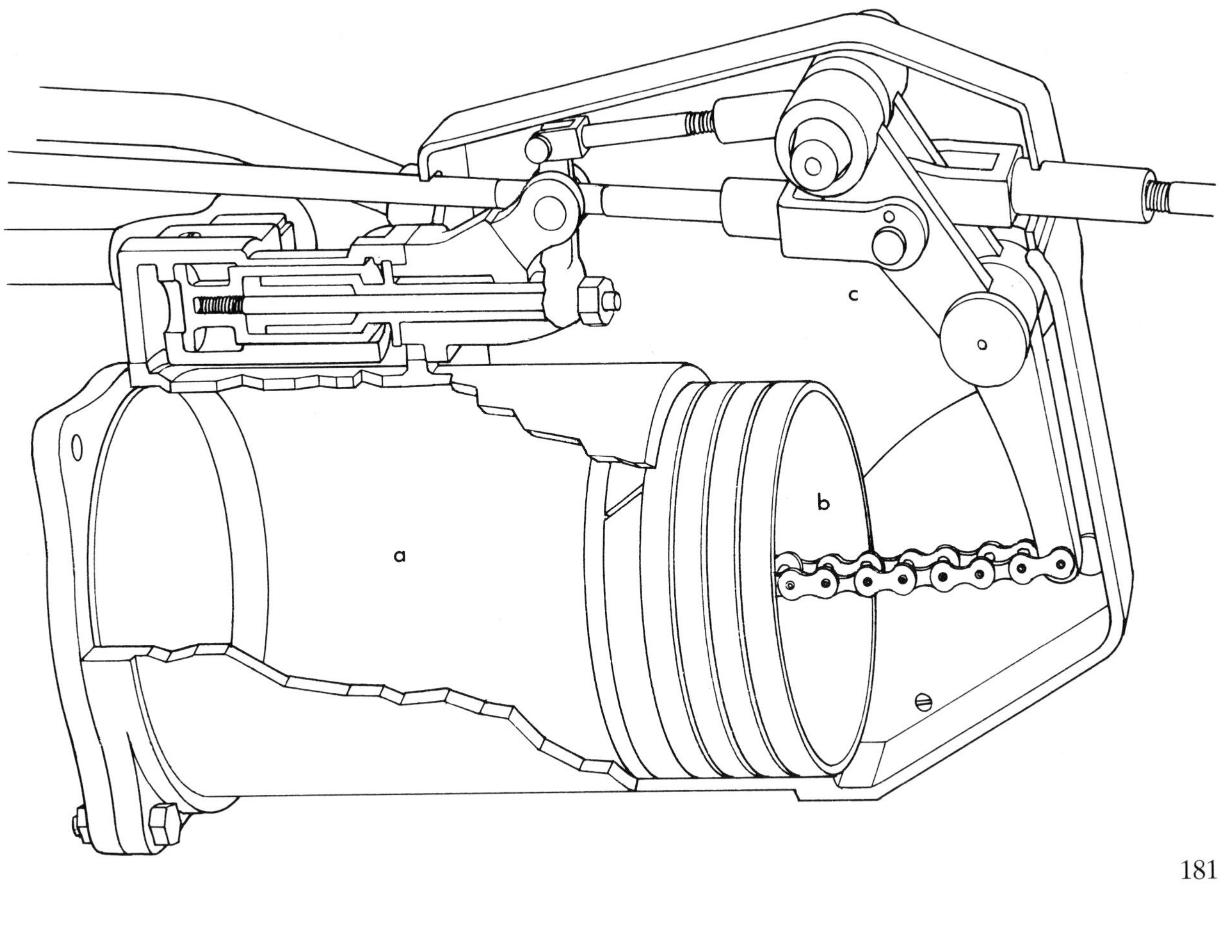

(*oben rechts*) Die mechanische Servo-Bremsunterstützung, wie sie Marc Birkigt bei seinem Hispano-Suiza H6 ab 1919 einbaute. Dabei handelte es sich im Grunde um eine normale Trommelbremse (a), deren innere Trommel über eine Schneckenwelle (b) von der Antriebswelle (c) betrieben wurde. Dadurch tordierte das ganze System, wobei die Welle eine Drehbewegung gegen den Uhrzeigersinn ausführte. Dadurch wurden wiederum die Kabelzüge für die Vorderräder (d) und die Hebelstangen für die Hinterräder bewegt bzw. angespannt. (f) markiert das Kupplungspedal, (g) das Bremspedal. 1924 führte Rolls-Royce eine verbesserte Servo-Unterstützung ein, die auch im Rückwärtsgang gleichermaßen gut funktionierte.
(*unten rechts*) Das System Dewandre bot eine Alternative zur mechanischen Servo-Unterstützung. Hierbei nutzte man den Unterdruck im Ansaugkrümmer, wo der Druck stark abfiel sobald man das Gaspedal losließ. Indem man den Ansaugkrümmer mit einem Servo-Zylinder (a) verband, wurde dieser leergepumpt, sodaß der Druck der Atmosphäre den Kolben (b) nach innen drückte und dabei die Bremsen über das Hebelsystem (c) unterstützte.

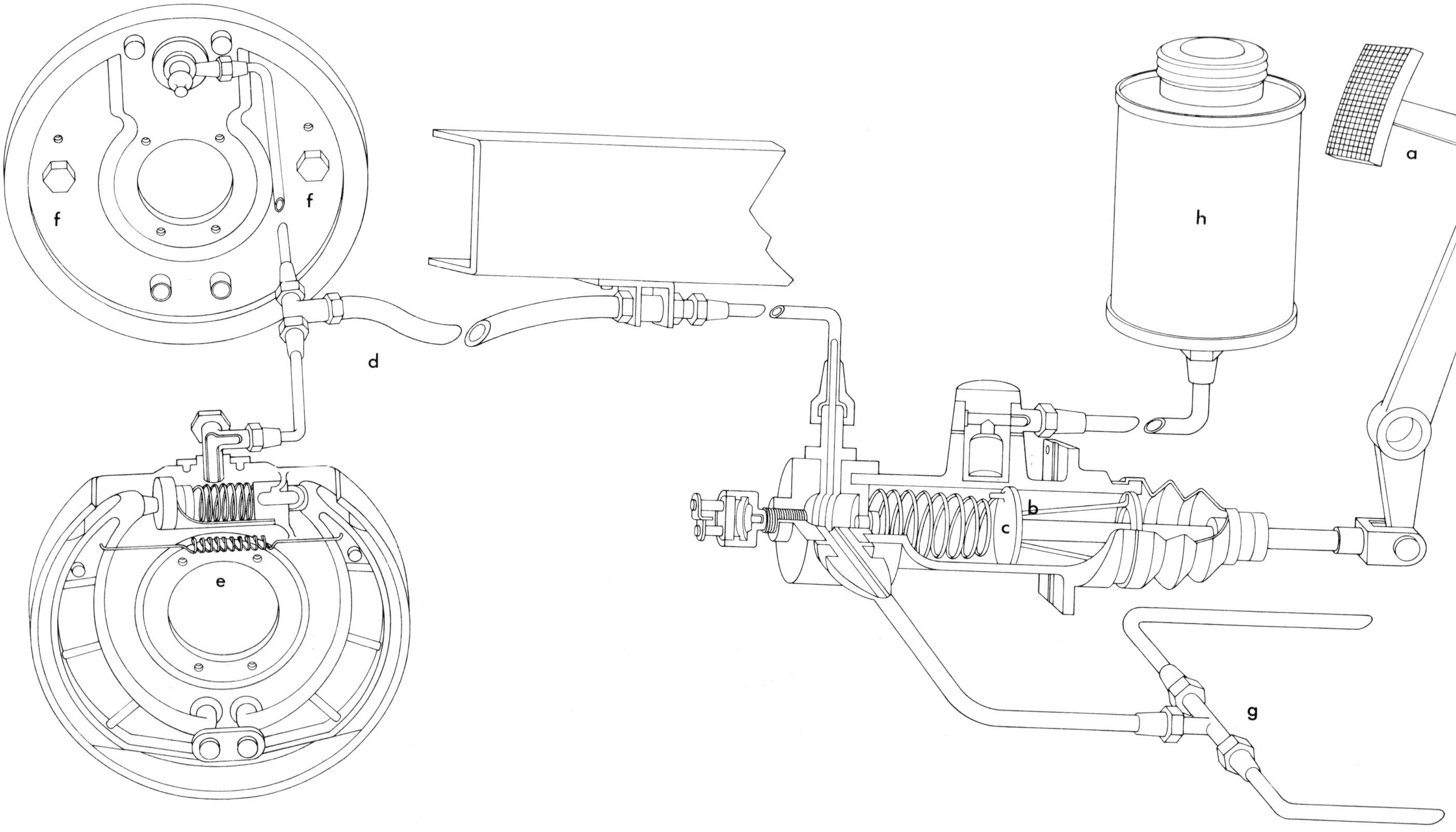

Das Prinzip hydraulischer Bremssysteme sollte sich bis zum Zweiten Weltkrieg auf breiter Basis durchsetzen. An die Stelle von Stangen, Kabelzügen und Hebeln traten nun Rohrleitungen und Kolben. Das Bremspedal (a) drückt die Bremsflüssigkeit mit Hilfe der Bewegung des Kolbens (c) aus dem Hauptzylinder (b) heraus in das Rohrleitungssystem (d, d). Durch diese Rohre gelangt die Bremsflüssigkeit zu den Arbeitszylindern in jedem Rad (e). (f) markiert die Einstellschrauben für die Bremsbacken, bei (b) befindet sich der Vorratsbehälter für die Bremsflüssigkeit.

Zu den wichtigen Firmen, die schon früh ein hydraulisches Vierradbremssystem verwendeten, gehörten Duesenberg und Chrysler. Duesenberg baute dieses System vom Beginn seiner Automobilproduktion in den zwanziger Jahren in ihre Fahrzeuge ein, deren Palette mit dem Model A begann. Der Achtzylinder-Reihenmotor dieses Typs stellte ebenfalls eine amerikanische Neuerscheinung dar, ebenso wie einige Komponenten dieses fortschrittlichen Automobils, das in kleinen Stückzahlen bis zum Jahr 1926 aufgelegt wurde, dem Geburtsjahr des hier abgebildeten Roadster. Walter Chrysler hatte zunächst für General Motors und Willys gearbeitet, bevor er 1923 die Maxwell Motor Company kaufte und dort seine eigenen Fahrzeuge herstellte. Der Chrysler 70 war von Grund auf für den Einbau eines hydraulischen Vierrad-Bremssystems und für die Verwendung von Ballonreifen konzipiert. Sein zugkräftiger 3,2 Liter-Sechszylindermotor leistete bei der relativ hohen Drehzahl von 3200 Upm 68 PS. Die Abbildung auf Seite 184 zeigt einen Chrysler 70 Roadster aus der Serie G, den man für den beachtlichen Preis von 1625 Dollar erwerben konnte.

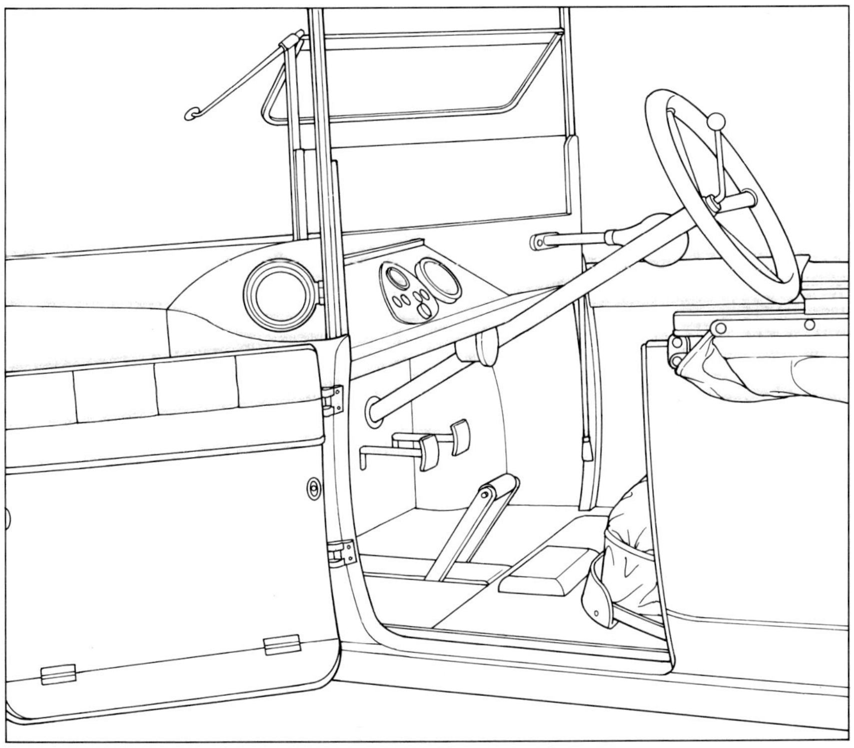

Nur wenige Automobilproduzenten der zwanziger Jahre entschieden sich, Fahrzeuge ohne elektrisches Startsystem zu bauen. Einer dieser wenigen war Sidney Horstmann (*links*), der in dem für eine Automobilfabrik etwas ungewöhnlichen Städtchen Bath in Somerset Kleinwagen herstellte. Das große Pedal in der Mitte des Wagenbodens betätigte beim Niederdrücken mit dem Fuß eine Archimedische Schraube, deren Schraubengewinde so steil war, daß ein einziger Pedalhub drei Umdrehungen der Nockenwelle ergab. Eine Klauenkupplung trennte die Schneckenwelle vom Motor, sobald dieser angeworfen war. Das Getriebe befand sich weit weg auf der Hinterachse, wo es den Startermechanismus nicht stören konnte. Obwohl er in seinen Anzeigen sein Auto mit dem Slogan anpries »Der Wagen, bei dem man keine Starterkurbel benötigt«, bot Horstmann für seine späteren Modelle zusätzlich zum Kickstarter eine traditionelle Anlasserkurbel an. Von 1923 an gab es auf Sonderwunsch ein elektrisches Anlassersystem – zwei Jahre später wanderte das Getriebe nach vorne und so ist anzunehmen, daß der Kickstarter ungefähr zur selben Zeit verschwand. Horstmann-Fahrzeuge waren zumindest insofern fortschrittlich, als sie mit den Modellen von 1925 zu den ersten gehörten, bei denen man ein hydraulisches Vierrad-Bremssystem erhalten konnte, das hier von Lockheed stammte.

In der Ära von König Edward bis zum Ende der zwanziger Jahre war das magnetische Zündsystem mit einem Permanent-Magneten das allgemein akzeptierte Standardsystem, mußte dann aber der Zündspule weichen. Diese ließ sich kostengünstiger herstellen und zeigte sich mit Hilfe der ständig verbesserten Batterietechnik als ebenso wirkungsvoll. 25 % der britischen Automobile benutzten auch 1931 noch ein Zündsystem mit Permanent-Magnet. Auf der *Abbildung unten* erkennt man das Grundprinzip und die wichtigsten Baugruppen: (a) Permanent-Magnet, (b) Primärwicklung, (c) Sekundärwicklung. Sobald der Rotor mit den Kupferdrahtwindungen der Primär- und Sekundärwicklungen in Rotation versetzt wird – der Antrieb erfolgt über das Wellenende bei (d) – entsteht wie bei einem Dynamo Strom. Die induzierte Spannung wird erheblich vergrößert durch ein Rad mit einer Nocke (e), das einen Abreißkontakt betätigt. Diese Spannungsimpulse werden über den Verteiler (g) zu den Zündkerzen (f) geführt. Die Erdung der Primärwicklung erfolgt über eine kleine Kohlefaserbürste (h), die von einer Feder auf ein Schleifrad gedrückt wird, und die in leitendem Kontakt mit dem Permanent-Magneten steht.

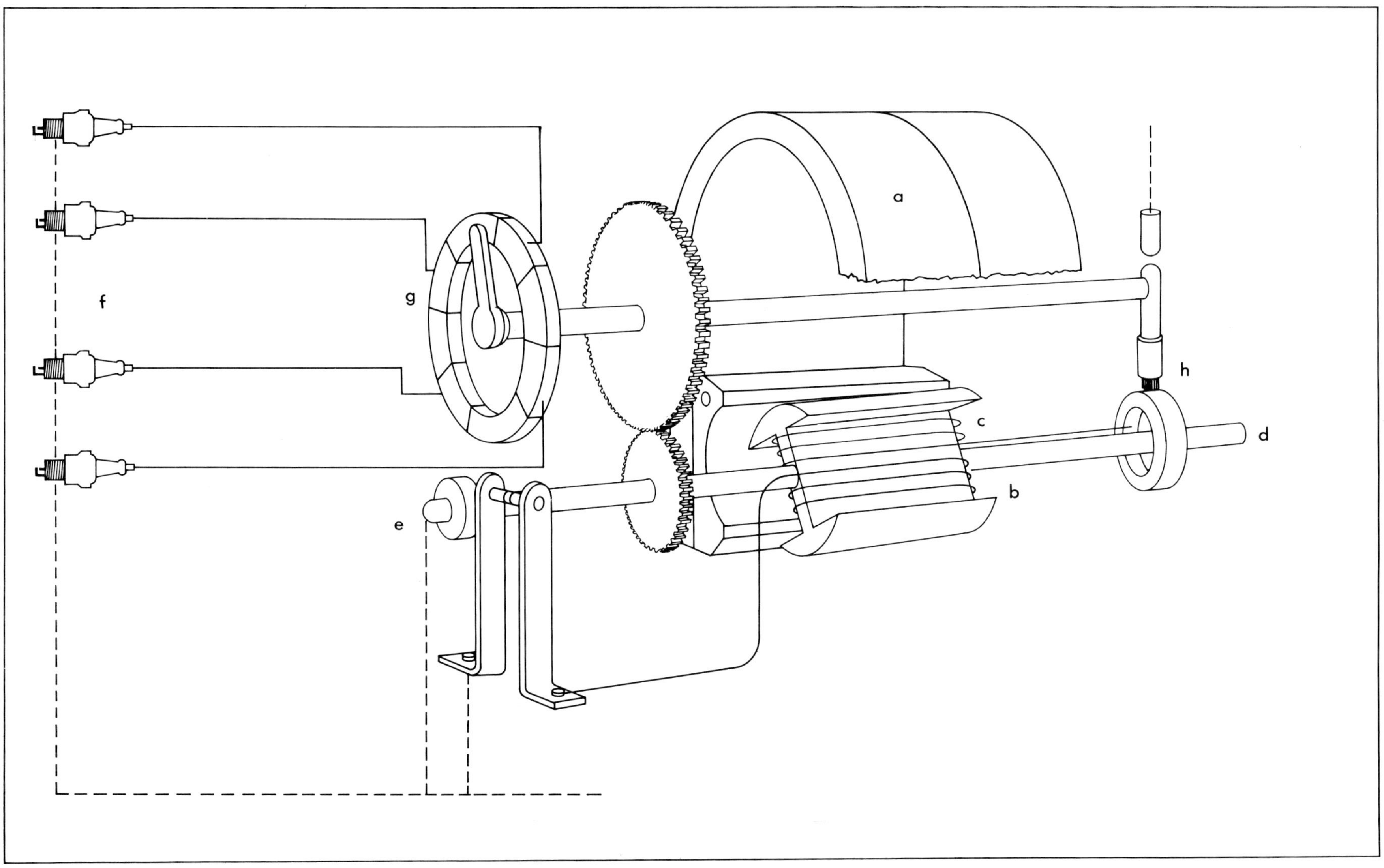

Eine steigende Zahl von Zylindern bedeutete nun zunehmende Popularität. Noch 1924 stellten die wichtigsten Großserienhersteller, Ford, Chevrolet, Dodge und Willys nur Vierzylinder-Fahrzeuge her und bestritten damit mehr als 70 % des gesamten Automobilmarktes. Bis 1929 hatten die drei letztgenannten Firmen weitgehend auf Sechszylinder-Fahrzeuge umgestellt und so gab es im Bereich der Massenproduktion außer dem Ford Model A, dem von der Chrysler Corporation neu eingeführten »Plymouth« und dem »Whippet« der Firma Willys keine weiteren Vierzylinder mehr. Mehr und mehr stieg die Verlockung nach Achtzylindermotoren, wobei sich der Achtzylinder-Reihenmotor besonderer Beliebtheit erfreute, insbesondere deshalb, weil er eine lange schmucke Motorhaube benötigte.

Diesem Trend folgten teure Wagen wie der Packard, der Pierce-Arrow und der Stutz, aber auch einige der Fahrzeuge mit mittlerem Hubraum und mittlerer Qualität, die in der Zeit der Wirtschaftskrise äußerst schwierige Phasen durchlaufen sollten wie der Chandler, der Kissel und der Moon. Der Achtzylinder-V-Motor, der noch während des Ersten Weltkrieges und zu Beginn der zwanziger Jahre über eine breite Anhängerschaft verfügte, geriet nun für einige Zeit aus der Mode, auch wenn man ihn beim luxuriösen aber nur in kleiner Stückzahl hergestellten Cunningham beibehielt. Zum Ende dieses Zeitabschnitts und zu Beginn der dreißiger Jahre entstand eine plötzliche Begeisterung für besonders vielzylindrige Leistung: Cadillac, Packard, Lincoln und Pierce-Arrow boten V 12-Triebwerke an, ja, es gab sogar V 16-Motoren von Cadillac und Marmon.

Die Mitte der zwanziger Jahre zwang zahlreiche Automobil-Montagefirmen zum finanziellen Offenbarungseid. Auch renommierte und wohleingeführte Firmen verloren innerhalb von wenigen Jahren ihren Marktanteil. Eine Jahresproduktion von 12000–20000 Fahrzeugen war bis zum Jahre 1926 mehr als genug, um einen Automobilhersteller flüssig zu halten. Danach aber stieg der Druck auf Marken wie Chandler, Moon, Hupmobile und Reo unerbittlich an und so existierten die beiden ersten bereits 1930 nicht mehr. Die Firma Hupmobile kämpfte sich bis ins Jahr 1940 durch, während die Firma Reo 1936 die Herstellung von Personenwagen zugunsten von Lastwagen aufgab.

Internationale Aspekte

Viele Konstruktionsideen für die Personenwagen der zwanziger Jahre blieben nicht an Ländergrenzen stehen. Zu den wichtigsten gehörten dabei die Einführung von Vorderradbremsen, die vor dem Ersten Weltkrieg nur an wenigen Automobilen zu finden waren (vergleiche Kapitel 3). Auf dem Pariser Automobilsalon von 1919 stellten die Firmen Salon, Delage und Hispano-Suiza Wagen mit einer Trommelbremse an jedem Rad vor. Diese vier Bremsen waren untereinander verbunden, sodaß alle gleichzeitig vom Fußpedal aus betätigt wurden. Das Bremssystem des Hispano-Suiza umfaßte eine zusätzliche mechanische Servo-Unterstützung, die ihre Energie von der Kraftübertragung bekam, um die Bremsleistung zu verstärken. Der Achtzylinder-Reihenmotor-Duesenberg von 1921 glänzte mit einer hydraulischen Servo-Unterstützung, bei der ein flüssigkeitsgefüllter Hauptzylinder für den Servo-Effekt sorgte, ein System, dem man bei Chrysler drei Jahre später folgte.

Die meisten Automobilhersteller betrachteten Vorderradbremsen zunächst mit Argwohn, nicht nur, weil man über keine Erfahrung mit ihnen verfügte, sondern auch, weil ihre Einführung erhebliche Kosten verursachte. Vorderradbremsen erforderten nämlich, sollten sie problemlos funktionieren, eine beträchtliche Änderung der Chassis- und der Vorderachskonstruktion.

In Großbritannien tat Herbert Austin mit seinem im Juli 1922 vorgestellten »Seven« als Erster den entscheidenden Schritt, obwohl dessen Bremsen bis 1930 untereinander nicht verbunden waren. Die Anhänger von Vorderradbremsen bekamen im Laufe des Jahres 1923 Verstärkung durch die Firmen Bentley, Sunbeam und Palladium. Das Bremssystem mit Vorderradbremsen gelangte dann 1924 zu echtem Ansehen, als es auch von Daimler, Lanchester, Napier und Rolls-Royce übernommen wurde. So stieg innerhalb eines einzigen Jahres der Anteil von britischen Fahrzeugen mit Vorderradbremsen von 28,5 auf 47 % und bereits ein Jahr später betrug der Prozentsatz gar schon 75 %.

Die Einführung der Synchronisierung für das Getriebe trug mehr als irgendeine andere Erfindung dazu bei, daß man nicht nur nicht mehr zweimal kuppeln mußte, sondern daß dadurch auch das Fahren erheblich einfacher wurde. Die Diagramme zeigen die kleinen Konus-Kupplungen (a), wie sie zwischen die Paare von Klauenkupplungen zwischengeschaltet wurden. Die beiden Kegelstümpfe kommen in Berührung, bevor die Zähne der Klauenkupplung (b) ineinandergreifen. Die Reibung zwischen den Kegelstümpfen synchronisiert die Drehzahl der Klauen, so daß sie zum Eingriff kommen, ohne daß sie Zähne vorher übereinanderweg mahlen. Die Positionen des Schalthebels für die verschiedenen Gänge sind (c) höchster Gang, (d), Leerlauf, (e) dritter Gang. (f) gibt die Hauptwelle an.

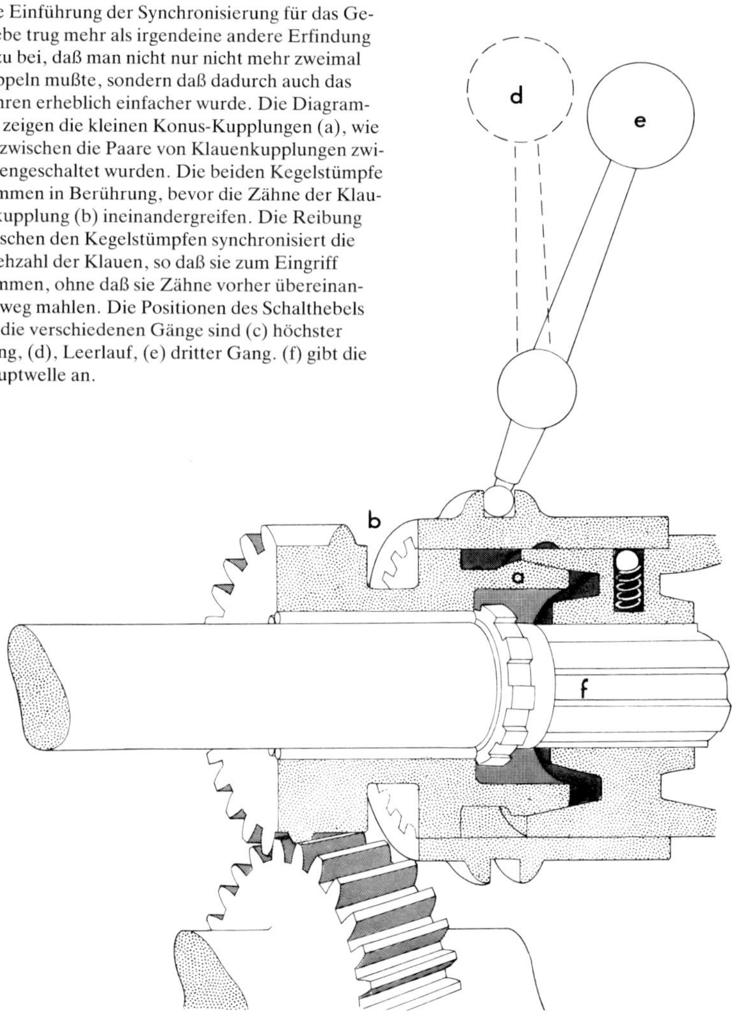

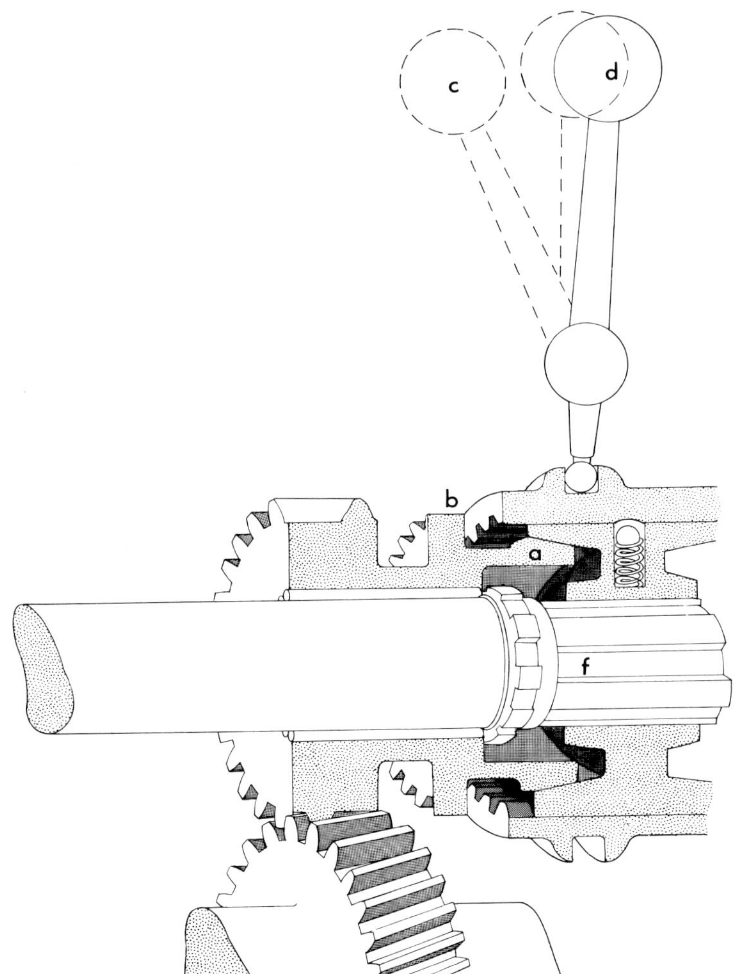

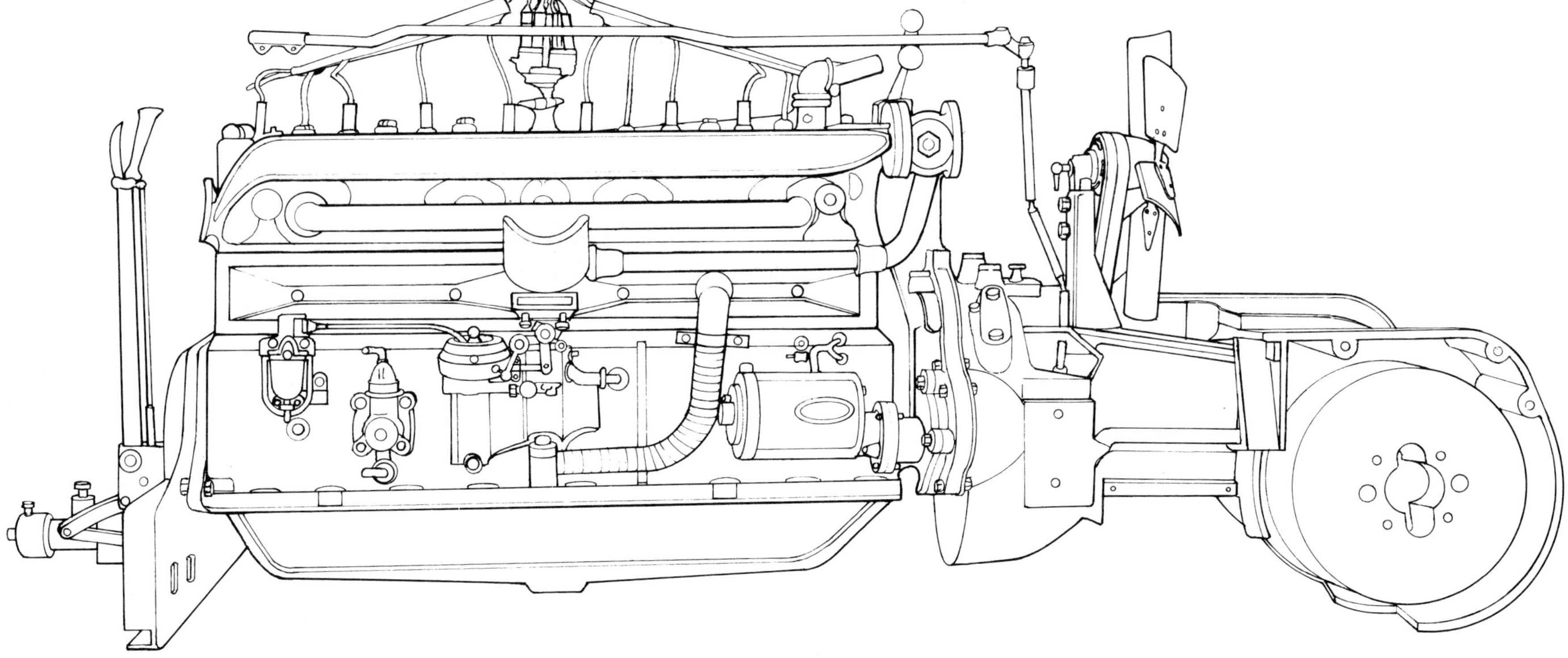

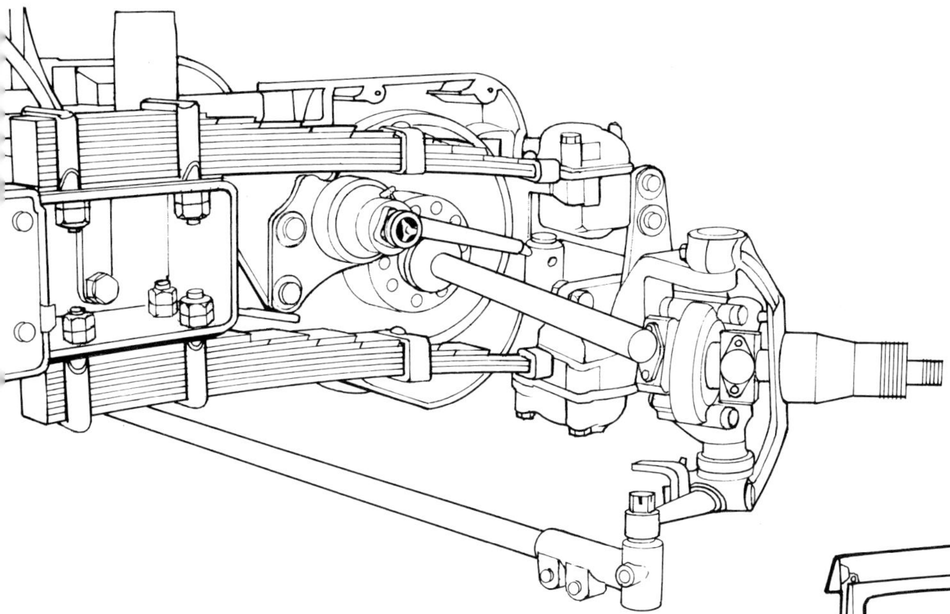

Der Cord L-29 war ein bedeutsames und bemerkenswertes Auto für amerikanische Verhältnisse, da sich in den U.S.A. bis zum Jahre 1929 eine starke Einheitlichkeit von Konstruktionen und Design ergeben hatte. Der Cord besaß einen Achtzylinder-Reihenmotor von Lycoming mit 4,9 Liter Hubraum (*oben*), dessen Leistung von 125 PS dem Wagen eine Spitzengeschwindigkeit von 125 km/h verlieh. Dieses Fahrzeug war das niedrigste Auto auf amerikanischen Straßen und seine ziemlich lange Motorhaube – nötig, wenn man einen solch großen Motor in Fahrtrichtung mit dem Getriebe koppelte – machte dieses Auto zu einer Schönheit im klassischen Sinne. Auf der Zeichnung (*unten*) erkennt man auch den niedrig angesetzten Rahmen und das Bodenblech, das nicht durch einen Tunnel für die Antriebswelle verunziert wird. Die Aufhängung der Vorderräder erfolgte an obenliegenden viertelelliptischen Blattfedern (*links*), ein auffälliger Kontrast zu den gewöhnlichen nicht unabhängigen halbelliptischen Federaufhängungen der meisten amerikanischen Personenwagen. Zwischen den Federn sind hydraulische Stoßdämpfer montiert.

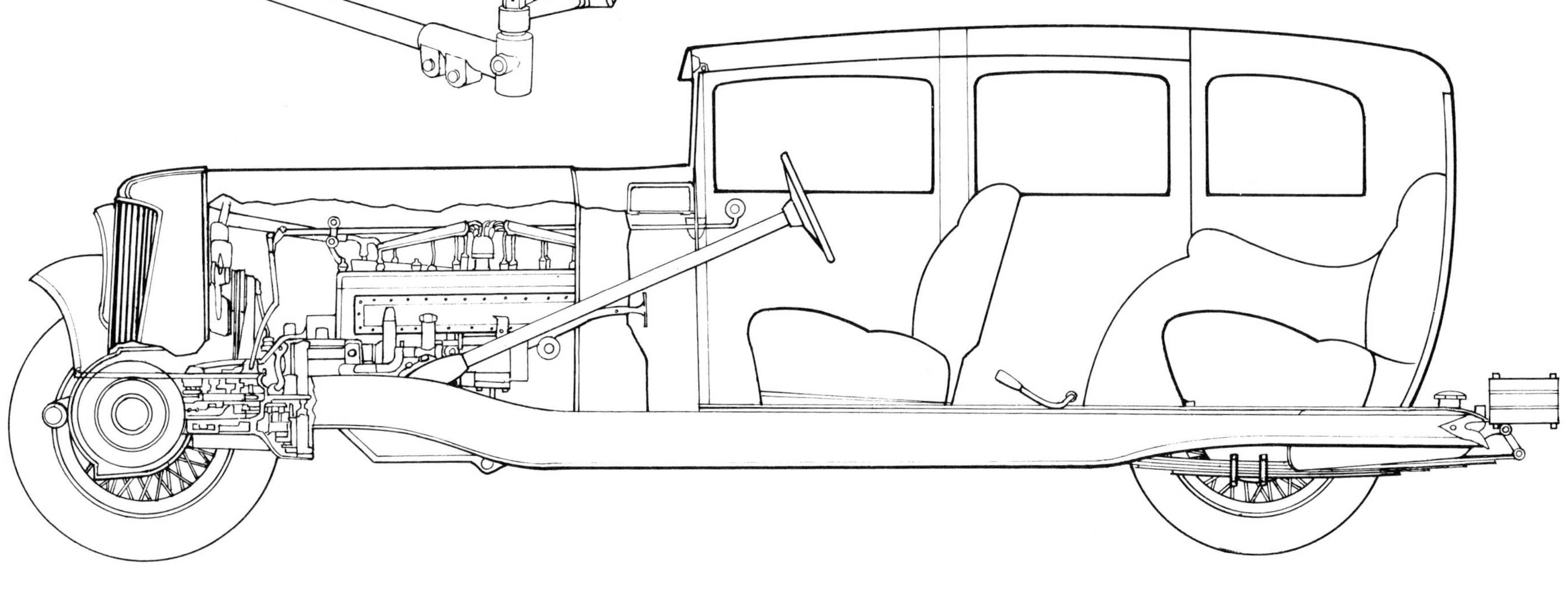

VC 4364

Vorderradantrieb stellte vor 1930 ein weitgehend unerforschtes und unerprobtes Gebiet dar, hier aber ist ein Pionier dieser Technik abgebildet. 1925 stellte die Firma Alvis einen Rennwagen mit Vorderradantrieb her und kam drei Jahre später mit einem entsprechenden Seriensportwagen auf den Markt, dessen modifizierter 12/50-Motor im Chassis umgedreht wurde, um die Vorderräder antreiben zu können. Alle Räder waren einzeln aufgehängt, an der Vorderachse an acht querliegenden viertelelliptischen Blattfedern, auf jeder Seite zwei oben und zwei unten, und an der Hinterachse an längsliegenden Torsionsarmen und umgedrehten viertelelliptischen Federn. Ungefähr 150 Exemplare dieses Typs verließen die Werkhallen von Alvis, meist als zweisitzige Sportmodelle wie das hier abgebildete aus dem Jahr 1928, manche als Viersitzer oder gar als Limousinen. Dieser Alvis war laut und temperamentvoll und verschwand nach 1931 aus den Katalogen der Firma.

Danach kehrte sich das Verhältnis um: man fragte nicht mehr nach dem Fabrikat, das Vorderradbremsen hatte, sondern eher nach dem, das keine hatte. Zu den Firmen, die sich der Runde mit zuletzt anschlossen, gehörte Ford, wo man das Vorderradbremssystem schließlich 1927 beim »Model A« einführte; Chevrolet wartete damit sogar bis zu seinen 1928er-Modellen. Den Schluß machte die Firma Jowett, deren kleine Zweizylinder-Wagen bis 1929 ausschließlich Hinterradbremsen beibehielten. Bei einer Spitzengeschwindigkeit von weniger als 80 km/h machte das allerdings nicht viel aus. Hydraulische Servosysteme gewannen in der amerikanischen Automobilindustrie gewaltig an Boden, aber Ford hielt sich damit bis 1938 zurück. Eine Alternative dazu stellte das Vakuum-Servobremssystem dar, das in einigen teureren Wagen wie dem Packard, dem Pierce-Arrow und dem Stutz zum Einsatz kam.

Parallel zum Vormarsch der Vorderradbremsen erfuhren die Reifen ganz wesentliche Veränderungen. Die traditionsgemäß schmalen Reifen mit Wulstrand und einem Druck von 4 Kilogramm pro Quadratzentimeter, erhielten ab 1923 Konkurrenz durch die breiteren »Ballon«-Reifen. Bei diesem Reifentyp betrug der Druck die Hälfte oder etwas weniger als die Hälfte, obwohl es auch Niederdruck-Reifen schmälerer Art mit Wulstrand gab. Die ersten Ballonreifen führten bei niedrigen Geschwindigkeiten zu einer ziemlich schwergängigen Lenkung und häufig auch zu flatternden Rädern. Erst im Jahre 1927 brachten Korrekturen an Achsen und Lenkung eine Verbesserung der Situation.

Im Verlauf der zwanziger Jahre erlebten elektrische Anlasser einen enormen Boom. Nachdem Cadillac im Jahr 1912 den Anfang gemacht hatte, wurden in Amerika kombinierte elektrische Beleuchtungs- und Anlasseranlagen allgemein üblich. Bei europäischen Fabrikaten gehörte ab 1920 die elektrische Beleuchtung fast schon zur Standardausstattung. Einige wenige französische Cyclecars bildeten die Ausnahme. Sie blieben bei Acetylen, weil eine elektrische Beleuchtungsanlage sie in eine höhere Steuerklasse gebracht hätte. Acetylen-Scheinwerfer und Öl-Rückleuchten überdauerten an vielen Londoner Taxen bis zur Mitte der zwanziger Jahre, kein Wunder, denn sie bewegten sich langsam und standen lange Stunden in der Taxischlange und ihr Dynamo konnte deshalb die Batterie nicht ausreichend speisen. Im Jahre 1924 brachte C. A. Vandervell einen speziellen Taxi-Beleuchtungssatz heraus, bei dem der Dynamo auch bei unterschiedlicher Geschwindigkeit konstante Leistung abgab.

Von den 228 bei der Londoner Motor Show ausgestellten Fahrzeugen waren nur sieben Wagen nicht mit einem elektrischen Anlasser bestückt. Der Vorkriegs-Anlasser, der mit Druckluft funktionierte, wurde nicht zu neuem Leben erweckt und die wenigen Alternativen zur konventionellen Starterkurbel beschränkten sich auf leichte Wagen und Cyclecars. Den in Bath gebauten Horstmann setzte man vom Fahrersitz aus mittels Kickstarter in Gang, während verschiedene Cyclecars per Zugschnur gestartet wurden wie ein moderner Rasenmäher.

Eine weitere Veränderung in der Elektroabteilung fand zugunsten der Abreißzündung auf Kosten des Magnetzünders statt. Im Jahr 1923 verfügte nur ein Sechstel aller auf dem britischen Markt befindlicher Fahrzeuge über Spulen, die man allgemein mit amerikanischer Massenfertigung assoziierte. Als Henry Royce im Jahre 1922 bei seinem 20 PS-Modell zur Abreißzündung überging, wurde er hart kritisiert und es gab Stimmen, die behaupteten, daß der Wagen überhaupt kein echter Rolls-Royce sei. Aber die Weiterverbesserung der Batterien, die ihre Ladung jetzt länger hielten, sorgte dafür, daß die Zündspule an Attraktivität gewann. Sie war billig herzustellen und auch ihre Wartung bereitete keinerlei Probleme. Dazu kam, daß sie einen stärkeren Zündfunken lieferte. Bis zum Jahr 1928 verfügte fast die Hälfte der Fahrzeuge auf dem britischen Markt über Zündspulen. In der darauffolgenden Dekade wurde die Zündspule praktisch selbstverständlich und nur einige wenige Marken, die Hochleistungsfahrzeuge herstellten, wie beispielsweise Alfa Romeo und Maserati, bauten keine Zündspulen ein.

Dem Getriebe schenkte man bis zum Ende der zwanziger Jahre nur wenig Aufmerksamkeit. Das von Emile Levassor schon 1891 entwickelte System mit Gleitzapfen beherrschte nach wie vor die Szene. Die Treue von Ford zum Zweigang-Planetengetriebe sah man allgemein als Zeichen von Verschrobenheit eines alternden Autokraten an. Eigenartigerweise hing als einziges Fabrikat die deutsche Firma Maybach dem Prinzip des Planetengetriebes an, die ihre luxuriösen 5,7 Liter – und 6,9 Liter-W3 und W5 Sechszylindermodelle in den Jahren zwischen 1921 und 1928 mit diesem Zweiganggetriebe anbot. Dann aber folgte auch Maybach dem allgemeinen Trend und führte ein äußerst kompliziertes Getriebesystem ein, dem man die Bezeichnung »Doppelschnellgang« gab. Die vier Vorwärtsgänge dieses Getriebes ließen sich jeweils mit zwei unterschiedlichen Übersetzungsverhältnissen schalten, sodaß sich insgesamt acht Vorwärtsgangstufen ergaben. Darüber hinaus erhielt man – als ob man daraus je hätte Nutzen ziehen können – vier Rückwärtsgangstufen. Mit diesem aufwendigen Getriebe kam der V 12-Zylinder Maybach »Zeppelin« auf den Markt. Angesichts eines Motors, der 200 PS Leistung mit einer turbinenähnlichen Elektrizität koppelte, erscheint dieses Getriebe jedoch als eine nutzlose Ingenieurleistung.

An einigen Cyclecars der frühen zwanziger Jahre verwendete man eine Kraftübertragung mit Reibscheiben. Dieses System, überlebte an dem französischen »Lafitte« bis zum Jahre 1928 und an dem britischen »GWK« bis zum Jahr 1931. Die Reibungs-Kraftübertragung am Lafitte arbeitete nach einer ungewöhnlichen Methode: hier drehte sich der ganze Motorblock, um dadurch unterschiedliche Übersetzungsverhältnisse zu erzielen. Sobald sich die Reibscheiben genau gegenüberstanden, entstand dadurch eine direkte Kupplung mit einem Übersetzungsverhältnis von 1:1 für den höchsten Gang.

Das Jahr 1929 brachte den größten Entwicklungsschritt im Bereich des Getriebes. General Motors führte das synchronisierte Getriebe ein und rüstete damit den Cadillac jenes Jahres und seinen billigeren Konzerngefährten, den La Salle, aus. Diese Erfindung sorgte dafür, daß die Motordrehzahl und die Drehzahlen im Getriebe automatisch aufeinander abgestimmt wurden, sodaß man nun nicht mehr zweimal auskuppeln mußte und das »Abmahlen der Zähne« beim Schalten zu einem Phänomen der Vergangenheit wurde.

Zunächst beschränkte man allgemein die Synchronisierung auf die zwei höchsten Übersetzungen, da die amerikanischen Getriebe meist nur über drei Gangstufen verfügten. Schon 1932 war das synchronisierte Getriebe in Amerika allgegenwärtig, ein Muß für amerikanische Automobile. Dann kam es auch in Europa an, wo es zum ersten Mal am Vauxhall »Cadet« auftrat. Zwei Jahre später verfügte der Alvis »Speed Twenty« über ein vollsynchronisiertes Getriebe, ein Fortschritt, den man bei manchen Automobilherstellern erst Jahre nach dem Zweiten Weltkrieg übernahm.

Neuentwicklungen wie das automatische Getriebe verursachten häufig drastische Veränderungen in der Automobilwelt. Die dreißiger Jahre stellen die erste Dekade dar, in der das Autofahren nicht mehr länger als eine Art Kunst betrachtet wurde, die in den Augen der meisten Menschen ein erhebliches Training und eine gehörige Portion Begabung erforderte, wenn sie nicht als ein eigenständiges Hobby zu gelten hatte. Jetzt entwickelte sich das Automobil mehr und mehr zu einer einfachen und nützlichen Hilfe zur persönlichen Mobilität. Bedauerlicherweise bedeutete dies aber auch, daß die Zahl der Fahrzeuge immer schneller anstieg, je einfacher sie zu fahren waren. Mit den Anforderungen an den Automobilisten änderte sich auch dessen Verhalten: hatte er sich früher auf offenen Straßen mit einem manchmal hinterhältigen Auto auseinandersetzen müssen, so mußte er nun einen dienstfertigen und gehorsamen Wagen über überfüllte Autobahnen steuern.

DAS LUXUSAUTO

Fortschrittliche Technologie und bewährtes handwerkliches Können bildeten den Schlüssel zum Automobilbau auf höchster Ebene in den zwanziger Jahren. Für Leute, die nicht rechnen mußten, die sich die Meisterstücke unter den angebotenen Automobilen leisten konnten, waren das die goldenen Jahre. Der technische Fortschritt erlaubte inzwischen Geschwindigkeiten von bis zu 130 km/h bei erträglicher Geräuschentwicklung und schon durchschnittliche Sportfahrer hatten unter Beweis gestellt, daß auch Geschwindigkeiten von 145–160 km/h noch im Bereich des Möglichen lagen. Vierradbremsen mit Servo-Unterstützung trugen wesentlich dazu bei, daß die ganz rasanten Ausfahrten sicherer abliefen als vor dem Krieg und immer noch gab es relativ wenig Verkehr auf den Straßen. Karosserien wurden weiterhin nach den handwerklichen Methoden der Zeit nach der Jahrhundertwende gebaut, auch wenn sie jetzt einen wesentlich leichteren Eindruck machten.

Motoren und Fahrgestelle

In ihrer Zielstrebigkeit und in ihrem Eifer, so schnell wie möglich die Produktion von Automobilen wieder aufzunehmen, erweckten viele Hersteller für die Automobilausstellungen des Jahres 1919 ihre Vorkriegskonstruktionen zu neuem Leben.

Zwei Firmen tanzten jedoch aus der Reihe und brachten brandneue Modelle heraus, die für die nächsten zehn Jahre und mehr der Entwicklung den Weg wiesen: Hispano-Suiza in Frankreich und Isotta-Fraschini in Italien.

Die spanische Firma Hispano-Suiza hatte 1911 in Frankreich eine Fabrik aufgebaut, wo sie allerdings bis zum Ausbruch des Krieges nur spanische Konstruktionen ausführte, insbesondere den berühmten »Alfonso XIII«. Während des Ersten Weltkrieges produzierte man dort Achtzylinder-V-Motoren für Flugzeuge, die für jede Zylinderreihe eine eigene obenliegende Nockenwelle besaßen. Die Erfahrung mit diesen Motoren ließ sich auch an dem sehr fortschrittlichen Modell »H6« erkennen, das auf dem Pariser Automobilsalon von 1919 erschien. Es besaß einen 6,6 Liter Motor mit einer einzelnen obenliegenden Nockenwelle. Weitere Konstruktionsmerkmale und Bauteile, die aus dem Flugmotorenbau übernommen wurden, umfaßten eine voll ummantelte Ventilsteuerung und eingeschraubte Zylinderlaufbüchsen aus Stahl. Die doppelte Spulenzündung stellte eine Überraschung dar: obwohl der Konstrukteur Marc Birkigt schon an seinen Vorkriegsfahrzeugen eine Doppelzündung verwendet hatte, waren zwei Spulen nicht zu erwarten, denn früher hatte er neben einer Spule einen Zündmagneten verwendet.

Man mag die Mehrscheibenkupplung und das Dreiganggetriebe als der Gesamtkonzeption des Wagens nicht angemessen einstufen, die mit einer mechanischen Servounterstützung arbeitenden Vierradbremsen waren vom Feinsten und funktionierten phantastisch. Die Servounterstützung der Bremsen erhielt ihre Energie direkt vom Getriebe. Der Motor entwickelte eine Leistung von 135 PS bei 3000 Upm, was mit einer leichten, offenen Karosserie eine Höchstgeschwindigkeit von mehr als 145 km/h ermöglichte. Der Hispano H6 entwickelte sich sehr schnell zu einem der Traumautos der zwanziger Jahre, jener Zeit, die man mit der wohlhabenden und manchmal etwas anrüchig lebenslustigen Nachkriegswelt des noblen Londoner Stadtteils Mayfair und der Mittelmeermetropole Monte Carlo assoziierte.

Iris March, die Heldin in einem der bekanntesten Romane jener Zeit, »The Green Hat« von Michael Arlen, fuhr – und fand schließlich den Tod durch – einen Hispano. Romane und Klatschspalten machten den Namen Hispano auch unter der breiten Bevölkerung bekannt, auch wenn die meisten Leute noch nie einen Hispano-Suiza gesehen hatten, vom Besitzen ganz zu schweigen. Mit seinem Preis von 2600 Pfund war er in Großbritannien teurer als ein Rolls-Royce.

Der Isotta-Fraschini konnte sich nie ganz die Aura des Hispano erwerben und bereitete sicherlich auch ein geringeres Fahrvergnügen, da er eine sehr schwergängige Lenkung besaß. Sein Achtzylinder Reihenmotor stellte dagegen eine sehr fortschrittliche Konstruktion dar: eine 5,9 Liter-Einheit, deren Zylinderblock aus Aluminium in einem Stück gegossen war. Auch die Kolben bestanden aus Aluminium. Die einfache obenliegende Nockenwelle der Vorkriegs-Isottas war nun zugunsten von Stoßstangen gewichen. Mit dieser Konzeption entwickelte der Motor allerdings nur 80 PS bei 2600 Upm.

Italien war ein armes Land und so gingen die meisten Isotta-Fraschini in den Export, hauptsächlich an den besten Kunden, – Amerika. Zu den Besitzern in den USA gehörten der Filmstar Rudolf Valentino, der sogar zwei Exemplare sein eigen nannte, ebenso der berühmte Boxer Jack Dempsey und der Zeitungskönig William Randolph Hearst.

Die Jahre unmittelbar nach dem Ersten Weltkrieg ermöglichten auf dem Markt der Luxusgüter erfreuliche Gewinne, genauso wie während des Krieges viele Vermögen geschaffen worden waren. Nun brachten zahlreiche Automobilhersteller neue Modelle auf den Markt, andere wagten sogar zum ersten Mal diesen Schritt. Zu diesen letzteren, die jetzt in die Produktion von Automobilen einstiegen, gehörte die französische Firma Farman, eine Flugzeugfirma, die einen 6,6 Liter Wagen herausbrachte. Sein Sechszylindermotor besaß eine einzelne obenliegende Nockenwelle und übertrug seine Kraft über ein Vierganggetriebe auf die Hinterachse. Leyland, jene britische Firma, die seither hauptsächlich Liefer- und Lastwagen hergestellt hatte, bot nun den 7 Liter »Eight« an. Dieser besaß einen abnehmbaren Zylinderkopf, eine obenliegende Nockenwelle, die schräg sitzende Ventile betätigte, und halbkugelförmige Brennräume in den Zylindern. Der Leyland Eight, eine Konstruktion von Parry Thomas, verfügte über ein Vierganggetriebe, das auch den Startermotor beinhaltete. Dieser wurde durch eine Bewegung am Gangschalthebel in Betrieb gesetzt. Die Leistung des Motors lag bei 145 PS, die Spitzengeschwindigkeit von rund 145 km/h konnte sich sehen lassen.

Dieser Leyland war jedoch ungeheuer teuer. Als man ihn 1920 herausbrachte, kostete allein das Chassis 2.500 Pfund. Im folgenden Jahr reduzierte man diesen Preis auf 1875 Pfund und doch brachte dieser Leyland niemals ein kommerzielles Bein auf den Boden – vielleicht, weil man die Leyland-Lastwagen und Omnibusse überall kannte, so daß wohlbegüterte Kunden keinen Leyland-PKW kauften, um nicht in einen Topf geworfen zu werden mit Omnibussen und Kohletransportern. So wurden im ganzen nicht mehr als 18 Leyland Eight hergestellt.

Auf dem britischen Markt der frühen zwanziger Jahre tummelten sich noch weitere Luxusautomobile, zu denen zum Beispiel auch der altmodische und kurzlebige »Sheffield Simplex« mit seinen sechs jeweils getrennt gegossenen Zylindern gehörte. Auch dem »British Ensign« war nur ein kurzes Leben beschert, obwohl seine Konstruktion durchaus auf der Höhe der Zeit war, da sein Motor eine einzelne obenliegende Nockenwelle und Aluminiumzylinder mit

RUD 11

Der Hispano-Suiza H6 gehörte zu den schönsten und edelsten Automobilen der zwanziger Jahre. So wie der Lamborghini Miura die Swinging Sixties verkörperte, so stand der Hispano-Suiza H6 für das Schönheitsempfinden seiner Zeit. Bei dem abgebildeten, späteren Modell handelt es sich um einen H6B aus dem Jahr 1929 mit einer zweisitzigen Coupé-Karosserie des amerikanischen Wagenbauers Hibbard & Darrin. Der H6 wurde in den Jahren zwischen 1919 und 1933 gebaut, wobei sich allein die Produktion im französischen Werk auf 2660 Exemplare belief, eine Produktionsziffer, die von keinem anderen Hispano-Suiza je erreicht wurde. Weitere Produktionsstätten befanden sich in Spanien (zwischen 1919 und 1938) und in der Tschechoslowakei (zwischen 1924 und 1927 bei der Firma Skoda).

Ende der zwanziger Jahre mußte ein Automobil, das sich zur Luxusklasse zählte, über acht oder mehr Zylinder verfügen mit Ausnahme von Rolls-Royce, die sich noch fünf Jahre mit nur sechs Zylindern in dieser Klasse behaupteten. Isotta-Fraschini war die erste Firma, die Achtzylinder-Reihenmotoren serienmäßig herstellte: Ihr Tipo 8 erschien 1919 und wurde in drei Baureihen bis in die frühen dreißiger Jahre produziert. Vom Chefkonstrukteur bei Isotta, Giustino Cattaneo, der die Konstruktionsabteilung von 1905 bis 1935 leitete, entworfen, begann der Tipo 8 mit einem 5,9 Liter Motor und einer Leistung von 80 PS. In seiner letzten Form, dem Tipo 8B (*rechts*), verfügte dieser Wagen über 7,4 Liter Hubraum und bot eine Leistung von 160 PS. Selbst diese Anstrengung half nichts, die Firma schlitterte in ernste finanzielle Schwierigkeiten und so wurden insgesamt nur dreißig 8B fertiggestellt – verteilt auf die Produktionsjahre 1931 und 1932. Zahlreiche Fahrzeuge und Komponenten blieben unverkauft, nur um gleich nach dem Zweiten Weltkrieg verschrottet zu werden. Die Abbildung zeigt einen Tipo 8B aus dem Jahre 1931 mit einer Landaulett-»De Ville«-Karosserie des Mailänder Karosseriebauers Castagna.

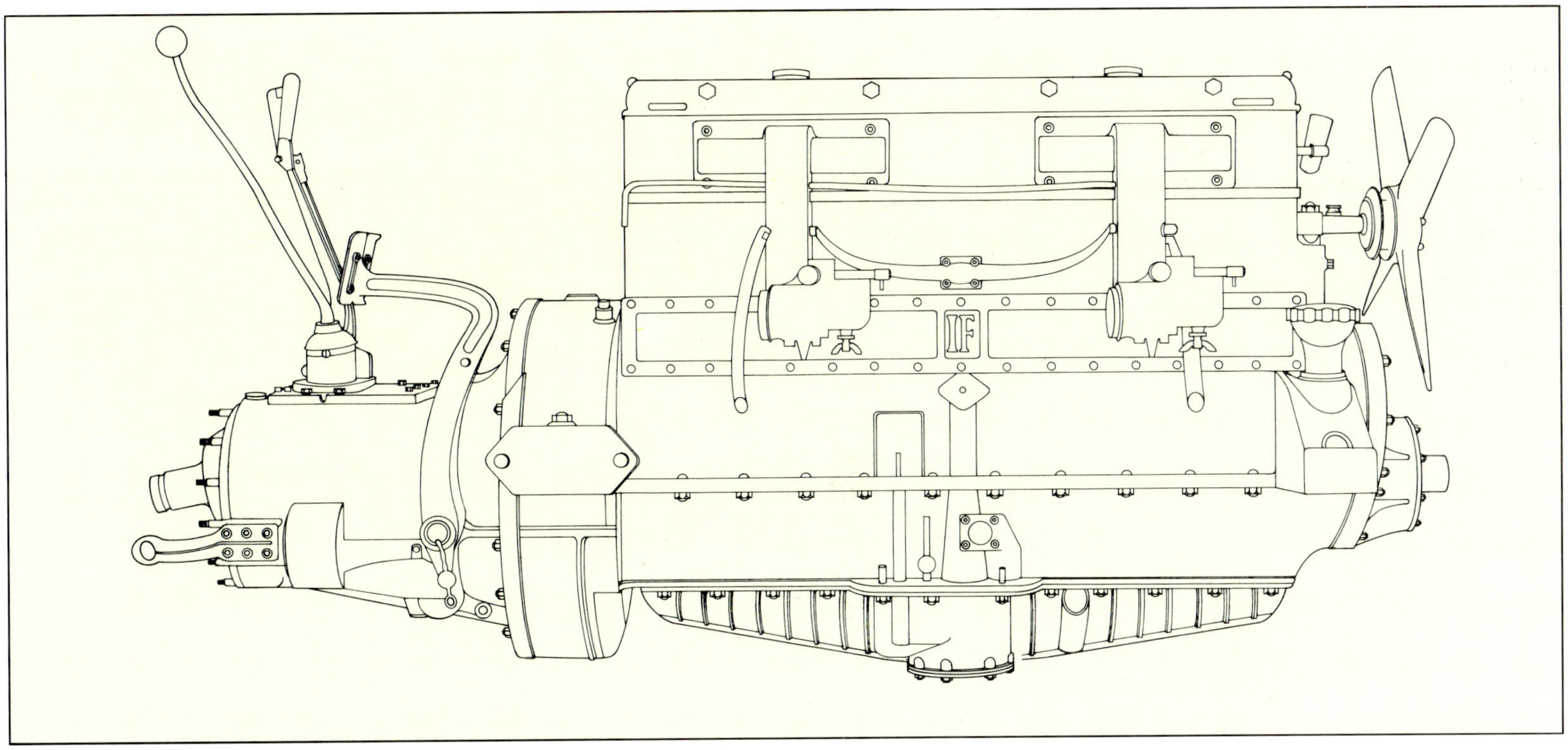

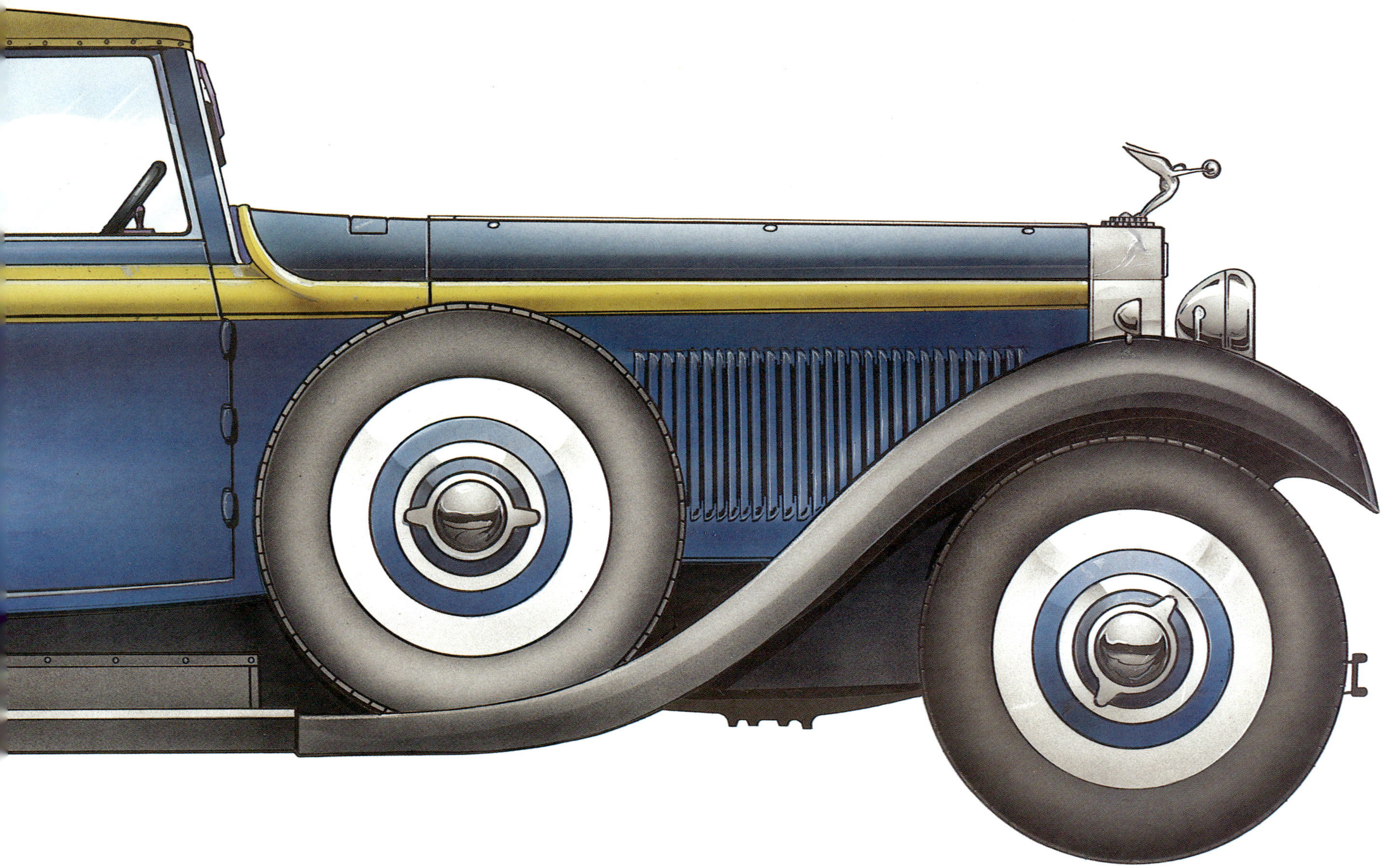

Leyland Eight

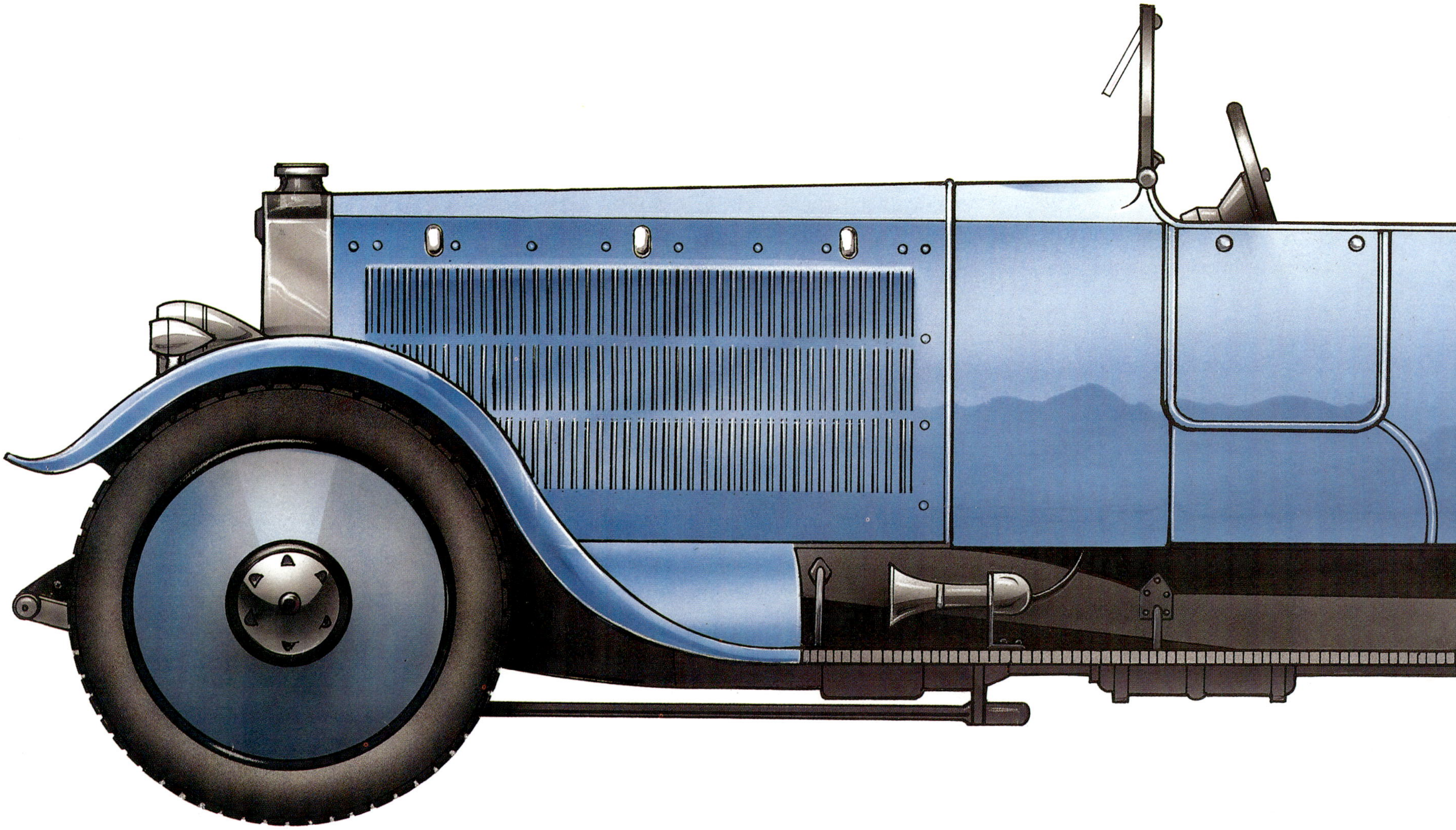

Laufbüchsen aus Stahl besaß. Sowohl der Lanchester »Forty« als auch der Napier 40/50 besaßen Sechszylindermotoren mit obenliegender Nockenwelle.

Neben diesen neuen Modellen konkurrierten zwei Überlebende aus der Zeit vor dem Ersten Weltkrieg, die sich auf dem britischen Markt sogar besser schlugen als jeder der Neulinge: der Muffenventil-Daimler und der Rolls-Royce Silver Ghost. Noch immer bestand das Bremssystem des Silver Ghost nur aus Hinterradbremsen und der Rolls-Motor mit seinen seitlich angeordneten Ventilen leistete trotz seines Hubraums von 7428 cm^3 nach wie vor nicht mehr als 80 PS. Dann jedoch, im Jahre 1924, erhielt auch der Rolls-Royce Vorderradbremsen und schließlich ging man 1925 auch bei der traditionsbewußten Firma Rolls-Royce zu hängenden Ventilen mit Stoßstangensteuerung über, mit denen man den »New Phantom« ausrüstete, der später als »Phantom I« bekannt wurde.

Räder auf der Wall Street

Amerikanische Luxusautomobile neigten, im großen und ganzen gesehen, weniger zu technischen Neuerungen als ihre europäischen Pendants. Eine Ausnahme bildete der Packard »Twin Six« mit seinem 6,9 Liter-V-12-Motor, der über Aluminiumkolben und ein Hochdruckschmiersystem verfügte. Dieses Schmiersystem hatte seine Weltpremiere in einem Serienwagen im Achtzylinder-Reihenmotor des Duesenberg erlebt, den außerdem eine obenliegende Nockenwelle und ein Vierradbremssystem mit hydraulischer Servounterstützung auszeichnete.

Im Gegensatz dazu besaß der 8,5 Liter Locomobile »48«, mit einem Preis von 12000 Dollar für die Limousine einer der teuersten PKW in Amerika und einer der Favoriten bei den konservativen Reichen in den Staaten der Ostküste, immer noch einen T-förmigen Zylinderkopf und zwei seitlich angeordnete Nockenwel-

Nach 23jähriger Erfahrung mit der Herstellung von Nutzfahrzeugen stellte die Firma Leyland Motors auf dem Londoner Automobilsalon 1920 ihren teuren und technisch fortschrittlichen »Eight« vor. Konstruiert vom Chefingenieur des Hauses, J. G. Parry Thomas, der im Jahre 1927 den Geschwindigkeitsweltrekord für Landfahrzeuge mit 275 km/h brechen sollte, handelte es sich beim Eight um den ersten britischen Wagen mit einem Achtzylinder-Reihenmotor und um den ersten »Briten« mit Unterdruckservobremsen. Bei seiner Präsentation betrug der Hubraum des Motors 6967 cm^3 (89 x 140 mm), aber schon ein Jahr später verlängerte man den Hub auf 146 mm, wodurch der Hubraum auf 7266 cm^3 anstieg. Eine einzelne obenliegende Nockenwelle öffnete die schräg sitzenden hängenden Ventile, die durch Blattfedern anstelle der üblichen Schraubenfedern wieder geschlossen wurden.

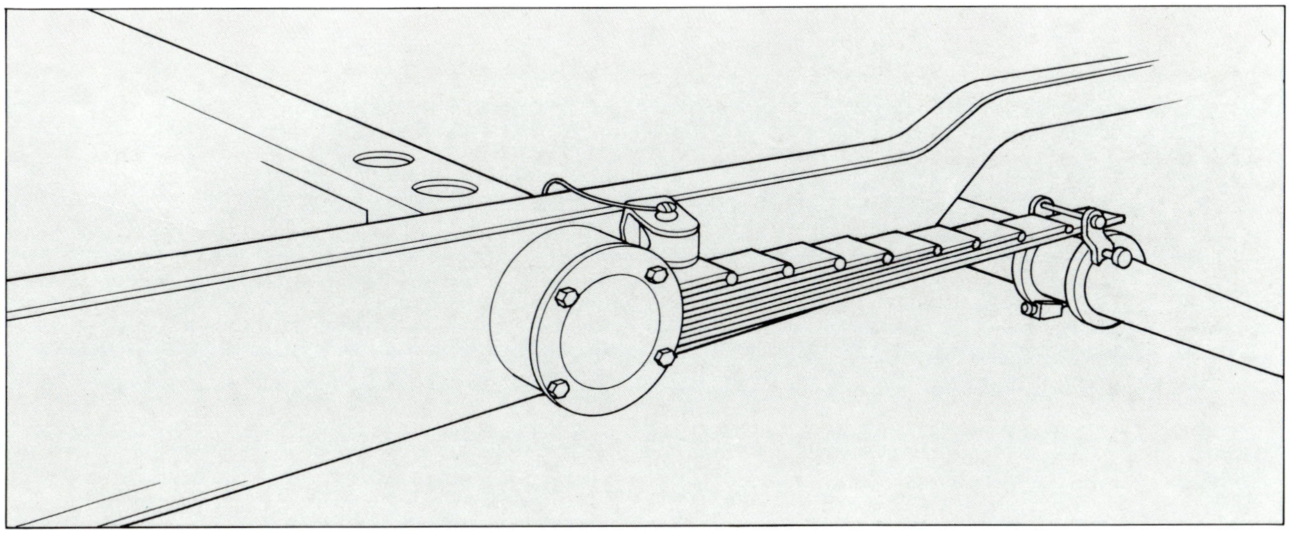

Die Vorderradaufhängung erfolgte an halbelliptischen Federn, während die Hinterachse über viertelelliptische Blattfedern in Verbindung mit einem Drehstab mit dem Rahmen verbunden war (*oben*). Den ersten Stoß beim Abfedern nahm der Drehstab auf, noch bevor die Federn in Aktion traten. Der Leyland Eight war in drei Versionen mit unterschiedlichem Radstand erhältlich: 3,1 m für offene Sportmodelle, 3,58 m oder 3,8 m für den Aufbau einer Tourenwagen- oder Limousinenkarosserie. Das erste Modell (*links*) aus dem Jahre 1920, mit dem Parry Thomas im täglichen Gebrauch umfangreiche Testerfahrung sammelte, war ein offener Viersitzer auf dem 3,58 m-Chassis. Die London Motor Show von 1922 brachte den letzten öffentlichen Auftritt des Leyland Eight, den man nach Fertigstellung von ungefähr 18 Exemplaren wieder aufgab.

len. Bei dieser archaischen Konstruktion blieb der »48« bis die Firma im Jahre 1929 ihre Pforten schloß. Als sie 1923 ein neues Modell, den 6,1 Liter »90« einführte, war dies nur insofern modernisiert, als man in einem L-förmigen Zylinderkopf seitliche Ventile anbrachte. Hängende Ventile drangen erst 1925 bis zur Firma Locomobile vor, als man sie dort für den etwas weniger teuren »Junior Eight« übernahm. Von 1923 an waren Vorderradbremsen als Zusatzausrüstung erhältlich; an einem neuen Auto kosteten sie 350 Dollar zusätzlich, beim nachträglichen Einbau 450 Dollar.

Auch die Firma Pierce-Arrow klammerte sich an den Motor mit T-förmigem Zylinderkopf (bis 1928). Ihr massiges Modell »66« besaß unter allen Serienwagen den größten Motor mit 13,5 Liter Hubraum und wurde 1912 und 1928 hergestellt. Auch seine »kleine Schwester«, der 8,6 Liter-»48« war noch ein großvolumiges Fahrzeug. Seine Produktionszeit lief bis 1920, als das Hauptaugenmerk sich dem 6,8 Liter-»38« zuwandte. Dieses Modell kämpfte sich bis in das Jahr 1928 durch, obwohl ab 1924 der Großteil der Produktion an Pierce-Arrow-Automobilen auf den 4,7 Liter-»80« mit seinem L-förmigen Zylinderkopf entfiel. An diesem Beispiel läßt sich besonders gut zeigen, daß es eines Börsenmathematikers bedurfte, um in den verschiedenen Modellnummern und Motorspezifikationen auf dem Luxuswagenmarkt ein System zu entdecken.

Die Firmen McFarlan und Stevens-Duryea stellten ebenfalls schwere, konservative Fahrzeuge her. Dagegen gaben sich die Cunningham und die Daniels etwas fortschrittlicher und ließen sich durch V-8-Motoren mit L-förmigem Zylinderkopf antreiben. Sie gehörten jedoch zu den Modellen aus Kleinserienfertigung und erreichten nur Produktionszahlen von jährlich 300–400 Exemplaren. Cadillac blieb während der zwanziger Jahre ununterbrochen bei seinem V-8-Motor, allerdings müssen wir diesen Wagen eher zur gehobenen Mittelklasse rechnen und noch nicht zu den Luxusautomobilen, zu denen er sich später einmal gesellen sollte.

(*oben*) Rolls-Royce bildete selten die technische Vorhut und zog es stattdessen oft vor, bewährte Systeme zu übernehmen und zu verbessern. Das waren in früherer Zeit die mechanischen Servobremsen von Hispano-Suiza oder in jüngerer Zeit das automatische Hydramatic-Getriebe von General Motors. In puncto Qualität allerdings stand Rolls-Royce immer an der Spitze. In diesem Zusammenhang ist der Ausspruch von Parry Thomas bemerkenswert, der behauptete, daß der Rolls-Royce der einzige Wagen sei, den er seinem Leyland Eight als ebenbürtig zuordnen würde. Der im Jahr 1925 vorgestellte New Phantom besaß einen neuen, langhubigeren Motor mit hängenden Ventilen, während das Chassis mit dem des Silver Ghost identisch war. Eine wesentliche Verbesserung trat im Jahr 1928 ein, als man den gußeisernen Zylinderkopf durch einen aus Aluminium ersetzte. Die Karosserie des hier gezeigten »Sedanca de Ville« stammte von Kellner in Paris. Im September 1929 brachte man den Phantom II heraus, wodurch der New Phantom in Phantom I umbenannt wurde. Dieses Mal konzentrierten sich die Neuerungen auf das Chassis. Der Rahmen wurde niedriger gelegt und an allen vier Rädern führte man halbelliptische Federn ein, während an dem 7,668 cm-Motor nur unbedeutende Änderungen vorgenommen wurden. Dieses Vorgehen steht für die Firmenpolitik von Rolls-Royce: Neuerungen fanden in Etappen statt nach dem Motto »niemals gleichzeitig ein neuer Motor und ein neues Fahrgestell«.

(*gegenüber*) Eine letzte Blütezeit kam für den 8 Liter-Bentley mit obenliegender Nockenwelle, der auf dem Londoner Automobilsalon von 1930 vorgestellt und bis zum Sommer 1931 gebaut wurde, dem Zeitpunkt also, zu dem die ursprüngliche Firma Bentley aufgelöst wurde. Bei dem 230 PS-Motor mit einem Hubraum von 7982 cm^3 handelte es sich um die vergrößerte Version des 6,5 Liter Triebwerks. Die 8 Liter-Version verfügte jedoch über ein niedriger gelegtes Fahrgestell und ein neues Getriebe. Der Chassis-Preis lag wie beim Rolls-Royce Phantom II bei 1850 Pfund und man konnte zwischen zwei Radstand-Versionen wählen, zwischen der 3,65m- und der 3,95 m-Version. Bei den Karosserien hatte man die Wahl zwischen ziemlich leichten Tourenwagenkarossen und Limousinen, die auf ein Gesamtgewicht von über 2,5 t kamen. Von einer betuchten Familie weiß man zu berichten, die gleichzeitig zwei neue 8-Liter kaufte, eine Sportlimousine mit einem Radstand von 3,65 m zu 2680 Pfund und eine normale Limousine mit einem Radstand von 3,95 m zu 3055 Pfund, – nach heutigen Verhältnissen ein Preis von über 115000 Pfund. Unsere Abbildung zeigt eine Sportlimousine von Mulliner.

GY 3903

Schon 1913 kündigte Ettore Bugatti einen »Superwagen« an, der die Konkurrenz das Fürchten lehren würde, aber es dauerte 13 Jahre, bevor der Typ 41, »La Royale«, dann auch tatsächlich erschien (*links*). Der Prototyp verfügte über einen riesigen 14726 cm^3-Reihen-Achtzylinder-Motor und einen Radstand, von dem die Maßangabe 4,6 m durch die Presse geisterte. Wahrscheinlich beruhte das auf einem Fehler von W. F. Bradley, dem Korrespondenten der Fachzeitschrift »The Autocar«, denn spätere Modelle verfügten über 12763 cm^3 und 4,3 m Radstand. Der Chassis-Preis lag bei 5250 Pfund, aber nur drei der insgesamt sechs gebauten Fahrzeuge wurden verkauft, die anderen drei blieben im Besitz der Familie Bugatti.

Zwei Pierce-Arrow-Generationen, ein »48« Tourenwagen aus dem Jahr 1915 (*links*) und ein Kabriolett der Baureihe 133 von 1929 (*Abb. S. 201*). Zu der Zeit, in der der »48« gebaut wurde, schwamm die Firma auf dem Kamm einer Erfolgswelle; damals verkaufte man oft die Produktion eines ganzen Jahres noch bevor dieses begonnen hatte. Zwischen 1914 und 1916 verließen ungefähr 1350 Exemplare des Typs 48 mit 8,6 Liter Hubraum das Werk, im Vergleich dazu brachte es der kleinere Typ 38 auf 1650 Stück, während von dem »riesigen« 13,6-Liter Typ 66 nur 100 Fahrzeuge produziert wurden.
Die charakteristischen, auf den vorderen Kotflügeln montierten Scheinwerfer, die praktisch auf allen Wagen der Firma Pierce der Jahre 1912 bis 1938 (als man die Produktion einstellte) prangten, stammten vom Reißbrett des Direktors der Styling Abteilung, Herbert M. Dawley. Dieser gelangte später als Schauspieler und Produzent am Broadway zu Ruhm und Ehren. Der Preis für einen »48« bewegte sich zwischen 4900 ¸ und 6250 ¸. Die Serie 133 wurde mit dem gleichen 6-Liter 8-Zylinder Reihenmotor mit seitlichen Ventilen ausgestattet wie die Serie 143. Der Unterschied der Serien lag in ihrem Radstand, dessen Maß die Nummer der jeweiligen Serie bestimmte. Im Jahr 1929 brachten diese Serien mit 9840 Wagen das beste Verkaufsergebnis in der Geschichte der Firma. Das Angebot von Pierce-Arrow umfaßte eine weitgespannte Preispalette, vom 2875 Dollar »billigen« Roadster der Serie 133 bis zur 8200 Dollar teuren Touren-Limousine aus der Serie 143.

1929
PIERCE

Unter den teuren, aber dennoch schlicht-zurückhaltenden Automobilen, die in Amerika in kleiner Stückzahl hergestellt wurden, nahm der Cunningham insofern eine Sonderstellung ein, als ab 1915 jedes Cunningham-Modell einen V-8-Motor besaß. Von Volney Lacey entworfen, handelte es sich dabei um ein großes Seitenventil-Aggregat von 7,2 Litern und 90 PS. Diese Autos wurden in Rochester im Staat New York gebaut und an einige wenige Anspruchsvolle vorwiegend an der Ostküste verkauft. Preislich zwischen 5500 Dollar und 7000 Dollar angesiedelt, gehörten die Cunningham zu den teuersten Autos in Amerika. In den zwanziger Jahren stieg die Jahresproduktion selten über 400 Einheiten hinaus, wovon mehr als die Hälfte auf Leichenwagen entfiel, – auf diesem Gebiet galt die Firma James Cunningham & Sons schon zur Zeit der Pferdekutschen als Spezialist. Die Abbildung (*oben*) zeigt einen Sporttourenwagen aus dem Jahr 1926.

Kein Automobil amerikanischer Herkunft hat mehr Charisma als der Duesenberg Model J, der unter den klassischen Automobilen heute eine viel wichtigere Position einnimmt als zu der Zeit, in der er gebaut wurde. In den Jahren zwischen 1929 und 1937 entstanden lediglich 470 dieser Automobile. Kein Wunder also, daß viele amerikanische Autofahrer diesen Wagen nie zu Gesicht bekamen, obwohl Hollywood und andere Oasen von Reichtum und Luxus für ihn schwärmten.
Der Achtzylinder-Reihenmotor mit den doppelten obenliegenden Nockenwellen und einem Hubraum von 6882 cm^3 produzierte genügend Leistung, um dieses 2,5 t schwere Gefährt flott voranzubringen, auch wenn die oft zitierte Zahl von 265 PS als übertrieben angesehen werden kann. Im Dezember 1928 als das prestigeträchtige Aushängeschild von Errett Lobban Cords Automobilimperium vorgestellt, war der Model J in mehreren Standardausführungen verschiedener Karosseriefirmen erhältlich. Zu diesen Firmen, die zumindest teilweise nach Entwürfen von Duesenberg arbeiteten, gehörten so bekannte Namen wie Derham, Murphy, Bohman & Schwartz, Brunn und Rollston. Das *links* abgebildete Beispiel zeigt ein Model J aus dem Jahr 1929 mit einer Doppel-Phaeton-Karosserie von Murphy.

HISTORIC VEHICLE
OF AMERICA

1923 gab die Firma Packard den »Twin Six« zugunsten eines Achtzylinder-Reihenmotors auf. Einige Jahre lang beurteilte man nun die V-12-Konzeption eines Motors als einen Anachronismus, dessen Komplexität und hoher Preis sich nicht mehr länger rechtfertigen ließen. 1927 jedoch brachte Daimler den ersten Wagen mit zwei Reihen mit je sechs Zylindern innerhalb einer ganzen Serie von Nachfolgern heraus und startete damit eine neue Welle vielzylindriger Motoren. Nicht alle davon waren besonders teuer, 1932 gelang es der Firma Auburn sogar, den Preis ihres 6,4 Liter-V-12 auf 975 Dollar zu drücken.

Eine große Anzahl anderer Firmen, die – hauptsächlich in den dreißiger Jahren – ebenfalls Modelle mit V-12-Motoren bauten, umfaßte die Namen Cadillac, Franklin, Hispano-Suiza, Horch, Lagonda, Maybach, Packard, Pierce-Arrow, Rolls-Royce, Tatra, Voisin und Walter. Das Maximum an turbinenähnlicher Elastizität bot natürlich ein V-16-Motor. Sieht man einmal vom »Bucciali Double Huit« ab, der wohl nie aus eigener Kraft gelaufen ist, dann ist das Prinzip des V-16-Motors eine rein amerikanische Spezialität, nur angeboten von Cadillac (von 1930 bis 1940) und von Marmon (von 1931 bis 1933).

Karosseriebau

In den zwanziger Jahren wurden die besten Automobilkarosserien noch immer in der traditionellen Weise gebaut, die im Kern auf die Karossen der Pferdekutschen aus den Tagen von Samuel Pepys zurückging. Der Hauptunterschied lag – und das schon lange vor dem Ersten Weltkrieg – darin, daß man Paneele und Verkleidungen meist aus Metall und weniger aus Holz fertigte. Im Laufe der Kriegszeit hatte man gelernt, mit Aluminium und anderen Leichtmetallen umzugehen und die Anwendungsmöglichkeiten dieser Materialien weiterentwickelt. Diese wurden nun allgemein über einem Holzrahmen eingesetzt. Die schmiedeeisernen Verstärkungen wurden durch Stahlbleche ersetzt, was zu erheblichen Gewichtseinsparungen führte, ein Charakteristikum des Karosseriebaus der zwanziger Jahre. Wie wir in Kapitel 5 gesehen haben, gehörten die Weymann-Karosserien und andere textilbespannte Aufbauten zu den Extremen bei der Suche nach DER leichten Karosserie.

Die Konstruktion eines Holzrahmens begann mit der Erstellung von Plänen in natürlicher Größe, die man im Maßstab 1 : 1 auf senkrecht hängendes Papier zeichnete. Im nächsten Schritt legte man dieses Papier auf dünnes, weiches Holz, das entsprechend der Zeichnung ausgeschnitten wurde. Diese Stücke dienten als Schablonen für das massive Eschenholz, aus dem man dann letztlich den Rahmen baute. Die hölzernen Hauptträger, die die größte Last aufnehmen mußten, wurden mit Eisenarmierungen verstärkt. Das Dach wurde im allgemeinen aus Leder gefertigt, das man in nassem Zustand aufzog. Dadurch schrumpfte es beim Trocknen, wodurch sich ein perfekter Passitz ergab. Als bevorzugtes Holz für die Innenauskleidung – am Armaturenbrett, an den Fensterrahmen, für den Rahmen der Passagierraumteilung, für die Boxen, in denen man Erfrischungsgetränke und Proviant mitführte, und für viele Details mehr – verwendete man schön gemasertes Walnußholz, das man meist mit einem Hochglanzlack überzog.

Die Sitzbezüge bestanden meist aus Leder, manchmal überzog man die Rücksitze auch mit gepolstertem Cordsamt aus Bedford oder dem bekannten West-of-England-Tuch. Der Überzug für den Chauffeursitz war fast immer aus Leder, da sich dieses leichter reinigen ließ. Wahrhaft exotisch ausgeführte Karosserien, wie manche Maharadschas sie bevorzugten, mochten auch einmal einen Polsterüberzug aus reiner Seide, Kissenbezüge aus Seidenbrokat und Holzverkleidungen aus Mahagoni mit seidig glänzenden Intarsien aus Perlmutt enthalten, um Beschläge aus Gold oder Silber nicht noch extra zu erwähnen. Eine solche Karosserie konnte bis zu 4000 Pfund kosten, was den Preis für das gesamte Auto auf 6000 Pfund hob. Dagegen lag der Preis für eine etwas bescheidenere Karosserie im Normalfall zwischen 700 und 1000 Pfund.

Nicht alle der exotischen Exemplare gingen in den Osten. Die Karosserie der Firma Clark, die ein Direktor von Woolworth für seinen Rolls-Royce Phantom I bestellte, besaß ein Interieur im Stil von Lois XIV, mit handgemalten Tür- und Dachverkleidungen und Polsterbezügen aus Aubusson-Gobelinstickerei. Allein die letztere kostete 600 Pfund.

Cadillac war die einzige Firma, die den V-16-Motor mit dauerhaftem Erfolg herstellte. Der 7,4 Liter 185 PS-Motor mit hängenden Ventilen wurde für das Jahr 1930 eingeführt und ließ sich für die Dauer der nächsten acht Jahre mit durchschnittlich 500 Stück pro Jahr verkaufen. Später brachte Cadillac einen neuen V-16-Motor mit kürzerem Hub und einem Winkel von 135° zwischen den Zylinderreihen heraus, der bis zum Jahr 1940 gebaut wurde. Bei diesem Wagen handelt es sich um einen 452 von 1931, dessen Stadtkarosserie vom britischen Besitzer Peter Hampton selbst entworfen worden war.

Die ersten »werksempfohlenen« Serienkarossen für Rolls-Royce waren Entwürfe von Ivan Evernden, die ab 1923 von der Firma Barker für das Chassis des »Twenty« gebaut wurden. Sie entstanden in Serien von ungefähr zwanzig Stück pro Jahr und umfaßten sowohl die Karosserie des Tourenwagens als auch der Limousine und des Coupés. Bei dem abgebildeten Wagen handelt es sich um das Coupé von 1925 mit Klappverdeck.

Die Lebensfähigkeit der Karosseriebau-Branche hing im wesentlichen von der engagierten und handwerklich anspruchsvollen Arbeit der Menschen ab, von denen viele ihre Handwerkskunst in den Tagen der Pferdekutschen erlernt hatten. Bis um 1930 herum konnten sie trotz ihres Könnens nicht mehr als 3–4 Pfund wöchentlich verdienen. Mit dem raschen Anstieg der Löhne während der nächsten Dekade mußten sich die Karosseriebaufirmen um eine möglichst weitgehende Mechanisierung ihrer Fertigung bemühen. Aber im »Goldenen Zeitalter« bedeutete Qualität höchste menschliche Handwerkskunst. Es gab 14 Fertigkeiten, die ein Karosseriebauer beherrschen mußte, bevor er sich Meister seines Handwerks nennen durfte: Herstellen von Schablonen, Holzbearbeitungstechnik, Bau von Karosserierahmen, Schmieden von Metallverkleidungen und -armierungen, Schmieden der Karosserieaußenhaut, Messingarbeiten, Einpassen und Verschrauben, Oberflächen bürsten, Lackieren, Zusammenbau der Außenhaut mit der Innenverkleidung (vom Karosserierahmenbau zu unterscheiden), Möbel-Politurarbeiten, Sattlerarbeiten (Sitzpolster, Lederverkleidungen), elektrische Arbeiten und Wappen- und Emblemmalerei. Die Wappenmalerei galt als ganz spezielle Fertigkeit und so konnte man auch zum Karosseriebaumeister avancieren ohne diese Fähigkeit erworben zu haben.

Ein Einzelstück von einer Karosserie, in jedem Detail nach den Wünschen des Käufers gebaut, gehörte zu allen Zeiten zu den Raritäten. Fast immer jedoch konnte man die Innenverkleidung, das Armaturenbrett usw. nach den Wünschen des zukünftigen Besitzes variieren. Die meisten Kunden benötigten bei der Gestaltung des Innenraums ihres Fahrzeugs eine gewisse Anleitung und so pflegten die Karosseriebaufirmen dicke Musterbücher mit einer Vielzahl von Designvorschlägen vorzulegen.

Als im Jahre 1923 der Rolls-Royce »Twenty« erschien, standen eine Reihe von standardisierten oder empfohlenen Karosserien zur Verfügung, die nach Entwürfen von Ivan Evernden von Rolls-Royce in der Firma Barker hergestellt wurden. Dies war das erste Mal, daß eine größere Karosseriebaufirma eine Art Serie von fast identischen Karosserien herstellte, was die Kosten ziemlich niedrig hielt. So kostete die Karosserie eines Tourenwagens nur 490 Pfund, die einer Limousine 600 Pfund. Zusammen mit dem Preis von 1100 Pfund für das Chassis des Twenty bedeutete dies, daß man einen vollständigen Rolls-Royce schon für weniger als 1600 Pfund erwerben konnte. Im Vergleich dazu kostete ein Silver Ghost mit einer individueller gearbeiteten Karosserie fast 3000 Pfund. Das Prinzip der »empfohlenen« Karosserie wurde von einigen anderen Firmen übernommen, zu ihnen gehörten Vanden Plas mit ihren Karosserien für Bentley-Tourenwagen der zwanziger Jahre und Park Ward mit Aufbauten für die großen Limousinen von Bentley und Rolls-Royce in den dreißiger Jahren.

In den zwanziger Jahren gab es ein weites Spektrum an Karosseriebaufirmen, von den führenden Betrieben mit internationalem Ruf bis hinunter zu kleinen nur regional bekannten Werkstätten, die oft auch Karosserien und Aufbauten für Lastwagen, Omnibusse und Pferdekutschen fertigten. Allerdings lieferten diese letzteren nur selten eine Karosserie für ein Chassis der Spitzenklasse. Unter den wichtigsten Karosseriebaufirmen besaß Großbritannien drei, deren Führungsposition unbestritten war: Barker, Hooper und H.J. Mulliner. Knapp danach folgten schon die Firmen Park Ward, Rippon und James Young.

In Frankreich gehörten zu den renommiertesten Karosseriebauern die Firmen Binder, Chapron, Kellner, Labourdette und Letourneur et Marchand. Auch Deutschland besaß hervorragende Karosseriebauer mit den Firmen Erdmann & Rossi, Gläser, Neuss und Papler. Die wichtigsten Marken in Amerika waren Brewster, Brunn, Derham, Locke und Willoughby.

Eine ganze Reihe der aufgezählten Firmen, sowohl in Großbritannien wie auch im übrigen Europa und in Übersee, waren alteingesessene und renommierte Unternehmen. Die Firma Rippon konnte ihre Firmengeschichte bis zu den Tagen von Königin Elisabeth I zurückverfolgen. Die Firma Barker wurde 1710 von einem Offizier der Garde von Königin Anne gegründet. Das älteste Karosseriebauunternehmen in Amerika, die Firma Brewster, öffnete seine Tore im Jahre 1810 und wurde später von Rolls-Royce Amerika übernommen.

Trotz aller Erfolge und trotz ihrer oft langen Firmengeschichte haben nur wenige dieser Automobilbaukünstler den Zweiten Weltkrieg geschäftlich überlebt und keiner von ihnen kann heute noch sein Geld mit dem Bau von Automobilkarosserien verdienen. Diese Tatsache läßt sich auf zweierlei Weise werten, entweder man empfindet es als schmerzlich, daß die Tradition dieser Zunft verloren ist, oder man weist darauf hin, daß an ihre Stelle andere Techniken und andere Fachleute gerückt sind – es hängt vom persönlichen Standpunkt und von der persönlichen Einschätzung der Zukunft des Automobilbaus ab.

WERBUNG IM ZEICHEN DES AUTOMOBILS

Die Werbeindustrie und das Automobil wurden Seite an Seite groß, einer Antrieb und Anreiz des anderen, zumindest ab den zwanziger Jahren. Der Werbung und dem Automobil gelang die Entfaltung durch moderne Technologietrends – hier durch Massenkommunikation, da durch Motorenentwicklung – und beide sprachen eine neue Verbrauchergesellschaft an, indem sie nicht nur die reinen Lebensnotwendigkeiten befriedigten, die früheren Formen von Propaganda und Transportmitteln zugrunde lagen.

Als der Motorwagen gegen Ende des 19. Jahrhunderts erschien, befand sich die Werbung rein und unverfälscht in den Kinderschuhen. Sie konzentrierte sich im wesentlichen darauf, Tatsachen in – manchmal langatmige – Einheitssprache zu packen. Diese Art von Propaganda mußte natürlich radikal geändert werden für eine so fremdartige Erfindung wie das Automobil, die aber populär zu werden versprach.

Werbung für die frühen Automobile wurde im wesentlichen in den Vereinigten Staaten betrieben. Die Anzeigen hatten einige wenige Themen gemeinsam, so zum Beispiel die Versicherung, daß der Wagen leicht zu handhaben war, daß er weder explodieren noch ausbrechen oder unkontrolliert davonjagen würde und daß er dem Vergleich zum Pferd positiv standhielt. Die Werbeslogans der ersten Stunde lauteten wie folgt:

»Eine Frau kann den Wagen bequem und absolut sicher fahren.«
(Toledo Steam Carriage, 1910)
»Frauen und Kinder verstehen die Technik problemlos.«
(Oldsmobile, 1903)
»Sogar ein Kind kann unser Auto fahren, so leicht ist es zu bedienen.«
(Monarch, 1905)
»Unser Auto ist so leicht zu bedienen, daß sogar der Boy der Familie damit fahren kann.«
(Rambler, 1905)

Im allgemeinen wurde Frauen gegenüber ein leicht herablassender Ton angeschlagen, aber die Automobilhersteller fanden schnell heraus, wie wichtig die Rolle der Ehefrau bei der Wahl des Familienautos war. Sie mag nicht das auslösende Moment für den Kauf eines Wagens gewesen sein, aber sie konnte die Wahl durchaus beeinflussen.

Zahllose Anzeigen trugen den Tenor der Überlegenheit des Automobils über das Pferd. So verkündete zum Beispiel Oldsmobile:

»Dieses zierliche und gleichzeitig praktische Automobil verrichtet die Arbeit von sechs Pferden bei jährlichen Durchschnittskosten von 35 Dollar (10 000 Meilen). Allein das Futter für ein Pferd kostet 180 Dollar im Jahr, sodaß die Ersparnis auf der Hand liegt. Der Besitzer eines Oldsmobile hat die Genugtuung zu wissen, daß sein Wagen jederzeit startbereit ist.«

Einige der Anzeigen, in denen das Pferd den kürzeren zog, schienen Mitleid mit dem Vierbeiner auszudrücken: eine Anzeige zeigte eine junge Dame beim Besteigen ihres Rauch & Lang-Elektrowagens unter den bekümmerten Blicken eines Pferdes. Betitelt war diese Anzeige mit einem Wort: »sitzengelassen«. Vielleicht wäre am Ende doch das Pferd dasjenige gewesen, das zuletzt lacht, denn die abgebildete Landstraße schlängelte sich in den Hintergrund und machte ganz und gar nicht den Eindruck, für dieses ausgesprochene Stadtauto, den elektrisch betriebenen Brougham, die geeignete Umgebung zu bieten. Jedenfalls überlebte das Pferd den dampfgetriebenen Wagen, obwohl die Anzeige der Firma Grout Steam Wagon ein Pferdeskelett zeigte, unter dem die Worte standen:»Diese Tiere wurden bis ungefähr zum Jahre 1910 gebraucht.« Vier Jahre später gab stattdessen die Firma Grout die Produktion von Dampfwagen auf!

Bald aber zielten die Anzeigen weniger auf Pferdebesitzer ab als auf Leute, die über kein persönliches Transportmittel verfügten. So lautete eine Anzeige im Jahr 1910: »Können Sie es sich leisten, ohne den Wagen zu leben, den jeder hat – den Brush Runabout?« Dabei hielt man die prospektive Kundschaft bereits im Jahr 1910 offenbar für technisch so versiert, daß sie Gefallen an folgender Anzeige finden würde: »Beim Cadillac 30 gibt es 112 Teile, die auf ein tausendstel von einem Inch (ca. 1/30 mm) genau gearbeitet sind.«

Sogar 1908 schon wurden unkonventionelle Konstruktionen wie der Zweitaktmotor eingehend erklärt: »Das Auto ohne Ventile – lassen Sie sich von uns die wesentlichen Dinge über den ventillosen Zweitaktmotor von Elmore erläutern.«

Einige Anzeigen sprachen eher Händler an als einzelne Käufer und befaßten sich deshalb mehr mit technischen Aspekten. Im Jahr 1912 leitete die Firma Marion ihre ausführliche technische Beschreibung mit folgenden ermutigenden Worten ein: »Dieses Auto können Sie mit der überzeugenden Gewißheit verkaufen, daß nach dem Verkauf keine Wartungsdienste und keine damit verbundenen Kosten auf Sie zukommen.« Viele der ersten Anzeigen richteten sich wohl in erster Linie an den Kunden, aber hatten doch noch Raum für Botschaften wie »in einigen Gegenden werden noch gute Vertreter gesucht« (Lambert, 1907) oder allgemeiner formuliert »Vertreter überall gesucht« (Buick, 1905).

Der Einfluß des Sports

Ein Thema, das sehr schnell zum Lieblingsthema avancierte, waren Sporterfolge. Im Jahr 1906 zählte Buick nicht nur die Erfolge in Bergrennen auf, sondern nannte Namen und Preise der geschlagenen Konkurrenten. Einige Jahre später wäre dieser Stil der Werbung fragwürdig erschienen, bis er in den siebziger Jahren wieder auflebte, jetzt aber mit Schlagworten wie Benzinverbrauch und Kofferraumgröße. Die Firma Marmon verkündete im Jahr 1910 von ihren Rekordfahrten und Rennerfolgen und konnte im Jahr darauf den Sieg im ersten 500-Meilen-Rennen von Indianapolis an ihre Fahnen heften. Die Firma Stutz übernahm den Slogan, »das Auto, das sich schon nach einem einzigen Tag bezahlt gemacht hat«, als Hinweis darauf, daß ihr Wagen erst unmittelbar vor dem Rennen fertig geworden war. Und weiter ging es: »500 Meilen in 442 Minuten – der sensationelle Rekord eines Versuchswagens«, so trompetete man die Erfolgsmeldungen in die Welt, ohne dabei zu erwähnen, daß der Stutz sich in diesem ersten 500 Meilen Rennen von Indianapolis ganz und gar nicht hervortat und schließlich unter den 22 Konkurrenten einen bescheidenen 11. Platz belegte.

In den zwanziger Jahren konzentrierte sich die Werbung eher aus Langstrekkenveranstaltungen für Serienwagen als auf reinrassige Rennen. »Sieben Tage nonstop«, triumphierte Packard im Jahr 1925 und bezog sich damit auf die Nonstop-Fahrt von 3965 Meilen (6380 km), die das Fliegeras Linton Wade zwischen Los Angeles und New York zurückgelegt hatte. Ein Jahr später gab Studebaker »einen weiteren Sieg im Kampf gegen Raum und Zeit« bekannt, als der Rennfahrer Ab Jenkins den amerikanischen Kontinent in 86 Stunden und 20 Minuten überquerte.

Manchmal wurden die Rekordmeldungen durch ein persönliches Bekenntnis

Patentirt in allen Industriestaaten!

Neu! **Praktisch!**

Patent-Motorwagen

mit Gasbetrieb durch Petroleum, Benzin, Naphta etc.

Immer sogleich betriebsfähig! — Bequem und absolut gefahrlos!

Vollständiger Ersatz für Wagen mit Pferden.
Erspart den Kutscher, die theuere Ausstattung, Wartung und Unterhaltung der Pferde.

Lenken, Halten und Bremsen leichter und sicherer,
als bei gewöhnlichen Fuhrwerken. — Keine besondere Bedienung nöthig. Sehr geringe Betriebskosten.

Patent-Motorwagen mit abnehmbarem Halbverdeck und Spritzleder.

von

BENZ & Co.

Rheinische Gasmotoren-Fabrik

MANNHEIM.

Neue Fabrik: **Waldhofstrasse.**

Seite 208: Diese Anzeige, die den Dreirad-Benz zum Inhalt hat, stammt aus dem Jahr 1888 oder 1889 und stellt wohl weltweit den ersten Versuch dar, prospektive Automobilkunden in dieser Form anzusprechen. Ein Hinweis »Patentiert in allen Industriestaaten!« im oberen Anzeigenteil dürfte wohl eher eine Warnung an mögliche Nachahmer als eine weiterer Kundenköder gewesen sein.

Bei dieser stolzen Veröffentlichung der Great Horseless Carriage Company Ltd. vom Mai 1896 dürfte es sich um die erste Anzeige für ein britisches Automobil handeln. Die im Anzeigenkopf angesprochenen »Nobility & Gentry«, der hohe Adel und der Landadel, wären enttäuscht gewesen, hätten sie darauf gleich reagiert, denn der erste in Großbritannien gebaute Daimler war erst 1897 zu haben. Trotzdem dürfte die Zeichnung eine ziemlich genaue Wiedergabe des im Jahr darauf erschienen Daimler darstellen mit seinem Steuergriff und der Dos-à-Dos-Karosserie. Die grafische Darstellung und mehr noch die hinweisenden Hände sind ganz typisch für die Gestaltung von Anzeigen gegen Ende des 19. Jahrhunderts.

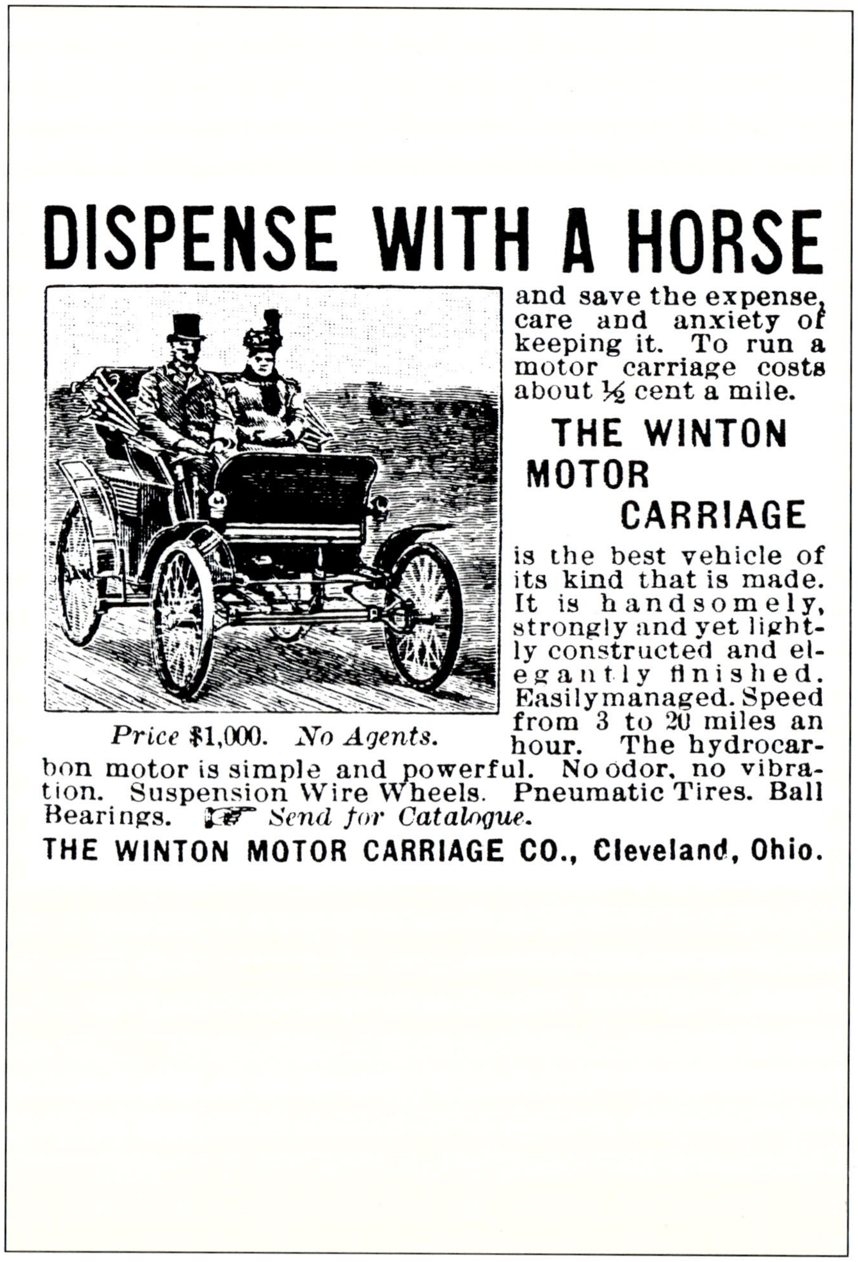

Unter den ersten amerikanischen Firmen, die Automobile serienmäßig bauten und vertrieben, war die Winton Motor Carriage Company in Cleveland, Ohio. Schon 1898 gab sie regelmäßig Anzeigen in Zeitschriften wie dem »Scientific American« auf. Die Firma nannte ihr Auto (*oben*) immer noch eine Motorkutsche, obwohl zu diesem Zeitpunkt Alexander Winton das Wort »Automobil« schon dem amerikanischen Sprachschatz einverleibt hatte.
Im Gegensatz zum Wortreichtum der Daimler-Anzeige zogen es die Automobilhersteller des Kontinents im allgemeinen vor, Bilder für sich selbst sprechen zu lassen. So sind einige künstlerisch sehr anspruchsvolle Anzeigen der Fahrradwerbung entstanden und diese Tradition setzte sich später bei der Automobilwerbung fort. F. I. A. T. stellte 1899, dem Jahr, aus dem die Anzeige von Seite 211 stammt, gerade acht Automobile her, so daß es bei dieser Annonce wohl eher darum ging, auf sich aufmerksam zu machen, als darum, echte Verkaufswerbung zu betreiben.

aus berufenem Mund weiter glorifiziert. So stellte der bekannte Rennfahrer Barney Oldfield im Jahr 1923 fest, »mein Marmon hält bestimmt durch«, wenn er, wie die Schlagzeilen verkündeten, »den Kontinent acht Mal überquert«. In England hielten Rekordbrecher wie Malcolm Campbell und George Eyston nicht mit ihrem Lob auf Automobile und Automobilzubehör zurück. Diese Art personifizierter Werbung blühte jedoch eher in den dreißiger Jahren, als das Fieber um den Geschwindigkeitsweltrekord für Landfahrzeuge seinen Höhepunkt erlebte.

Die Hersteller hatten eine zwiespältige Haltung zur Produktion in großen Stückzahlen. Einerseits stand hinter der Großserie ein bedeutender, solider Betrieb und keine dubiose Quetsche. Große Stückzahlen bedeuteten zudem, daß 100 000 Käufer sich nicht falsch entschieden haben konnten. Andererseits hatte Exklusivität auch ihren Reiz, vor allem dann, wenn man es auf einen reichen Markt abgesehen hatte. »Nur 15 Wagen dieses Typs sollen in diesem Jahr gebaut werden«, machte die Firma Apperson auf ihren Jackrabbit Roadster aufmerksam, obwohl es vielleicht schwer geworden wäre, mehr von diesen 5000 Dollar teuren Autos zu verkaufen. In die gleiche Richtung ging die Werbung mit »Nur zwei Ohio-Wagen pro Tag« oder mit »Springfield – das maßgeschneiderte Fahrzeug für 300 Anspruchsvolle«.

Weg von Schrauben und Bolzen

Edward S. (Ned) Jordan wird oft das Lob zuteil, derjenige gewesen zu sein, der in der Werbung als Erster von der Technik und technischen Aufzählungen abrückte in Richtung auf mehr Atmosphäre. An dieser Stelle muß richtiggestellt werden, daß dieser Trend gute sechs Jahre vor Erscheinen des ersten Jordan einsetzte. Die Firma Pierce-Arrow dürfte als erste von langatmigen Zeitungsanzeigen abgekommen sein, um stattdessen Abbildungen für sich sprechen zu lassen. Pierce-Arrow oder besser gesagt ihre Agentur Calkins & Holden beschäftigte eine Reihe bekannter Künstler wie Edward Borein, Louis Fancher, die Brüder Joseph und Frank Leyendecker, Adolph Treidler und Newell Conyers Wyeth. Die Anzeigen zeigten Pierce-Arrow Wagen in eleganter Werbung: mal vor der Oper, mal bei einer Flugveranstaltung oder auch in Städten im Ausland wie beispielsweise in Nürnberg.

Eine der bekanntesten Anzeigen – von Treidler entworfen – zeigte eine Dame beim Hochstreifen ihrer Handschuhe in einer eleganten Halle. Ein Lakai hielt die Eingangstür auf, durch die ein kleiner Ausschnitt des Autos zu sehen war. Ein so deutliches Understatement konnte sich nur eine etablierte Firma leisten. Bei dieser Art von Werbung schoß im Jahre 1929 Duesenberg den Vogel ab. Auf ihren Anzeigen sah man die traditionellen Symbole von Macht und Wohlstand – einen Segler am Ruder seines Schiffes, die Dame, die ihrem Gärtner Anweisungen gibt – dazu die jeweilige Bildunterschrift »Er/sie fährt einen Duesenberg«, wobei vom Auto selbst weit und breit nichts zu sehen war.

Texter auf dem Vormarsch

Die andere Marschroute, weg von Schrauben und Bolzen, wurde von Firmen eingeschlagen, die den Texter in seiner Bedeutung in der gleichen Weise herausstellten wie Pierce-Arrow den Künstler verherrlichte. Im Jahre 1915 präsentierte Cadillac die philosophische Anzeige »The Penalty of Leadership«, die Anzeige vom »Fluch des Ruhms«. In der gleichen Tonart bot Packard ein Zitat des englischen Kunstkritikers John Ruskin. Dann folgte Ned Jordan, der wohl für seine Anzeigen berühmter gewesen sein dürfte als für seine Automobile. Bei den letzteren handelte es sich nämlich um Fließband-Produkte, kaum besser als zahllose andere Fabrikate, die in den zwanziger Jahren ihr Stück vom Marktanteilkuchen abbekommen wollten. Vielleicht hatten seine Karosserien mehr Klasse als die der Konkurrenz, aber mehr zeichnete seine Wagen wirklich nicht aus.

Das war bei den Anzeigen ganz anders. Jordan hatte seit der Gründung seiner Firma im Jahr 1916 eigene Texte und Entwürfe geschaffen, aber richtig bekannt wurde er mit seinen Anzeigen für den Fahrzeugtyp »Playboy«. Die bekannteste davon war »Somewhere West of Laramie« (»Irgendwo westlich von Laramie«), die im Juni 1923 in der »Saturday Evening Post« erschien. Andere, die in die Geschichte der Werbung eingingen, waren »The Port of Missing Men« (»Der Hafen von Missing Men«), »A Golden Girl from Somewhere«, (»Das goldene Mädchen von irgenwoher«), »A Million Miles from Dull Care« (»Eine Million Meilen von Dull Care)« und »I Think She Came From a Land of Fire« (»Ich glaube, sie kam aus dem Reich des Feuers«). Aus Jordans Anzeigen waren

F.I.A.T.
Società Anonima
TORINO
Corso Dante 35-37
Fabbrica Italiana di Automobili
92
LIT. DOYEN DI L. SIMONDETTI-TORINO

Im kompletten Gegensatz zu dem Anzeigen-Kunstwerk von F. I. A. T. steht 1903 die biederbodenständige Anzeige der Firma Michigan von der anderen Seite des Atlantiks. Für die frühe amerikanische Automobilwerbung war die Aufzählung der Vorzüge und die Betonung der Überlegenheit über das Pferd typisch. Einen kleinen Hinweis darauf, daß auch das Automobil seine Grenzen hatte, erkennt man in dem Satzfragment: »Auf normalen Straßen absolut praktisch«. Der Satz »läuft und kommt zurück« ist nicht ganz so naiv wie man im ersten Moment meinen könnte, denn man durfte es nicht unbedingt als selbstverständlich erachten, daß jeder Wagen die Rückfahrt schaffen würde, auch wenn er auf der Hinfahrt einwandfrei gelaufen war. Die Michigan Automobile Company stellte wohl 100 dieser leichten 3,5 PS-Wagen im Jahr 1903 her, dem Jahr der Produktionsaufnahme. Die Fertigung endete 1908, aber ein Nachkomme der Firma stellt heute die bekannten Fuller-Übersetzungen für schwere Lastwagen her.

Schrauben und Bolzen so gut wie verbannt, während bei »Missing Men« immerhin von 24,1 Meilen/Gallon (11,6 Liter/100 km) die Rede ist. Der Tenor lag auf Romantik, auf jungen Mädchen und Jungen irgendwo im Freien und – klar dominierend – auf Themen der Flucht vor der Realität. Eine Anzeige verkündete:

»Ich habe vier Wände und die Decke drüber satt. Ich habe mich mit Sonnenschein und Sommerwind verbündet. Diätkost und Doktoren sind mir ein Greuel – ich will nicht einkaufen und Essen kochen. Ich will einfach irgendwohin und wenn es das letzte ist, was mir im Leben bleibt. Ich brauche nur einen «Blue Silhouette Jordan» – Sommertage – unbeschwerte Stunden – Berge – Landschaft – Mondlicht auf der freien Straße...«

Jordans Anzeigen versprachen auch Freuden, die im höchst puritanischen Amerika Mißbilligung hervorriefen. »Nach dem Tanz – wenn langweilige Anstandsdamen längst im Bett liegen – und die Jugend über die Stränge hauen will – könnten wir uns doch eigentlich ein bißchen verirren.« Diese Anzeige ging ja noch, aber die Jordan-Illustration für »The Port of Missing Men« zog den Zorn der mächtigen Gesellschaft zur Bekämpfung von Untugend und Lasterhaftigkeit auf sich. Sie zeigte einen Playboy, der vor einem Haus geparkt war, in dem als einzige Lichtquelle nur ein blaßroter Farbfleck hinter einer Schlafzimmergardine eingezeichnet war. Das ging entschieden zu weit und die Anzeige mußte schließlich ganz ohne Beleuchtung veröffentlicht werden.

Praktisch jede von Jordans Anzeigen zeigte seine Wagen vor einem romantischen oder exotischen Hintergrund und ab etwa 1915 entsprach das dem Zeitgeschmack. Davor wurden die Autos – die Anzeigen von Pierce-Arrow, die diesen Trend einleiteten, ausgenommen – als Fotografie vor einfach-anspruchslosem, ausgeschnittenem Hintergrund gezeigt. Plötzlich aber sah man die Autos inmitten einer Parklandschaft, vor imposanten Villen, vor Polo-Clubs, Yacht-Anlegestellen oder vor fremdländischem Hintergrund wie dem Taj Mahal. Bohrung und Hub, Preise und Radstand waren »out«, ersetzt von elitären Texten wie:

»Die, die sich mit einem Wagen von Owen Magnetic Motor Cars angenehm von der Masse abheben, sind überzeugte Individualisten, dabei allerdings keineswegs extravagant. Ihre Stadt- und Landhäuser, ihre Gärten, ihr ganzer Besitz zeichnen sich dadurch aus, daß sie von Alltäglichem weit entfernt sind. Wenn es um die Wahl des passenden Wagens geht, wollen unsere Kunden nicht zur großen Masse gehören. Bei einer Ausfahrt über die Avenues, beim Vorfahren vor der Oper oder dem Country Club – überall da, wo sich Menschen von Welt begegnen – trennen bestimmte Automobile die Aristokratie vom Pöbel«.
(Owen Magnetic, 1919)
oder:

»Während die große Masse der Automobilisten das Auto lediglich als reines Transportmittel ansieht, gibt es Menschen, die mit der Wahl ihres Wagens zum Ausdruck bringen, daß sie höhere Ansprüche stellen und höhere Ideale verfolgen, wie sie das schon bei der Wahl der Freunde und ihrer Häuser bewiesen haben«.
(Premier, 1920)

Frauen in der Anzeigenwerbung

Die ersten Hinweise auf Frauen in der Auto-Anzeigenwerbung waren eher herablassender Art wie die erwähnten Beispiele gezeigt haben. Sogar noch im Jahr 1916 benutzte man sie lediglich, um Männer zum Autokauf anzustacheln. Die Firma Liberty beispielsweise schloß nach der Aufzählung einer Vielzahl von Vorteilen des »Six« im Hinblick auf die weibliche Empfindlichkeit und angesichts des Fehlens von Muskelkraft mit den Worten: »Wenn eine Frau den Liberty täglich – und über den ganzen Tag hinweg – mühelos fahren kann, dann können Sie sich vorstellen, welche Fahrleistungen der Liberty erst recht in männlichen Händen entwickelt«.

Viele Automobil-Anzeigen vor dem Zweiten Weltkrieg zielten eher darauf ab, den Mann zum Kauf eines Automobils für seine unselbständige Frau zu animieren als die Damen direkt anzusprechen. So ließ Chevrolet im Jahre 1921 ganz besorgt anfragen:

»Fühlt sich Ihre Frau tagsüber alleingelassen und isoliert? Der Chevrolet Utility ist der ideale Zweitwagen. Ihre Frau wird ihn für all ihre Aktivitäten unentbehrlich finden – für Einkäufe, Besuche, Schultransport der Kinder bei schlechtem Wetter etc«.

Einkaufen und Besuche machen, das waren weibliche Aktivitäten, die man mit dem Elektrowagen assoziierte, Hauptbeschäftigungen also der autofahrenden Damenwelt. »Sorgen Sie für das schönste Weihnachtsfest – schenken Sie Ihrer Frau einen «ELECTRIC»«, munterte die Electric Vehicle Association of Ame-

Diese Anzeige des Lyons-Knight vom April 1914 fährt in der langatmigen Tradition fort, den Kunden eher mit sachlichen Argumenten zu überzeugen als ihn über Emotionen zum Kauf zu animieren, wie es Ned Jordan einige Jahre später schaffte. Eigentlich richtete sich diese Anzeige mehr an den möglichen zukünftigen Händler als an den einzelnen Käufer, obwohl Lyons-Atlas sicher froh gewesen wäre, wenn sich damit auch ein paar Käufer angesprochen gefühlt hätten.

Dealers

HERE'S a real opportunity! A four—with beauty, finish, speed, power, endurance—everything a car should have, —built in one of the finest factories in Michigan, and backed by a wide-awake, progressive organization with real money and lots of it.

The Olympian has handsome double cowl lines, 114-inch wheel base, cantilever rear springs, full floating rear axle, and factory equipment that includes a spot-light, bumper, motometer and ignition lock.

The Olympian is second to no four-cylinder car within hundreds of dollars of its price class.

We want good wide-awake dealers to handle this car in every city and town of the United States. They must be men capable of handling a big business and handling it well.

Such men should make big money in the Olympian. The car wins immediate and lasting popularity the day it is introduced.

Listen—*We furnish more sales prospects to our dealers than any other automobile manufacturer in the business.* We help you right from the word GO.

OLYMPIAN

Let us explain our proposition and our plans—present and future. They will surely interest you.

Communicate with us today. We advise immediate action. Territory will go quickly. This chance is too good to lose. Better wire!

OLYMPIAN MOTORS COMPANY
PONTIAC, MICHIGAN

Noch marktschreierischer händlerorientiert scheint diese Anzeige von Olympian Motors aus dem Jahre 1917. Keine Bescheidenheit jedenfalls, weder falsche noch echte, die hier von einer Firma demonstriert wird, die aus Zuliefer-Komponenten einen ganz gewöhnlichen Wagen produzierte, der es gerade auf vier Jahre Lebenszeit brachte. Es ist unwahrscheinlich, daß die Händlergebiete so schnell aufgeteilt waren, wie Olympian gehofft hatte. Der größte Teil des nordamerikanischen Kontinents dürfte wohl nie einen Olympian-Händler gesehen haben.
Pierce-Arrow plazierte seine anspruchsvollen qualitativ hochwertigen Anzeigen in exklusiven Magazinen wie »Country Life in America«. Diese Anzeige (*rechts*) stammt von Frank X. Leyendecker (1877–1924) und erschien in der Dezember-Ausgabe des Jahres 1912. Das gewölbte Dach, ein Design-Merkmal von Pierce-Arrow aus jener Zeit, war bekannt als »vestibule suburban«, in etwa zu übersetzen mit Kleinstadt-Vestibül.

CADILLAC
STANDARD OF THE WORLD

The Penalty of Leadership

IN EVERY field of human endeavor, he that is first must perpetually live in the white light of publicity.

Whether the leadership be vested in a man or in a manufactured product, emulation and envy are ever at work.

In art, in literature, in music, in industry, the reward and the punishment are always the same.

The reward is widespread recognition; the punishment, fierce denial and detraction.

When a man's work becomes a standard for the whole world, it also becomes a target for the shafts of the envious few.

If his work be merely mediocre, he will be left severely alone—if he achieves a masterpiece, it will set a million tongues a-wagging.

Jealousy does not protrude its forked tongue at the artist who produces a commonplace painting.

Whatsoever you write, or paint, or play, or sing, or build, no one will strive to surpass or to slander you unless your work be stamped with the seal of genius.

Long, long after a great work or a good work has been done, those who are disappointed or envious, continue to cry out that it cannot be done.

Spiteful little voices in the domain of art were raised against our own Whistler as a mountebank, long after the big world had acclaimed him its greatest artistic genius.

Multitudes flocked to Bayreuth to worship at the musical shrine of Wagner, while the little group of those whom he had dethroned and displaced argued angrily that he was no musician at all.

The little world continued to protest that Fulton could never build a steamboat, while the big world flocked to the river banks to see his boat steam by.

The leader is assailed because he is a leader, and the effort to equal him is merely added proof of that leadership.

Failing to equal or to excel, the follower seeks to depreciate and to destroy—but only confirms once more the superiority of that which he strives to supplant.

There is nothing new in this.

It is as old as the world and as old as the human passions—envy, fear, greed, ambition, and the desire to surpass.

And it all avails nothing.

If the leader truly leads, he remains—the leader.

Master-poet, master-painter, master-workman, each in his turn is assailed, and each holds his laurels through the ages.

That which is good or great makes itself known, no matter how loud the clamor of denial.

That which deserves to live—lives.

Die berühmtesten Anzeigen, die je für ein Automobil geschaffen wurden, sind ohne Zweifel die Annoncen »Somewhere West of Laramie« und Cadillacs »Penalty of Leadership«. Mag die erstere – »Irgendwo westlich von Laramie« – noch einen Grad berühmter geworden sein, Cadillacs selbstbewußte Anzeige – »Die Last an der Spitze zu stehen« – brach vollständig mit der üblichen »Schrauben-und-Bolzen-Werbung« und setzte ihr eine wortreiche philosophische Betrachtung entgegen, bei der sie annimmt, daß die Leser vertraut sind mit Namen wie Whistler, Wagner und Fulton. Die Anzeige von Packard aus dem Jahr 1914 basiert ebenfalls auf einem philosophischen Thema, aber die zugehörige Abbildung hilft dem Leser, den Bezug zum Packard 2-38 Coupé herzustellen.

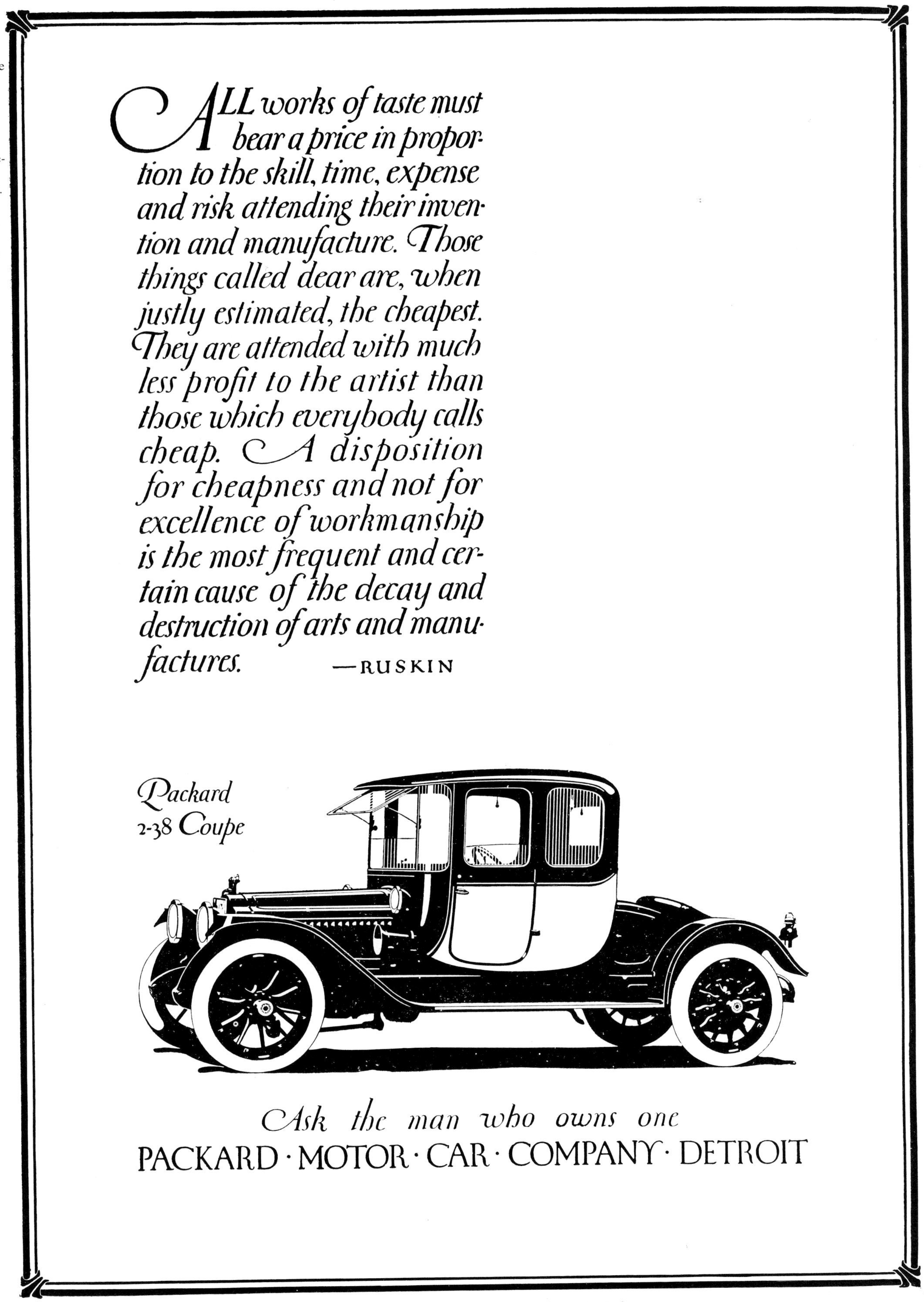

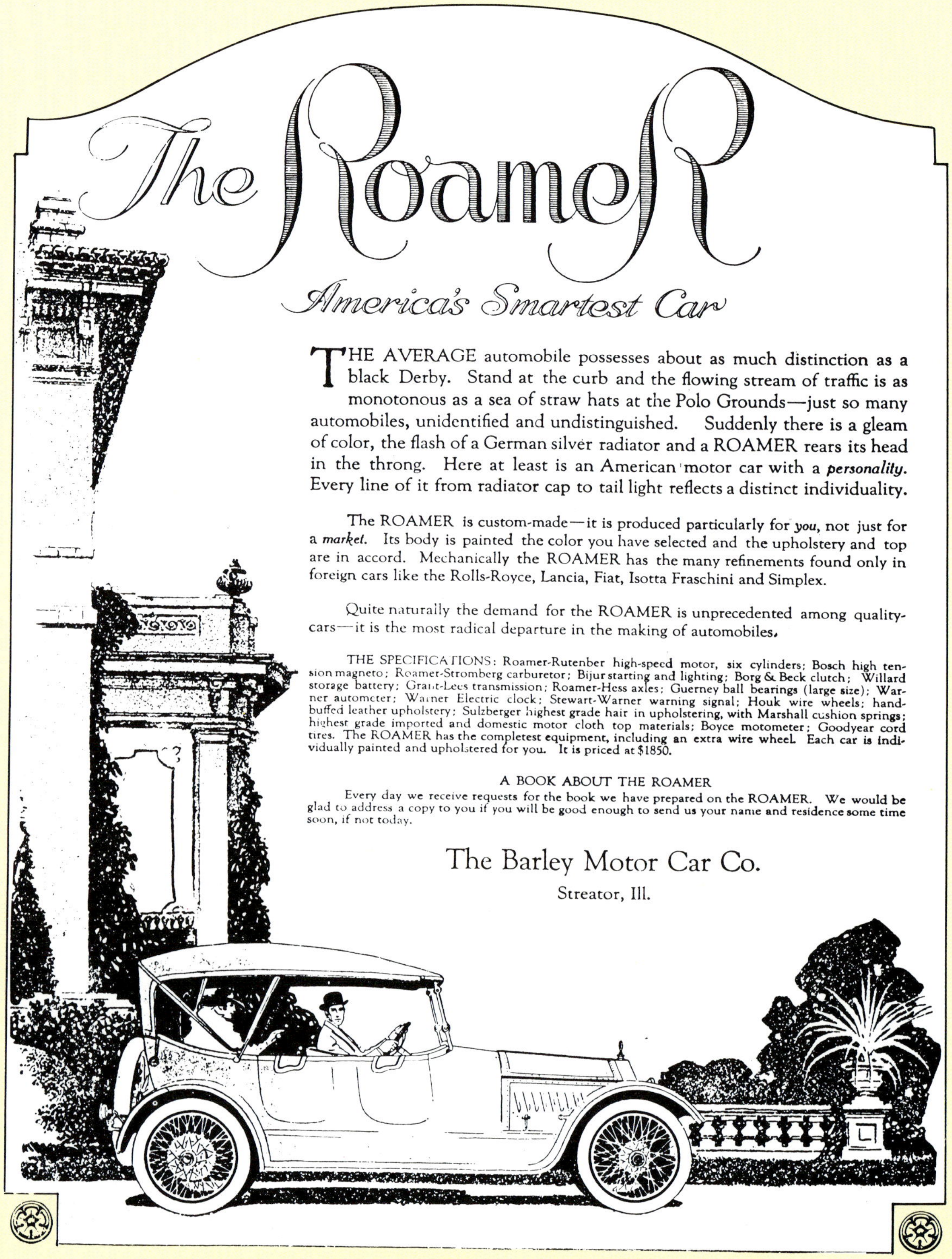

The RoameR
America's Smartest Car
THE AVERAGE automobile possesses about as much distinction as a black Derby. Stand at the curb and the flowing stream of traffic is as monotonous as a sea of straw hats at the Polo Grounds—just so many automobiles, unidentified and undistinguished. Suddenly there is a gleam of color, the flash of a German silver radiator and a ROAMER rears its head in the throng. Here at least is an American motor car with a *personality*. Every line of it from radiator cap to tail light reflects a distinct individuality.
The ROAMER is custom-made—it is produced particularly for *you*, not just for a *market*. Its body is painted the color you have selected and the upholstery and top are in accord. Mechanically the ROAMER has the many refinements found only in foreign cars like the Rolls-Royce, Lancia, Fiat, Isotta Fraschini and Simplex.
Quite naturally the demand for the ROAMER is unprecedented among quality-cars—it is the most radical departure in the making of automobiles.
THE SPECIFICATIONS: Roamer-Rutenber high-speed motor, six cylinders; Bosch high tension magneto; Roamer-Stromberg carburetor; Bijur starting and lighting; Borg & Beck clutch; Willard storage battery; Grant-Lees transmission; Roamer-Hess axles; Guerney ball bearings (large size); Warner autometer; Warner Electric clock; Stewart-Warner warning signal; Houk wire wheels; hand-buffed leather upholstery; Sulzberger highest grade hair in upholstering, with Marshall cushion springs; highest grade imported and domestic motor cloth top materials; Boyce motometer; Goodyear cord tires. The ROAMER has the completest equipment, including an extra wire wheel. Each car is individually painted and upholstered for you. It is priced at $1850.
A BOOK ABOUT THE ROAMER
Every day we receive requests for the book we have prepared on the ROAMER. We would be glad to address a copy to you if you will be good enough to send us your name and residence some time soon, if not today.
The Barley Motor Car Co.
Streator, Ill.

Etwa ab 1915 galt es als modern, wenn eine Anzeige auf die Exklusivität des jeweiligen Automobils hinwies. Diese Roamer-Anzeige aus dem Jahr 1916 dürfte typisch sein – der Kunde wird um »Namen und Wohnsitz« (herrschaftlich!) gebeten und nicht nach »Name und Adresse« im Stil normaler Sterblicher gefragt. Dabei handelte es sich beim Roamer nicht um einen besonders herausragenden Wagen und wenn jemand eine gewisse Ähnlichkeit mit einem Rolls-Royce zu entdecken glaubte, dann lag das an der Form des Kühlers, einer direkten Kopie. Auf der anderen Seite schämte sich die Barley Motor Car Company nicht, zuzugeben, daß sie ein Produkt lieferte, das viele Väter hatte und listete bereitwillig den Ursprung von Motoren, Getrieben, Achsen etc. auf.

An einem Junitag des Jahres 1923 durchquerte Ned Jordan zusammen mit einem Freund, einem Rechtsanwalt, im eigenen Eisenbahnwagen die Prärie im Staate Wyoming. Als sie aus einem kleinen Bahnhof herausfuhren, nahm neben ihrem Wagen plötzlich ein schönes Mädchen auf einem feurigen Hengst die Verfolgung auf. Jordan, selbst kein schlechter Reiter, war absolut fasziniert. »Wo befinden wir uns jetzt?« fragte er seinen Freund. »Oh, irgendwo westlich von Laramie«, kam gähnend die Antwort. Diese Worte, dazu der Anblick durchs Fenster, waren Musik für Jordan. Er zog ein Stück Papier heraus und in wenigen Minuten hatte er die bekannteste Anzeige in der Geschichte des Automobils niedergeschrieben. Sie erschien am 23. Juni 1923 in der »Saturday Evening Post«, aber noch bis in die fünfziger Jahre hinein verlangte Jock Ogilvy von dem bekannten Werbeunternehmen Ogilvy & Mather, daß jeder junge Texter diese Anzeige auswendig lernte.

Nachdem die Moon Company in St. Louis den Kühler ihrer Neuschöpfung sehr stark demjenig des belgischen Minerva nachgebildet hatte, schi es nur logisch, wieder den Namen einer antiken Göttin zu wählen, als sie 1925 ihren »Diana« auf den Markt brachte. Diese Namensgebung paßte ganz besonders gut, da Diana nicht nur die Gött der Jagd sondern auch die Göttin des Mondes w – und der Name des Firmengründers »Moon« m dem Namen des Erdtrabanten übereinstimmte. Die hier abgebildete Anzeige zielte besonders a Frauen, andere Annoncen für den Diana bracht weder in den Illustrationen noch im Text direkte Hinweise auf Frauen.

GRAND PRIX
8 HP
AUTOMOBILES
VOISIN
EXPOSITION :
CHAMPS - ELYSEES : PARIS

Drei französische Anzeigen mit stilisierten Zeichnungen, wie sie zwischen den beiden Weltkriegen besonders für die bekannteren Automobilmarken entworfen wurden. Sie sind Beispiele dafür, daß sich die großen Hersteller keine harten Verkaufstaktiken einfallen lassen mußten. Das Thema »Ägypten« auf der Anzeige des Voisin von 1924 (*Seite 221*) reflektiert das allgemeine Interesse an der kurz zuvor entdeckten Grabstätte des Tutenchamun. Die Zeichnungen des Hotchkiss von 1924 (*links*) und des Panhard von 1931 (*gegenüber*) stammen von dem bekannten Künstler Alexis Kow. Bei dem Wagen, den der Hotchkiss gerade überholt, handelt es sich nicht um einen Rolls-Royce, sondern höchstwahrscheinlich um einen Sizaire Frères.

SUPÉRIEURES PAR LA SOUPLESSE DE
LEUR MOTEUR INDÉRÉGLABLE SANS SOU-
PAPES-SURBAISSÉES DONC PLUS STABLES
D'UNE SILHOUETTE PLUS SÉDUISANTE
SPACIEUSES-SEULES MUNIES DE 4 VITES-
-SES SILENCIEUSES : 6 CS - 6 DS - 8 DS
PANHARD
PARIS

Corre e precorre.....
ANSALDO
TORINO
(ITALIA)

Der Arnaldo war ein mittelgroßer italienischer Wagen der gehobenen Klasse wie etwa der Ballot oder Delage. Diese farbenfrohe Anzeige aus dem Jahr 1924 weist auf die Berggängigkeit dieses Modells hin, das besondere Qualitätsmerkmal vieler italienischer Automobile, die ja auch alle in unmittelbarer Nähe der Alpen entstanden. Die Zeichnung ist realistischer als die von Alexis Kow, aber auch hier sind Fahrer und Passagiere zwergenhaft wiedergegeben wie es bei den Grafikern jener Zeit üblich war.

Seite 225

Von Zwergen zu Riesen – dieses Anzeigenblatt, das für die Bosch-Zündung wirbt, steht für Marketing in Deutschland kurz vor und nach dem Ersten Weltkrieg. Die Landesfarben der verschiedenen Wagenkühler demonstrieren die internationale Verwendung der Bosch-Zündung. *Von links nach rechts:* Frankreich, USA, Italien, Großbritannien und Deutschland.

rica im Jahr 1912 die Herren auf. Die Firma Waverley meinte, daß Frauen sich durchaus selbst mit einem Automobil beglücken können: »Laden Sie sich Freundinnen in Ihren Elektrowagen ein und Einkaufs- und Besuchsfahrten machen viel Spaß.« Damit wollte die Firma Waverley aber keinesfalls zum Ausdruck bringen, daß es sich bei ihren elektrisch betriebenen Fahrzeugen um unmännliche Erzeugnisse handelte, und so wurde ebenfalls im Jahr 1912 eilig in einer weiteren Anzeige verkündet, daß »Männer und Frauen – und zwar deutlich mehr Männer als Frauen – zu den Käufern dieses Automobils gehören.«

Oft wurden in frühen Anzeigen auch Argumente wie der sichere Geschmack der Frau bemüht, wenn es um die Wahl des richtigen Wagens ging. So riet die Cole Motor Company in Indianapolis im Jahr 1913: »Überlassen Sie IHR die Antwort auf Fragen nach Komfort, Bequemlichkeit und schönen Linien – sie überläßt IHNEN die Fragen nach Preis und Technik.« Die Firma Cole gab sogar zwei Prospekte heraus, das »Technische Bulletin« für ihn und das »Blaue Buch« für sie. Pullman und Columbia steuerten weitere Variationen zum Thema Frau und Auto bei. So versah die Firma Pullman das Foto ihres De Luxe Coupés aus dem Jahre 1915 mit der Überschrift: »Maßgeschneidert für Ihr Majestät die Amerikanerin«. Bei manchen Werbekampagnen ging man sogar noch weiter.

»Das De Luxe Coupé gefällt einer Frau auf Anhieb. Es strahlt eine persönliche Atmosphäre aus, die man als Frau registriert. Nur ihr Zuhause mag gemütlicher sein als der Passagierraum dieses Wagens.«

Im Jahr 1919 gab die Firma Columbia bekannt, daß Frauen vom »Six« so angetan waren, weil er »... schön in der Linienführung und Verarbeitung war und sein Zubehör femininen Ansprüchen gerecht wurde.« Klug, ja regelrecht raffiniert, verkündete der Anzeigentext:

»Weil Frauen in so vielen Fällen das letzte Sagen haben, wenn es um den Kauf eines Wagens geht, erfahren Columbia-Händler die warme Freundschaft zwischen Frauen und dem Columbia Six als echte Verkaufshilfe«.

In den zwanziger Jahren wurden Frauen von Automobilfirmen sämtlicher Preisklassen umworben. 1924 verkündete Ford sehr prosaisch:

»In ihrer Funktion als Familien- und Haushaltsmanager entwickelt die moderne Frau einen gesunden Geschäftssinn bei ihrer positiven Beurteilung des geschlossenen Ford«.

Rolls-Royce of America dagegen appellierte im Jahr 1929 an das Modebewußtsein:

»Petits Riens nennen es die Franzosen, die Kleinen Nichts, – und doch machen sie bei einem Automobil alles aus. Ihre Handschuhe, Ihre Handtasche, Ihr Schal, – ces petits riens. Und doch, wie bedeutend sind diese kleinen Nichts. Sie können die Kleidung vervollkommnen und schmücken, sie können sie aber ebenso auch ruinieren und unansehnlich machen. Sie müssen einfach stimmen. Diese Lektion hat Rolls-Royce von Frauen gelernt und auf seine Automobile übertragen«.

Weiterhin bemüßigte sich ein großer Teil der Werbung, das fehlende Interesse an der Technik und mangelnden Sachverstand für mechanische Details bei Frauen hervorzuheben: »Sie weiß gar nicht – und sie muß es auch nicht wissen – wie sehr die Ingenieure sich ein Leben lang mit großem Verantwortungsbewußtsein um die schlichte Mechanik um sie herum kümmern«. (Paige 1923). »Wenn Sie WIRKLICH wollen, daß Ihre Frau Auto fährt, rufen Sie Ihren Chandler-Händler an« (1924). Ned Jordan, der von sich behauptete, die Frauen durch und durch zu kennen und besser als irgendein anderer Mann in Evas Seele lesen zu können, blies in das gleiche Horn:

»Die Sprache des Ingenieurs ist prima und bestens, wenn es darum geht, Gegenmuttern zu verkaufen... aber jeder Eva sind Gegenmuttern völlig schnuppe.«

Europäisches Flair

Automobilanzeigen in Europa waren kaum als Trendsetter zu bezeichnen, dazu hatten sie einfach zu wenig Witz und Geist bei aller Wortgewaltigkeit. In Frankreich beobachtete man ab den 1890er Jahren eine gewisse Anlehnung an die Art Nouveau-Bewegung bei Anzeigen für Fahrräder und Automobile. In den zwanziger und dreißiger Jahre wurden Künstler wie Geo Ham und Alexis Kow beauftragt, stilisierte Zeichnungen von Automobilen anzufertigen. Diese Arbeiten wollten gar nicht vorgeben, akurate Wiedergaben zu sein, aber sie strahlten ungeheuer viel Atmosphäre aus. Damit standen sie im Gegensatz zu vielen amerikanischen Anzeigen und Katalogen der dreißiger Jahre, in denen unrealistisch »langgestreckte« Automobile mit zwergenhaften Passagieren besetzt waren.

In Deutschland schien die Anzeigenwerbung unter einem gewissen Wagner-Einfluß zu stehen. Da überragten Riesen in Siebenmeilen-Stiefeln in angsteinflößender Haltung Miniatur-Automobile, da dominierten hoch aufragende Berge und scheinbar bodenlos-unergründliche Schluchten, über denen ein Auto seinen Weg über einen schmalen Felsvorsprung suchte. Diese Anzeigen wollten Beachtung um jeden Preis finden und dienten weniger als Informationsquelle, sodaß der praktisch veranlagte Kunde fand, schriftlich einen Katalog anfordern zu müssen oder gleich seinen Händler aufzusuchen.

»Im Zweifel Maharadschas aufzählen«, hieß die ständige Redewendung des Automobilhistorikers Michael Sedgwick für die Gewohnheit, bekannte Autobesitzer bekanntzugeben. Diese Praxis verfolgten in erster Linie die Hersteller von Luxusautomobilen wie die Firma Napier, die Kundennamen in der Größenordnung von Herzögen, Grafen und orientalischen Herrschern veröffentlichte, sich aber auch hinunterbegab in die Tiefen eines normalen »Herrn Müller«, wenn es sich bei diesem um einen schwerreichen Herrn Müller handelte. Diese Art der Automobilwerbung endete in den zwanziger Jahren, obwohl der britische Vertreter von Packard im Firmenkatalog von 1939 noch eine eindrucksvolle Aufzählung bot. In den achtziger Jahren griff Rolls-Royce diese Praxis wieder auf und brachte in einer Anzeigenserie in der Londoner »Times« eine Namensliste mehrerer hundert bekannter Kunden früherer und heutiger Zeit.

Das europäische Äquivalent zu Ned Jordans Art von Prosa-Anzeigen stammte erstaunlicherweise von der kleinen Firma Jowett, die in Bradford in der Grafschaft Yorkshire leichte Zweizylinder-Gebrauchsfahrzeuge herstellte. Bis Mitte der zwanziger Jahre kaufte in Südengland kaum jemand diese Art von Automobil. Trotzdem machte im Jahr 1925 die Firma mit folgender Anzeige auf sich aufmerksam:

»Tritt aufs Pedal mein Meister. Die Stadt liegt hinter uns, der steile Berg vor uns. Wir haben Schranken durchbrochen, wir sind frei. Vor uns liegen Tal und Strom, Kiefernwald und Hügel. Uns gehört der Wind, der über die Höhen tollt, der sanfte Schimmer über dem stillen See... Tritt aufs Pedal; ganz sanft – ich werde auf den kleinsten Wunsch von Dir reagieren, fast Deine Gedanken lesen. Und dann – angenehm leicht den Hügel ersteigen, dem Glühen der untergehenden Sonne entgegen, bevor uns die Sterne nach Hause begleiten«.

Solche Lyrik fand wenige Nachahmer in der Alten Welt. Die dreißiger Jahre entfernten sich zwar immer weiter von der traditionellen Schrauben- und Mutter-Werbung, aber nicht durch sorgfältig entworfenen Text, sondern durch größere grafische Stilisierung. Und was sonst, wenn nicht ein Bild – tausend Worten entsprechend – konnte der zeitgenössischen Öffentlichkeit so klar vor Augen führen, daß ein einziges Automobil inzwischen in vielerlei Hinsicht tausend Pferde aufwog?

Bei dieser 1927 im schwedischen »Motorjournalen« erschienenen Anzeige muß es sich um eine der ersten Volvo-Anzeigen überhaupt handeln. Die Tatsache, daß sich die Sitze in ein Doppelbett umwandeln ließen, pries im übrigen die Firma Nash in Amerika zehn Jahre später als große Neuheit. Beim »Ström System«, im ersten Absatz erwähnt und nach dem Volvo-Karosseriechef benannt, handelt es sich um eine Art Weymann-Karossenkonstruktion mit Leder auf gepolstertem Holzrahmen.

BIBLIOGRAPHIE

Schon einige Zeit sind die Veteranen-Ära, die Wilhelminische Periode (»Edwardian Period«) und die anschließenden Jahre (»Vintage Period«) zentrale Themen unter Automobil-Historikern. So stand uns weit mehr Material zur Verfügung als Michael Sedgwick für seine meisterhaften Bände über die Automobilgeschichte von 1930 an.

Unter den allgemein verständlichen Büchern mit technischem Einschlag bei überaus lesenswertem Stil gibt es keines, das dem Werk des verstorbenen Anthony Bird gleichkäme. Ursprünglich unter dem Titel »Early Motorcars« bei Allen & Unwin in London erschienen (1967), wurde es unter dem Titel »Antique Automobiles« (1984) von Treasure Presse in London erneut aufgelegt. Zwar beschrieb der unvergleichliche A. Bird die Automobilgeschichte nur bis 1914, die anschließende »Vintage Period« ist jedoch von Tim Nicholson unter dem Titel »The Vintage Car« ausführlich beschrieben worden (Batsford, London, 1966). Der gleiche Autor zeichnet für die kleinen farbigen Bücher verantwortlich, die zwischen 1970 und 1975 bei Blandford Press erschienen sind. In sieben Büchern (der letzte von Michael Sedgwick) schildern diese die Entwicklung der Tourenwagen, der Sport- und Rennwagen von 1863 bis 1942. Insgesamt enthalten sie Kurzbeschreibungen von nicht weniger als 648 Fahrzeugen.

Es gibt viele nützliche Bücher mit einem Überblick über die nationale Automobilgeschichte. Für die Frühgeschichte des Automobils in Großbritannien scheint mit Tim Nicholson's monumentales dreibändiges Werk »The Birth of the British Motor Car« (Macmillan, London, 1982) unschlagbar. Ein höchst hilfreiches Buch über die amerikanische Automobilindustrie ist der Band »The American Car since 1775« (Dutton, New York, 1971). Es umfaßt Kapitel über die Automobil-Pioniere, über den Karosseriebau und über das Wachstum der Automobilindustrie einschließlich der Produktionsziffern der führenden Marken von 1896 bis 1970. Es wäre mehr als wünschenswert, für europäische Fahrzeuge ein vergleichbares Zahlenwerk zur Verfügung zu haben.

Zwar ist das Buch »The Cars of 1923« von Keith Marvin und Arthur Lee Homan (im Eigenverlag 1957 herausgegeben) nur wenig bekannt, aber es enthält einen unschätzbaren Überblick über die Situation des Automobils im Amerika der zwanziger Jahre. Die beiden Bände von John Bentley über amerikanische Autos, »The Old Time Automobile« (bis 1915) und »Antique Automobiles« (1915–1925) – herausgegeben von Fawcett Books, Greenwich, Connecticut, 1952 – enthalten umfangreiche und nützliche Informationen über Automobilfirmen jener Zeit. Gleiches gilt für das Buch des selben Autors, das unter dem Titel »Old Time Steam Cars« (Fawcett, 1953) den Dampfwagen und seine Hersteller beschreibt. Eine Buchserie, die wesentlich am Entstehen nostalgischer Strömungen in Bezug auf amerikanische Automobile beteiligt war, stellen die »Motor Scrapbooks« von Floyd Clymer dar, die in Los Angeles zwischen 1944 und 1955 erschienen sind. Diese Sammlungen von Veröffentlichungen enthalten einen reichen Schatz an nützlichen Informationen. Zwei Bücher, die sich speziell mit der Automobilwerbung befassen, sind »Advertising and the Motor Car« von Michael Frostick und Ashley Havinden (Lund Humphries, London, 1970) und »Any Colour So Long As It's Black« von Peter Roberts (David & Charles, Newton Abbot, 1976).

Zu den wertvollen Büchern über nationale europäische Automobilindustrien gehören »Les Automobiles Suisses des Origines à nos Jours« von Ernest Schmid (Editions des Château de Grandson, 1967) und »Histoire de l'Automobile Belge« von Jacques und Yvette Kupelian (Paul Legrain, Brüssel, 1982). »Deutsche Autos 1920–1945« von Werner Oswald (Motorbuch Verlag, Stuttgart, 1981) stellt ein erfreulich sorgfältiges und umfassend illustriertes Werk dar.

Die Entwicklung im Karosseriebau seit den Tagen der Pferdekutsche wird in dem Buch »Cars and Coachbuilding« von Georg Oliver (Sotheby Park Bernet, London, 1981) eindrücklich wiedergegeben. »The Thoroughbred Motor Car« von David Scott-Moncrieff (Batsford, London, 1963) enthält zu diesem Thema ein besonders informatives Kapitel. »Un Siècle de Carrosserie Francaise« von Jean-Henri Labourdette (Edita, Lausanne, 1972) schildert in unübertroffener Weise die Entwicklung des Karosseriebaus während der Spanne eines Menschenlebens.

Die sozialgeschichtliche Seite der Motorisierung war vor Erscheinen von »Automania«, dem Buch zur Fernsehserie von Julian Pettifer und Nigel Turner (Collins, London, 1984) weitgehend vernachlässigt worden. Obwohl der überwiegende Teil des Buches sich mit der Zeit nach 1930 befaßt, kommen auch die frühen Tage der Motorisierung nicht zu kurz.

Last but not least verdienen die zahlreichen Veröffentlichungen über eine einzelne Marken Erwähnung. Neben wertvoller Detailinformation, die woanders nicht zu erfahren wäre, bieten die Experten unter den Automobilhistorikern einen tiefen Einblick in die jeweils beschriebene Zeitspanne. Unter den verschiedenen Büchern, die sich mit einzelnen Automobilmarken befassen, fand ich die nachfolgend aufgezählten besonders wertvoll:

Bird, Anthony und Hutton-Scott, Francis. »Lanchester Motor Cars« (Cassell, London, 1965)
Dumont, Pierre. »Peugeot – Sous le Signe du Lion« (EPA, Paris, 1976)
Langworth, Richard M. und Robson, Graham. »Triumph Cars« (Motor Racing Publications, London 1979)
Oswald, Werner. »Mercedes-Benz Personenwagen 1886–1984« (Motorbuch Verlag, Stuttgart, 1984)
Robson, Graham. »Magnificent Mercedes« (Haynes, Yeovil, 1981)
Sedgwick, Michael. »Fiat« (Batsford, London, 1974)
Sedgwick, Michael. »Vauxhall, a Pictorial History« (Dalton Watson, London, 1981)
Weernik, Wim Oude. »La Lancia« (Motor Racing Publications, London, 1979)

Für dieses Buch wurden viele Veröffentlichungen bemüht einschließlich zeitgenössischer Zeitschriften wie »The Autocar«, »Automotor Journal« und »Motor Car Journal«. Unter den neueren Veröffentlichungen findet man viele exzellente Artikel in L. Scott Bailey's ausgezeichnetem »Automobile Quarterly«.